Zu diesem Buch

Dies ist ein Ticket für Armin Hermanns Zeitreise durch die Geschichte der Jahrhundertwissenschaft Physik. Als Gefährten erwarten Sie wahre Genies: Die Herren Planck, Einstein, Schrödinger, Bohr, Pauli – und natürlich Werner Heisenberg, einer der größten Wissenschaftler unseres Zeitalters – sorgen für anregende Gedankenexperimente. Höhepunkte der modernen Wissenschaftsgeschichte liegen auf der Route: die Errichtung der beiden überragenden physikalischen Theoriengebäude dieses Jahrhunderts, die Erforschung des Atoms und der Elementarteilchen.
Die Geschichte der modernen Physik ist eine Geschichte der großen Entdeckungen und Irrtümer, der erregten philosophischen Debatten, der Verflechtung von Wissenschaft und Politik. Es ist eine Geschichte, die die schrecklichste Waffe der Menschheit, die Atombombe, hervorgebracht und zugleich zu faszinierenden Erkenntnissen über die Struktur der Materie und des Universums geführt hat. Ob bei der Begründung der Quantenphysik, der Auseinandersetzung mit dem nationalsozialistischen Regime, dem «Uran-Projekt», dem «Manifest der Göttinger 18», der gesamten deutschen Wissenschaftspolitik der Nachkriegsjahrzehnte – Heisenberg war stets einer ihrer Protagonisten.

Über den Autor

Professor Dr. Armin Hermann, Jahrgang 1933, hat an der Universität München in theoretischer Physik promoviert. Nach mehrjähriger Tätigkeit als Physiker beim Deutschen Elektronen-Synchotron Hinwendung zur Wissenschaftsgeschichte und Habilitation. Seit 1968 wirkt er als Ordinarius für Geschichte der Naturwissenschaften und Technik an der Universität Stuttgart. Zu seinen zahlreichen Büchern gehören «Weltreich der Physik», «Der Weg in das Atomzeitalter» und «Wie die Wissenschaft ihre Unschuld verlor».

Armin Hermann

Die Jahrhundertwissenschaft

Werner Heisenberg und die
Geschichte der Atomphysik

rororo

Rowohlt

rororo science
Lektorat Jens Petersen

Die Originalausgabe erschien 1977 unter dem Titel
«Die Jahrhundertwissenschaft: Werner Heisenberg und die Physik seiner Zeit»
in der Deutschen Verlags-Anstalt, Stuttgart.
Das Buch wurde vom Autor für diese Taschenbuchausgabe
vollständig überarbeitet.
Umschlaggestaltung Barbara Hanke
Veröffentlicht im Rowohlt Taschenbuch Verlag GmbH,
Reinbek bei Hamburg, Januar 1993

Satz Sabon (Linotronic 500)
Gesamtherstellung Clausen & Bosse, Leck
Printed in Germany
1690-ISBN 3 499 19318 3

Inhalt

Wunder der Wissenschaft

Die Physiker waren eine Familie. In der großen Dienstwohnung des Instituts am Pleicherring in Würzburg tanzte das junge Volk einen «physikalischen Cotillon». Der Assistent bat die Damen, einen Lichtstrahl auf einen Spiegel zu lenken. Der Strahl irrlichterte umher, blieb dann auf einem Herrn stehen, der ihr Partner für den nächsten Walzer wurde. Bei der nächsten Tour wurden Glühlampen ausgeteilt; immer waren es zwei Lampen, die im gleichen Moment aufleuchteten, und das Paar, das miteinander tanzte, wurde dadurch bestimmt. Dann mußten die Damen Draht in die Hand nehmen, und wenn der richtige Herr auf einen Knopf drückte, gab es einen Schlag als Zeichen. Schließlich erhielt jede Dame ein Gläschen mit einer Flüssigkeit, in die ein Herz aus Aluminium getaucht war. Die Herren gingen mit Drähten herum und berührten die Herzen. Wer an die richtige Dame kam, bewirkte, daß sich das Herz rot färbte.[1]

Auch Professor Wilhelm Wien hatte viel Spaß. Anerkennend stellte er fest, daß «die Herren vom Institut wirklich sehr erfinderisch sind». Bis halb vier Uhr früh wurde getanzt.

Im Jahr 1905 fühlten sich die jungen Physiker mit Enthusiasmus an der Schwelle eines neuen Zeitalters, eines Zeitalters der Wissenschaft. Nicht nur die materiellen Lebensverhältnisse sollten durch ihre Arbeit unvergleichlich viel besser werden, sondern der Mensch selbst edler und glücklicher. «Daß das Licht der Wahrheit, die wir erforschen, nicht auf Irrwege führen» könne, davon waren sie überzeugt und davon, daß die Machtfülle, die die Wissenschaft der Menschheit zuführt, «sie nicht erniedrigen kann, sondern auf eine höhere Stufe des Daseins erheben muß».[2]

Erst einige Jahre zuvor hatte im Würzburger Institut Wilhelm Conrad Röntgen seine Strahlen entdeckt, und kurz darauf waren von Henri

Becquerel und Marie Curie abermals neue Strahlen gefunden worden. Die Wissenschaft stieß damit auf eine ganz merkwürdige Eigenschaft der Materie, die «Radioaktivität».

Auch der Amtsnachfolger Röntgens in Würzburg, der nun als Direktor über das Institut gebot, hatte sich der Strahlung verschrieben, dem «vierten Aggregatzustand», wie man damals sagte. «Ich habe mir das Thomsonsche Laboratorium genau angesehen», berichtete Wilhelm Wien aus Cambridge. «Man ist dort sehr tätig, namentlich in den neuen Erscheinungen der Radioaktivität, und ich habe den Eindruck gewonnen, daß wir in Deutschland gerade auf diesem Gebiet etwas zurückgeblieben sind. Ich werde sehen, daß wir auch bei uns dies Arbeitsgebiet mehr pflegen.»[3]

Früher hatte sich Wien mit der Wärmestrahlung beschäftigt und war dabei, wie sich bald herausstellen sollte, «bis unmittelbar an die Pforten der Quantenphysik» gelangt.[4] Nun interessierten ihn Kathoden- und Kanalstrahlen. Fast jedes Jahr gab es wichtige neue Entdeckungen, von ihm und seinen Schülern, was ihn glücklich machte, oder auch von anderen, so 1905 von Johannes Stark, was ihn etwas enttäuschte und veranlaßte, seine «wissenschaftlichen Kräfte wieder stärker anzuspannen».[5] Auf vielen Gebieten der Physik ging es mit schnellen Schritten voran.

Die Würzburger waren stolz, daß Röntgen seine Entdeckung gerade in ihrer Stadt gemacht hatte. Jedem, der es noch nicht kannte, zeigten sie das Institut am Pleicherring. Hier hatte sich am 8. November 1895 die Sternstunde der Physik, das «Abenteuer einer Nacht», abgespielt. So wird wohl auch August Heisenberg mit seinen beiden Söhnen Erwin und dem eineinhalb Jahre jüngeren Werner vor dem bescheidenen zweistöckigen Gebäude gestanden haben: Strahlen, die den Menschen durchsichtig machen? Wie ist das zu erklären?

August Heisenberg war Studienprofessor am Alten Gymnasium und daneben Privatdozent für Byzantinistik an der Universität. Röntgen hatte bereits den Lehrstuhl an der Universität München übernommen, als August Heisenberg 1901 nach Würzburg gekommen war.[6]

Der Pädagoge aus Leidenschaft mag seinen Söhnen von der Physik erzählt haben, der gerade in Deutschland lange vernachlässigten Wissenschaft, der aber nun die Zukunft, das neue Jahrhundert, gehören würde. Wie fast alle Menschen seiner Generation war August Heisenberg von der Naturwissenschaft und der Technik fasziniert. War es nicht ein Wunder, daß die Röntgenstrahlen das Innere des menschlichen Körpers sichtbar machen? Und ebenso ein Wunder, daß die menschliche Stimme, durch dünne Kupferdrähte gelenkt, über Hunderte von Kilometern hörbar gemacht werden konnte, und ein noch größeres Wunder, daß ein Brief, in elektrische Impulse aufgelöst, von einem Kontinent zum anderen drahtlos durch den Äther geht?

Der Glaube an den ununterbrochenen, unaufhaltsamen «Fortschritt» hatte «wahrhaftig die Kraft einer Religion»; man glaubte an diesen «Fortschritt» schon mehr «als ehedem an die Bibel».[7] Auch die Wissenschaft konnte Wunder tun, um die Menschen von ihrer Kraft zu überzeugen.

Erfindungen wie das Rad, der Pflug, die Drehmühle, die Töpferscheibe, der Bronzeguß waren die Marksteine der Menschwerdung. In vorgeschichtlicher und geschichtlicher Zeit entstanden die technischen Errungenschaften unmittelbar aus den elementaren Bedürfnissen, aus der Praxis für die Praxis. Jahrzehntausendelang war es das zielgerichtete Handeln des *homo faber*, das den Fortschritt bestimmt hatte. Jetzt aber erwuchsen die großen Erfindungen aus der absichtslos, *l'art pour l'art* betriebenen Grundlagenforschung. Vollständig erfüllte sich die Erwartung Wilhelm von Humboldts, daß «die Wissenschaft dann ihren reichsten Segen über das Leben ausgießt, wenn sie sich gleichsam von ihm zu entfernen scheint». Nach seinen Prinzipien war die Forschung in Deutschland organisiert.

Die Entdeckungen des Elektromagnetismus durch Oersted, der elektromagnetischen Induktion durch Faraday, der elektrischen Wellen durch Heinrich Hertz hätten gar nicht «vom Standpunkt des Praktikers aus gewonnen werden» können; denn dem Ingenieur und Unternehmer lagen die prinzipiellen Fragestellungen völlig fern, die die Forscher geleitet hatten. Der Heidelberger Physiker Philipp Lenard erarbeitete eine ausführliche Denkschrift über den Zusammenhang von wissenschaftlicher Forschung und technischer Innovation. Das Kultusministerium hatte ihn damit beauftragt:

Es kommt also, faßt man technische Fortschritte großen Stils ins Auge, darauf an, daß immer ein Vorrat rein wissenschaftlicher Funde des Naturforschers vorhanden sei, gleich dem Samen für neue, neuartige Pflanzungen und Ernten des Technikers. Ein solcher Vorrat ist bisher auch immer vorhanden gewesen. Jedoch die Technik wird immer schneller in der Verarbeitung des Vorrates. So lagen beispielsweise zwischen der Entdeckung der Induktion (1831) und Siemens' Dynamomaschine (1866) 35 Jahre, zwischen der der elektrischen Wellen (1888) und dem Aufkommen der drahtlosen Telegraphie (1896) nur mehr acht Jahre.[8]

Die Entwicklungsgeschwindigkeit der Technik hängt also von der Entwicklungsgeschwindigkeit der Physik ab; diese aber wird wiederum, wie Lenard argumentierte, «bedingt durch die Arbeit von Personen, deren Beruf ein anderer ist als Naturforschung»:

Die Universitätslehrer der Physik sind es, welche neben ihrem Lehramte... aus freien Stücken auch reine Forschung betreiben. Sie erfreuen sich dabei der ihnen vom Staate für ihre Hauptaufgabe zur Verfügung gestellten, oft reichen und günstigen Mittel ihrer Institute: Ihre Produktivität ist jedoch beschränkt durch die Geringfügigkeit der hierfür verbleibenden Arbeitszeit... Viele aussichtsvolle Probleme müssen unbearbeitet liegen bleiben. Es erwächst hieraus dem Staate, dessen Macht auf seine technischen Leistungen sich stützt, die Aufgabe, durch planmäßige Förderung der Naturwissenschaften für bessere Ausnutzung der... hierzu verfügbaren Talente zu sorgen.[9]

Der Staat sah seine Aufgabe. Friedrich Theodor Althoff, der maßgebliche Referent im preußischen Kultusministerium, entwickelte eine große Konzeption: Neben den Universitätsinstituten sollten von den Hochschulen unabhängige reine Forschungsinstitute geschaffen werden, in denen die Gelehrten ihre gesamte Arbeitskraft ungeteilt der Wissenschaft zuwenden können.
1901 waren zum erstenmal Nobelpreise verliehen worden; Preisträger für die Physik war damals Wilhelm Conrad Röntgen. Vier Jahre später fiel der Physikpreis, wie man im Zeitalter des Nationalismus aufmerksam registrierte, wieder an einen Deutschen: an Philipp Lenard. Röntgen war nun sechzig Jahre alt, und von der Generation der noch aktiv in der Forschung stehenden Physiker galt Philipp Lenard als der erste.
Althoff bemühte sich, ihm in Berlin bei der Preußischen Akademie eine Stellung zu schaffen, die ihm Zeit ließe für die Wissenschaft, und ihm nach seinen Wünschen ein großes Forschungsinstitut zu bauen. Von

Althoff gebeten, lieferte Lenard eine detaillierte Denkschrift für ein «deutsches Institut für physikalische Forschung». 150 000 Mark sollte die wissenschaftliche Einrichtung des Laboratoriums kosten.[10] Aber der Plan scheiterte.

Kurz darauf erhielt Wilhelm Wien einen Ruf nach Berlin, auf das Ordinariat an der Universität. Mit einem Aufwand von 1,2 Millionen Mark Baukosten war dreißig Jahre zuvor für Hermann von Helmholtz, den «Reichskanzler der deutschen Physik», das größte physikalische Institut Deutschlands errichtet worden.

Ich fand das Institut viel schlechter eingerichtet, als ich dachte, namentlich herrscht noch in vielem eine greuliche Unordnung, die wohl schon auf alte Zeiten zurückgeht. Der Hörsaal ist ganz besonders dürftig eingerichtet und kaum größer als unserer [in Würzburg]... Das Privatlaboratorium des Direktors liegt noch im Wohngebäude und daher unmittelbar an der Straße; es ist eigentlich ganz unbrauchbar... Ich habe mich fest entschlossen, ein neues Institut als erste Forderung anzumelden.

Elster hat gar keine Machtvollkommenheit, und die Vorbesprechungen mit ihm waren ganz ergebnislos. Erst bei Althoff ging dann die Sache los. Die Notwendigkeit eines eigenen Instituts sah er sofort ein... Er neigt immer mehr zu dem Plan, alle naturwissenschaftlichen Institute nach Dahlem zu verlegen, und hat die Gelegenheit freudig aufgegriffen.[11]

Bei der Aufteilung der königlichen Domäne Dahlem ließ Althoff einen Teil des großen Geländes für die Wissenschaft reservieren. Hierher wollte er nach und nach aus dem Lärm und der Enge der Großstadt die Universität Berlin verlegen; das Ideal einer englischen und amerikanischen Campus-Universität vor Augen, sprach Althoff liebevoll von seinem «deutschen Oxford».

Althoff hatte sich jedoch längst die Gesundheit untergraben. Er starb am 20. Oktober 1908, an dem Tag, als er dem Kaiser über seine Dahlemer Pläne Vortrag halten sollte.[12]

Autokraten dulden keine Nebenbuhler, und Althoff war ein Autokrat. Eine Ausnahme hatte er mit Friedrich Schmidt-Ott gemacht, zu dem Althoff, der kinderlos geblieben war, eine Zuneigung empfand wie zu einem Sohn. So stand im preußischen Kultusministerium der kongeniale Nachfolger bereit. Schmidt-Ott setzte fort, was Althoff begonnen hatte.

Das näherrückende einhundertjährige Jubiläum der Gründung der Universität Berlin gab Schmidt-Ott die willkommene Gelegenheit, den Kaiser an seine Verpflichtungen zu erinnern. Die Friedrich-Wilhelms-Universität galt, was man bei Hof gern hörte, als das «geistige Leibregiment der Hohenzollern».

Als Exzellenz v. Valentini im Mai 1909 mit der Frage an mich herantrat, welche Gabe der Kaiser für das im folgenden Jahr bevorstehende Jubiläum in Aussicht nehmen solle, zögerte ich nicht zu antworten: «Natürlich muß der Kaiser uns die großen Forschungsinstitute schenken, an die Althoff bereits gedacht hat, und er muß Harnack mit einer Denkschrift betrauen.»[13]

Der Kirchenhistoriker Adolf von Harnack besaß höchstes Ansehen in der Wissenschaft und bei Hofe. Es war darum ein sehr kluger Schachzug, gerade ihn zum Sprecher der Wissenschaft zu machen.
Harnack war vor eine schwierige Aufgabe gestellt: Das hundertjährige Jubiläum der Universität Berlin sollte – das war das Ziel – mit der Gründung von reinen Forschungsinstituten gefeiert werden. Die geistige Grundlage der Universität Berlin aber waren die Grundsätze Wilhelm von Humboldts. Es mußte also das Dogma «Einheit von Forschung und Lehre» erschüttert werden, um das Bedürfnis nach reinen Forschungsinstituten zu begründen. Das war unmöglich. Eine Abkehr von Wilhelm von Humboldt, und noch dazu beim Anlaß des Berliner Universitätsjubiläums, hätte überall die größten Bedenken und Widersprüche provoziert. Die Denkschrift Harnacks, an der er, der glänzende Stilist, zwei Monate gearbeitet hat, beginnt darum mit einer Berufung auf den Ahnherrn des gesamten preußischen und deutschen Bildungswesens.[14]
Harnack spricht dann von den Prinzipien Humboldts, «die sich während eines Jahrhunderts bewährt» hätten und «in Kraft bleiben» müßten. Er konstatiert als erstes Prinzip: «Forschung und Lehre müssen aufs engste verbunden sein» und, sehr geschickt, unter «zweitens» das halbe Gegenteil: Schon Humboldt habe als Ergänzung reine Forschungsinstitute, das heißt Forschung ohne Lehre, ins Auge gefaßt.
Der Theologe und Historiker Harnack hatte zehn Jahre zuvor die große, noch heute maßgebende Geschichte der Preußischen Akademie geschrieben und wußte, daß Humboldt nur an die Sternwarte, den bo-

tanischen Garten und die Bibliotheken gedacht hatte. Harnack stilisierte nun diese relativ nebensächlichen «Hilfsinstitute» zu wissenschaftlichen Forschungsinstituten, die Humboldt verlangt habe. Ausgehend von «Hilfsinstituten», ist Harnack am Schluß seiner Argumentation, wo er sein will, bei den «Forschungsinstituten».[15]
Drei Motive gab es im Deutschen Kaiserreich zur Förderung der Wissenschaft: die Verantwortung für die geistigen Kräfte des Landes, die Bedeutung für die Volkswirtschaft und das nationale Prestige. Mit psychologischem Verständnis artikulierte Harnack die Argumente:

Man liest heute in den wissenschaftlichen Veröffentlichungen von deutschen, französischen, amerikanischen Forschungsergebnissen, beziehungsweise Forschern, was früher in diesem Maße nicht der Fall war. Die Völker legen eben Wert darauf, jedem neuen Wissensfortschritt gleichsam das Ursprungszeugnis mit auf den Weg zu geben. Sie werden dabei in früher nie geübter Weise von ihrer Tagespresse unterstützt, in wohl erwogener Absicht. Wissen sie doch, daß nichts so sehr geeignet ist, für ein Volk auf der ganzen Welt zu werben und es als den führenden Kulturträger erscheinen zu lassen... Deshalb hat die Führung auf dem Gebiete der Naturwissenschaften nicht mehr nur einen ideellen, sondern sie hat auch einen eminenten nationalen und politischen Wert.[16]

Seine Majestät, der Kaiser und König, reagierte mit «lebhaftestem, uneingeschränktem Beifall». Der Weg war frei. Am 11. Oktober 1910 hielt bei der großen Jubiläumsfeier in der Berliner Universität Wilhelm II. selbst die Festansprache und kündigte die Gründung der «Kaiser-Wilhelm-Gesellschaft» an.
Die tausendköpfige Versammlung stimmte begeistert ein in das Kaiserhoch des Rektors. Die Nationalhymne wurde gesungen, die blanken Schläger der Chargierten klangen hell aufeinander. Das Wilhelminische Zeitalter entfaltete seine ganze Würde und seinen Pomp.[17]
Der Kaiser hatte seinen großen Auftritt; Harnack und Schmidt-Ott ging es um die Sache. In Rekordzeit entstanden auf dem Gelände in Berlin-Dahlem die ersten Kaiser-Wilhelm-Institute: für physikalische Chemie, für experimentelle Therapie und für Chemie, wo auch eine Abteilung für radioaktive Forschung unter Otto Hahn und Lise Meitner geschaffen wurde.
«Reine Wissenschaft und nichts anderes wird hier getrieben», sagte der zum Präsidenten der Gesellschaft gewählte Adolf von Harnack. «Aber

wir zweifeln nicht, daß dem, was groß und rein gedacht ist, auch der reiche materielle Segen nicht fehlen wird.»[18]

Zum erstenmal ging man in ganz großem Maßstab von der bisher ausschließlich staatlichen Wissenschaftsfinanzierung ab: Die Wirtschaft stellte erhebliche Mittel zur Verfügung. Chemische Industrie und Elektrotechnik wußten, was sie an der Wissenschaft hatten.

Aber es war nicht nur die Technik Nutznießer der Wissenschaft. Auch die Wissenschaft erhielt mächtige Impulse aus der Industrie. So lieferte die Elektrotechnik der Physik eine Fülle neuer Hilfsmittel und Apparate. Die Meßtechnik änderte sich vollständig. Unzählige neue Experimente wurden möglich, und die alten ließen sich nun mit sehr viel größerer Genauigkeit und in wesentlich kürzerer Zeit ausführen. Wissenschaft und Technik griffen Hand in Hand und führten zu immer rascher aufeinanderfolgenden Entdeckungen und Erfindungen. Diese enge Wechselwirkung von Wissenschaft und Technik ist es, die dem 20. Jahrhundert das Gepräge geben sollte.

Suche nach dem Absoluten

Im *ancien régime* hatte die Willkür der Steuerpächter den Zeitgenossen die Notwendigkeit reproduzierbarer und nachprüfbarer Normen schmerzhaft eingeprägt. Die Forderung der Französischen Revolution, «Freiheit, Gleichheit, Brüderlichkeit», enthielt im Begriff der «Gleichheit» nicht nur die Gleichheit aller Menschen im Staat und vor Gericht, sondern auch eine Gleichheit der Maße. Wie seit alters her mit Tag und Stunde bei den Zeitmaßen, so leitete man nun auch die Längenmaße von der Erde ab und definierte den neueingeführten Meter als den zehnmillionsten Teil des Erdquadranten.

1799 beschloß der Nationalkonvent, zur Erinnerung an die Begründung des neuen Maßsystems eine Medaille zu schaffen, mit der anspruchsvollen und bezeichnenden Inschrift: *À tous les temps, à tous les peuples* (Für alle Zeiten, für alle Völker). Das neue Meter-Kilogramm-Sekunden-System war von der Erde abgeleitet und sollte deshalb für alle Erdenbewohner gleichermaßen verbindlich sein.

Es genügte dennoch nicht «für alle Zeiten». Zum erstrebten Ideal der Wissenschaft wurden «objektive» und «absolute», das heißt von allem menschlichen Beiwerk unabhängige Gesetze, Begriffe und Maßstäbe. Der führende Wissenschaftler Englands, James Clerk Maxwell, erhob 1870 die Forderung, die Längen-, Zeit- und Massestandards von den Atomen abzuleiten.

Die Abmessungen unserer Erde und die Dauer einer Umdrehung, obwohl nach unseren gegenwärtigen Vergleichsmöglichkeiten sehr beständig, sind dies nicht durch irgendwelche physikalische Notwendigkeit. Die Erde kann sich durch Abkühlung zusammenziehen, oder sie kann durch einen Meteoritenschauer sich vergrößern, oder ihre Umdrehungsfrequenz kann sich langsam verringern, und doch würde sie genauso ein Planet bleiben wie zuvor. Aber ein Molekül, zum Beispiel Wasserstoff, wenn entweder seine Masse oder Schwingungsfrequenz im mindesten geändert wird, würde nicht länger ein Molekül Wasserstoff sein. Wenn wir also Längen-, Zeit- und Massestandards erhalten wollen, die absolut unveränderlich sind, so dürfen wir sie nicht in den Abmessungen oder der Bewegung oder der Masse unseres Planeten suchen, sondern in der Wellenlänge, der Schwingungsdauer und der absoluten Masse der unvergänglichen, unveränderlichen und völlig gleichartigen Moleküle.[1]

Auch Gustav Kirchhoff suchte nach «absoluten Gegebenheiten» und hatte 1859 eine solche tatsächlich in den Eigenschaften der schwarzen Wärmestrahlung gefunden. Erhitzte Metalle (etwa ein eiserner Ofen oder ein stromdurchflossener Draht) geraten in Rotglut, Gelbglut und bei noch höherer Temperatur schließlich in Weißglut: Die Körper senden «Wärmestrahlung» aus, die wie die Sonnenstrahlung aus vielen einzelnen Frequenzen oder Farben zusammengesetzt ist. Für die Eigenschaften der Strahlung ist die Art des glühenden Metalls ziemlich nebensächlich; Kirchhoff konnte sogar auf den Grenzfall extrapolieren, bei dem die speziellen Materialeigenschaften überhaupt keine Rolle mehr spielen. Realisieren ließ sich später dieser Idealfall durch einen hocherhitzten metallischen Hohlraum, der die sogenannte «schwarze Strahlung» durch eine schmale Öffnung aussendet.
Die «schwarze Strahlung» ist nach Kirchhoff von den Eigenschaften spezieller Körper vollständig unabhängig:

Die mit J bezeichnete Größe (das Emissionsvermögen des schwarzen Körpers) ist eine Funktion der Wellenlänge und der Temperatur. Es ist eine Aufgabe von hoher Wichtigkeit, diese Funktion zu finden. Der experimentellen Bestimmung derselben stehen große Schwierigkeiten im Wege; trotzdem scheint die Hoffnung begründet, sie durch Versuche ermitteln zu können, da sie unzweifelhaft von einfacher Form ist, wie alle Funktionen es sind, die nicht von den Eigenschaften einzelner Körper abhängen, und die man bisher kennengelernt hat.[2]

Seit 1859 war somit bekannt, daß für die Wärmestrahlung eine «universelle Funktion» existieren müsse. Trotz des großen Interesses an dieser Funktion konnte sie zunächst weder auf experimentellem noch auf theoretischem Weg ermittelt werden. Der junge Friedrich Paschen fand 1898 für die Bedeutung des Problems die einprägsame Formel: «Ich glaube, daß die Bestimmung der Funktion J wichtig genug ist, um ihrethalben ein Ordinariat [das heißt eine sichere Lebensstellung als Professor] auszuschlagen.»[3]

Die Messungen waren nicht leicht auszuführen, und erst nach und nach, im Abstand von Monaten und Jahren, ergaben sich die charakteristischen Eigenschaften der Strahlungskurve. Von 1894 an beschäftigte sich auf seine Weise, nämlich rein theoretisch, das heißt mit Papier und Bleistift, auch Max Planck mit dem Strahlungsproblem: «Die sogenannte normale Energieverteilung stellt also etwas Absolutes dar, und da das Suchen nach dem Absoluten mir stets als die schönste Forschungsaufgabe erschien, so machte ich mich mit Eifer an ihre Bearbeitung.»[4]

Unter den Berliner Physikern war Planck damals als Fachvertreter der theoretischen Physik beinahe ein «Gelehrter sui generis». In seinen ersten Jahren hatte er immer das Gefühl, daß ihn die Kollegen «eigentlich für ziemlich überflüssig» hielten. Die theoretische Physik galt damals als Verlegenheitsbeschäftigung für solche Physiker, die nicht die Erlaubnis hatten, die Institutseinrichtungen zu benutzen.

Als Institutsdirektor verfügte der Ordinarius über die staatliche Instrumentensammlung. Es war seiner Entscheidung überlassen, ob und inwieweit er den anderen Dozenten die Mitbenutzung gestattete; häufig genug waren sie davon ausgeschlossen.

Ziel fast jeden Physikers war es deshalb, als Ordinarius ein eigenes großes Laboratorium zu erhalten. Philipp Lenard berichtete später, als er sich schon fest in Heidelberg etabliert hatte, über seinen ersten Ruf nach Kiel:

> Ich sagte zu, falls ich als unumschränkter Direktor des Physikalischen Instituts und erster Vertreter der Physik gerufen würde. Es war nämlich in Kiel bereits Leonhard Weber ordentlicher Professor der Physik... Da mir das Ministerium dies alles bestätigte und versprach, «mich jederzeit gegen Weber in Schutz zu nehmen», so sagte ich zu... Ich war entschlossen, mit vollkommener Rücksichtslosigkeit vorzugehen, da ich den Ruf überhaupt nur angenommen hatte, um endlich uneingeschränkt und hindernislos zu einer voll ausgerüsteten Arbeitsstätte zu kommen. Ich hatte als Assistent und als zweiter Physiker lange genug alles zugegeben, um es den mir Übergeordneten so angenehm wie möglich zu machen; jetzt forderte ich das für mich.[5]

Nur der Ordinarius und Institutsdirektor hatte die Sicherheit, wirklich über ausreichende Forschungsmöglichkeiten zu verfügen. Dem zweiten Mann fiel die Verpflichtung zu, die finanziell unattraktiven Spezialvorlesungen zu halten, und das waren meist die über theoretische Physik. Hier war die Hörerzahl geringer, weil der Stoff schwieriger war, und hier konnte der Dozent ohne Instrumente auskommen. Diese Arbeitsteilung setzte sich an vielen Instituten von selbst durch. Die Privatdozenten trieben häufig *nolens volens* theoretische Physik. Als von 1871 an mit dem Ausbau der Institute neben dem Ordinariat noch eine zweite Stelle etatisiert wurde, kam es zur Institutionalisierung dieses «Gewohnheitsrechts». Dem Extraordinarius wurde im Anstellungsdekret die theoretische Physik als Arbeitsgebiet zugewiesen.

So gab es bald eine respektable Zahl von theoretischen Physikern, wie sonst nirgendwo auf der Welt. Viele von ihnen waren allerdings nur verhinderte Experimentalphysiker; sie strebten mit Macht nach eigener «Institutsberechtigung». Das Ansehen, das die theoretische Physik genoß, war entsprechend gering.

Das aber sollte sich sehr schnell seit der Jahrhundertwende gerade durch die Arbeiten Plancks ändern. Die fundamentale Bedeutung seiner Ergebnisse wurde bald offenbar und damit die neue Rolle der theoretischen Physik.

Systematisch, wie es seiner Art entsprach, nahm Planck das Problem der «schwarzen Strahlung» in Angriff. Er faltete sorgfältig die Teile auseinander und löste in einem vieljährigen Forschungsprogramm Schritt um Schritt die Einzelaufgaben. Noch war die richtige Form der «universellen Funktion» nicht gefunden, als er in dieser Funktion grundlegende Naturkonstanten entdeckte. Es handelte sich dabei vor allem um eine Konstante, die er später mit h bezeichnete und die noch später zu seinen Ehren als «Plancksches Wirkungsquantum» bezeichnet wurde. Was h konkret bedeutete, wußte er damals noch nicht. Doch war er sich darüber im klaren, daß er mit diesem h eine wichtige Entdeckung gemacht hatte. Am 18. Mai 1899 trug er der Preußischen Akademie der Wissenschaften seine Ergebnisse vor:

Mit Zuhilfenahme der Konstanten h ist die Möglichkeit gegeben, Einheiten für Länge, Masse, Zeit und Temperatur aufzustellen, welche, unabhängig von speziellen Körpern oder Substanzen, ihre Bedeutung für alle Zeiten und alle, auch außerirdische und außermenschliche, Kulturen notwendig behalten und welche daher als «natürliche Maßeinheiten» bezeichnet werden können.[6]

Die Bedeutung dieser Entdeckung vom Mai 1899 zeigte sich eineinhalb Jahre später in einer «Sternstunde» der Physik: Im November und Dezember 1900 bemühte sich Planck, sein 1894 begonnenes Forschungsprogramm erfolgreich abzuschließen und die inzwischen experimentell bestimmte Strahlung des schwarzen Körpers rechnerisch aus den Prinzipien der Physik herzuleiten.

Dazu stellte sich Planck vor, daß sich im Strahlungshohlraum «Resonatoren» befinden, auch «Oszillatoren» genannt, submikroskopische Gebilde, von denen man nichts weiß, nur eben daß sie Strahlung aufnehmen und wieder abgeben. Absorption von Strahlung bedeutet Aufnahme, Emission Abgabe von Energie. Der Energieinhalt der Resonatoren ändert sich also ständig. Betrachtet man nun die Gesamtheit der Resonatoren in einem beliebigen Augenblick, so hat man eine statistische Verteilung der Energie um einen gewissen Mittelwert zu erwarten. Ähnliche Betrachtungen hatte zwanzig Jahre zuvor der große österreichische Physiker Ludwig Boltzmann angestellt; damals war es um die Moleküle eines Gases gegangen. Wie Boltzmann wandte nun auch Planck ein Abzählverfahren an. Dazu muß man eine (beliebig klein zu machende) Energiegröße ε einführen und den Energieinhalt der Resonatoren als ganzzahliges Vielfaches dieser Größe auffassen. Nach Boltzmann und Plancks Auffassung ist natürlich die Energie eines Gasmoleküls ebenso wie die Energie eines Resonators im Strahlungsfeld beliebig veränderlich. Deshalb vollzieht man nach der Rechnung den Grenzübergang $\varepsilon \rightarrow 0$.

Zu Plancks Genugtuung ergab sich die richtige Strahlungsformel. Am 14. Dezember 1900 trug er seine Ergebnisse in der Sitzung der Deutschen Physikalischen Gesellschaft vor.

Als kleinen Schönheitsfehler empfand es Planck, daß er dabei (in einer Zwischenrechnung) den Ansatz

$$\varepsilon = h \cdot \nu$$

gebrauchen mußte. Dieser kleine «Schönheitsfehler» entpuppte sich später als der erste Quantenansatz, und Planck hatte damit, ohne daß er oder andere Physiker zunächst etwas davon ahnten, die Quantentheorie begründet. Heute gilt uns der 14. Dezember 1900 als «Geburtstag» dieser Theorie.

Mit der Formel $\varepsilon = h \cdot \nu$ hatte Planck ein Kuckucksei in das Nest der klassischen Physik gelegt. Nach dem Prinzip, daß die Natur keine Sprünge mache, muß $\varepsilon = 0$ sein. Wenn aber nach Planck ε ein Produkt von zwei Faktoren ist, so muß einer der beiden Faktoren, das heißt entweder h oder ν, gleich Null sein. ν hat eine reale physikalische Bedeutung als Eigenschwingungsfrequenz der Resonatoren, kann also unmöglich gleich Null gesetzt werden. Um $\varepsilon = 0$ zu erzwingen, blieb also nur die Möglichkeit, die Konstante h gleich Null zu setzen. Diesen Weg wählten, noch Jahre nach Planck, die beiden englischen Physiker Lord Rayleigh und Sir James Jeans und der große niederländische Physiker Hendrik Antoon Lorentz. Auf diese Weise erreichte man eine konsequente Ableitung innerhalb des Begriffsschemas der klassischen Physik. Diese – nach den bisherigen Kriterien des Denkens – logisch befriedigende Lösung erkaufte man aber durch das fatale Endergebnis einer falschen physikalischen Strahlungsformel, mit der sich Rayleigh, Jeans und Lorentz notdürftig abzufinden suchten.
Nicht so Max Planck. Dieser hatte sich durch jahrelange gründliche Analyse davon überzeugt, daß der Konstanten h in der Physik eine reale Bedeutung zukommt, weil nämlich der Zahlenwert mit großer Genauigkeit aus den Strahlungsmessungen bestimmt werden konnte. Planck wußte, daß die Größe h sogar eine ganz grundlegende Bedeutung besitzt als eine der wenigen echten Naturkonstanten. Schon im Mai 1899 hatte er ja daran gedacht, neben der Lichtgeschwindigkeit c auch h als Basis eines natürlichen Maßsystems einzuführen.
Diese Entdeckung spielte dann im November 1900 eine entscheidende Rolle bei der Ableitung des Strahlungsgesetzes: Der falsche Ausweg aus allen Schwierigkeiten, der Ansatz $h = 0$, war Planck versperrt. Er mußte die Relation $\varepsilon = h \cdot \nu$ als gegeben hinnehmen.
Ein Verständnis dieser Gleichung war Planck trotz angestrengter Bemühungen nicht möglich. Der Prozeß der Klärung nahm Jahrzehnte in Anspruch. Abgeschlossen wurde diese Entwicklung – das heißt die Entwicklung der Quantentheorie – erst in den Jahren 1925 bis 1927, und zwar in erster Linie durch einen Physiker, der ein Jahr jünger war als die Quantentheorie, durch Werner Heisenberg. Mit seiner berühmten «Unschärferelation» von 1927 zeigte Heisenberg, was die Naturkonstante h wirklich bedeutet: Entgegen den Voraussetzungen der klassi-

schen Physik lassen sich der Ort und der Impuls eines Teilchens nicht gleichzeitig genau bestimmen. Das Maß für dieses prinzipielle Unvermögen (und damit das Maß für die Durchbrechung der klassischen Physik) ist das Wirkungsquantum *h*.

An den Resonatoren im Strahlungshohlraum hatte Planck zum erstenmal in der Geschichte der Physik (freilich ohne daß er sich dessen bewußt war) eine Quanteneigenschaft entdeckt: die sprunghafte Veränderung der Energie um den Betrag ε. Dabei waren die «Planckschen Resonatoren» physikalisch recht blutleere Gebilde. Ihre einzige physikalische Eigenschaft war, Strahlung aufzunehmen und wieder abzugeben. Warum sprach Planck nicht von Atomen?

Wie viele deutsche Physiker stand Planck dem Konzept des Atoms mit Vorbehalt gegenüber; er glaubte nicht an ihre Realität. Bestenfalls sah er in ihnen einen Notbehelf der Vorstellung. Die wirklich tiefliegenden letzten Gegebenheiten waren für ihn die Naturkonstanten.

Anders die englischen Physiker. Sie betrachteten, von Boyle und Newton über James Clerk Maxwell bis hin zu Ernest Rutherford, die Erforschung «des Atoms» als Hauptaufgabe der Forschung; die Atome galten aus ihrer Sicht als fundamentale Bausteine der Welt. Wollte man die Gesetze der Natur verstehen, mußte man die Atome verstehen.

Diese beiden erkenntnistheoretischen Positionen gab es im Grunde schon seit der Antike, und es gab sie – *mutatis mutandis* – weiterhin im ganzen 20. Jahrhundert bis zum heutigen Tag. Dalton und Maxwell knüpften an Demokrit an, Planck aber war Platoniker; er hielt es für undenkbar, daß die letzten, tiefstliegenden Gegebenheiten materieller Natur seien.

Im 20. Jahrhundert lernte man schließlich als «Bausteine» der Atome die Elementarteilchen kennen, und nun galten für die Physiker, die in der englischen Tradition standen und folglich an Boyle, Newton und Maxwell anknüpften, die Protonen, Neutronen und Elektronen als die letzten, «elementarsten» Gegebenheiten in der Natur. Werner Heisenberg bekämpfte mit seiner «Einheitlichen Theorie der Materie» diesen Standpunkt als «schlechte Philosophie und folglich schlechte Physik». Heisenberg war Platoniker wie Max Planck.

Anfang des 20. Jahrhunderts führte die Suche der Forscher nach dem

«Absoluten» mit Einsteins «Spezieller Relativitätstheorie» von 1905 zu einem neuen Ergebnis. Das ist, wie Planck mehrfach erläutert hat, nur scheinbar ein Paradoxon.

Ausgehen können wir immer nur vom Relativen. Alle unsere Messungen sind relativer Art. Das Material der Instrumente, mit denen wir arbeiten, ist bedingt durch den Fundort, von dem es stammt, ihre Konstruktion ist bedingt durch die Geschicklichkeit des Technikers, der sie ersonnen hat, ihre Handhabung ist bedingt durch die speziellen Zwecke, die der Experimentator mit ihnen erreichen will. Aus allen diesen Daten gilt es das Absolute, Allgemeingültige, Invariante herauszufinden, was in ihnen steckt.
So ist es auch mit der Relativitätstheorie. Ihre Anziehungskraft für mich bestand darin, daß ich bemüht war, aus allen ihren Sätzen das Absolute, Invariante abzuleiten, das ihnen zugrunde liegt. Das gelang in verhältnismäßig einfacher Weise. Zunächst verleiht die Relativitätstheorie einer Größe, die in der klassischen Theorie nur eine relative Bedeutung hat, einen absoluten Sinn: der Lichtgeschwindigkeit. Wie das Wirkungsquantum in der Quantentheorie, so bildet die Lichtgeschwindigkeit in der Relativitätstheorie den absoluten Kernpunkt.[7]

So fesselte im Herbst 1905 eine Abhandlung im Band 17 der *Annalen der Physik* die Aufmerksamkeit Plancks. Der Aufsatz trug den Titel «Zur Elektrodynamik bewegter Körper». Um das Problem hatten schon Hertz, Lorentz und andere berühmte Forscher vergeblich gerungen – und hier war nun, gänzlich unerwartet, ein höchst origineller Lösungsversuch. Der Verfasser hieß Albert Einstein; den Namen hatte Planck, der die Literatur aufmerksam verfolgte, noch nie gehört. Er erfuhr später, daß es sich um einen kleinen Beamten am Schweizer Patentamt in Bern handle. Dieser Einstein hatte die physikalische Bedeutung der bisher scheinbar *a priori* festliegenden Grundbegriffe «Raum» und «Zeit» erfaßt, die klassische Mechanik reformiert und unter ein gemeinsames Dach mit der Elektrodynamik gebracht.
Das Interesse der Welt galt im Jahr 1905 dem neuen Nobelpreisträger Philipp Lenard. Ein merkwürdiges Zusammentreffen der Ereignisse. Im Zenit seines Ruhmes entstand die Spezielle Relativitätstheorie Einsteins. Niemand konnte damals ahnen, daß fünfzehn Jahre später Einstein zum berühmtesten Forscher des Jahrhunderts werden sollte – und Lenard zum Querulanten.
Überraschend schnell gelang es Planck, bei den führenden Physikern

und Mathematikern in Deutschland die Anerkennung der Speziellen Relativitätstheorie durchzusetzen. Nicht die experimentelle Prüfung gab den Ausschlag; ein wichtigeres Argument war die mathematische Schönheit und Symmetrie der Theorie. Den endgültigen Erfolg besiegelte der Vortrag des Mathematikers Hermann Minkowski auf der Versammlung der Deutschen Naturforscher und Ärzte am 21. September 1908 in Köln. Minkowski führte neben den drei Raumdimensionen die Zeit als vierte Dimension ein und konnte auf diese Weise den mathematischen Gehalt der Relativitätstheorie besonders deutlich herausarbeiten:

Die Anschauungen über Raum und Zeit, die ich Ihnen entwickeln möchte, sind auf experimentell-physikalischem Boden erwachsen. Darin liegt ihre Stärke. Ihre Tendenz ist eine radikale. Von Stund an sollen Raum für sich und Zeit für sich völlig zu Schatten herabsinken, und nur noch eine Art Union der beiden soll Selbständigkeit bewahren.[8]

Während Planck sofort die Bedeutung der Speziellen Relativitätstheorie erkannte, lehnte er andere, gleichzeitige und ebenso wichtige Gedanken Einsteins ab. Seine Skepsis richtete sich dabei gerade gegen die Veröffentlichung, die zum erstenmal tiefe, das Wesen der Planckschen Formel erfassende Einsichten enthielt. In der Arbeit «Über einen die Erzeugung und Verwandlung des Lichtes betreffenden heuristischen Gesichtspunkt»[9] – wie die Relativitätstheorie 1905 in Band 17 der *Annalen der Physik* publiziert – griff Einstein in die durch Planck in Gang gebrachte Diskussion über das «Strahlungsproblem» ein. Anders als Rayleigh, Jeans und Lorentz, die den Weg zurück zur klassischen Physik suchten, drängte Einstein in genialem Ungestüm nach vorn. Tatsächlich war Einsteins Beitrag der entscheidende zweite Schritt in der Entwicklung der Quantentheorie. Seine Hypothese der Lichtquanten aber war so revolutionär, daß Planck diese Lösung als ganz und gar unmöglich betrachtete.

Die Theorie des Lichtes würde nicht um Jahrzehnte, sondern um Jahrhunderte zurückgeworfen, bis in die Zeit, da Christian Huygens seinen Kampf gegen die übermächtige Newtonsche Emissionstheorie wagte ... Und alle diese Errungenschaften, die zu den stolzesten Erfolgen der Physik, ja der Naturforschung überhaupt gehören, sollen preisgegeben werden um einiger noch recht anfechtbarer Betrachtungen willen? Da bedarf es denn doch noch schwereren Geschützes, um das nachgerade sehr stark fundierte Gebäude der elektromagnetischen Lichttheorie ins Wanken zu bringen.[10]

Plancks konservative Auffassung wurde von Rayleigh, Jeans und Lorentz geteilt. Der einzige, aber entscheidende Unterschied bestand in folgendem: Die «Klassiker der Physik» klammerten sich an die Hoffnung, die in der Physikalisch-Technischen Reichsanstalt in Berlin durchgeführten (und hundertfach kontrollierten) Wärmestrahlungsmessungen müßten doch eine Fiktion sein – weil sie in eklatantem Widerspruch zur anerkannten Physik standen. Jeans und anderen durch diesen Notausgang zu folgen, ließ Plancks wissenschaftliche Redlichkeit nicht zu.

Jeans' Hartnäckigkeit ist mir unverständlich – er ist das Beispiel eines Theoretikers, wie er nicht sein soll, dasselbe, was Hegel in der Philosophie war. Um so schlimmer für die Tatsachen, wenn sie nicht stimmen.[11]

«Um so schlimmer für die Tatsachen, wenn sie nicht stimmen.» Das war natürlich ironisch gemeint. Planck hielt daran fest, daß die Konstante *h* eine Realität sei und nicht wegdiskutiert werden könne.
Angeregt von Einstein, hatte Wilhelm Wien einen entscheidenden Gedanken: daß nämlich die Konstante *h* in Beziehung stehen müsse mit der Struktur der Atome. Wie James Clerk Maxwell 1870 betrachtete auch Wilhelm Wien 1909 das Atom als die fundamentale Gegebenheit in der Natur. Er meinte, das Wirkungsquantum müsse, «wenn es überhaupt eine physikalische Bedeutung besitzt, aus einer universellen Eigenschaft der Atome abgeleitet werden».[12]
Diesen Gedanken Wilhelm Wiens kehrte Arnold Sommerfeld um. Er schlug vor, «das *h* nicht aus den Moleküldimensionen zu erklären, sondern die Existenz der Moleküle als eine Funktion und Folge der Existenz eines elementaren Wirkungsquantums anzusehen».[13]
Wie Planck faßte also Sommerfeld die Naturkonstante *h* als fundamentale Gegebenheit auf, aus der sich der Aufbau der Atome begreiflich machen lasse. Tatsächlich erwies sich *h* als der Schlüssel zum Verständnis des Atoms.

Die Jahrhundertwissenschaft

Zunächst fiel er einer Studienkollegin an der Universität Kopenhagen auf: «Apropos Genie: Es ist wunderbar, ein Genie zu kennen, und ich kenne eines und bin jeden Tag mit ihm zusammen. Sein Name ist Niels Bohr... Er erweist sich mehr und mehr als außergewöhnlich.»[1]
Mit der berühmten «Trilogie», den drei Arbeiten, die Niels Bohr vom Juli bis September 1913 im *Philosophical Magazine* publizierte, begann eine neue Epoche in der Physik. Nach Bohr hatte man sich das Atom wie ein Planetensystem *en miniature* vorzustellen: Wie um die Sonne die Planeten, so rotieren um den Atomkern die Elektronen. Nach den Gesetzen der klassischen Physik stellte ein solches Atommodell eine Unmöglichkeit dar: Rotierende Elektronen nämlich unterscheiden sich wesentlich von umlaufenden Planeten. Elektronen sind elektrisch geladene Teilchen und senden auf Kreisbahnen nach den Gesetzen der klassischen Physik elektromagnetische Strahlung aus. Alle Atome müßten deshalb fortwährend strahlen, wovon gar keine Rede sein kann, und statt auf einer Kreisbahn müßte jedes Atom-Elektron auf immer enger werdenden Spiralbahnen umlaufen und schließlich in den Atomkern sozusagen hineinfallen.[2]
Niels Bohr stellte sich auf den Standpunkt, daß das winzig kleine Atom eine Welt für sich darstellt, einen Mikrokosmos, in dem andere Gesetze gelten als die bisher bekannten. Mit Hilfe der Planckschen Naturkonstanten läßt sich nämlich eine Längeneinheit von atomarer Größe bilden. Daraus zog Bohr den Schluß, daß das Plancksche *h* gerade im Mikrobereich des Atoms die klassische Physik außer Kraft setzt.
Friedrich Paschen stellte sich die Aufgabe, das Bohrsche Atommodell experimentell zu bestätigen oder zu widerlegen. Seit seiner Berufung nach Tübingen hatte Paschen sein Institut zum Speziallaboratorium für «Atomspektroskopie» ausgebaut.

Natriumsalze färben die Flamme des Bunsenbrenners gelb, Lithiumsalze rot. Zerlegt man das Licht durch ein Prisma, so sieht man die für das betreffende Atom charakteristischen leuchtenden Linien. Für den Chemiker ist die von Robert Bunsen und Gustav Kirchhoff 1859 begründete Spektralanalyse eine hochempfindliche Nachweismethode, mit der sich Spurenelemente finden lassen; für den Physiker aber geben die Spektrallinien – nach ihrer Zahl und Lage – Auskunft über die Struktur der Atome. Zunächst ging es um die einfachsten Elemente, den Wasserstoff (H) und das Helium (He).
Nach Ausbruch des Ersten Weltkrieges war es im Tübinger Institut leer geworden. Mit einem einzigen Mitarbeiter, dem vom Kriegsdienst zurückgestellten Mechaniker, führte Paschen die Messungen aus:

Meine Arbeit über Bohrs H- und He-Serien geht langsam voran. Aber sie macht mir viel Freude... Schon jetzt sehe ich, daß Bohrs Theorie exakt richtig ist, abgesehen von der komplizierten Struktur der Linien...[3]

Dieser Brief war nach München gerichtet, an Arnold Sommerfeld. Ursprünglich war dieser (wie Planck) generell skeptisch gegenüber den Atommodellen. Seine Skepsis, die er Bohr nicht verschwieg, hat diesen bald sehr belustigt. Es war nämlich gerade Sommerfeld, der das Bohrsche Atom durch die Einführung von Ellipsenbahnen erweitert und aus dem Modell in vielen Arbeiten noch das letzte Detail herausgeholt und herausgerechnet hat. Niels Bohr stand bald seinem Modell kritisch gegenüber, während Sommerfeld geradezu sein Herz daran verloren hatte.[4]
Sommerfelds Stärke war die Handhabung des mathematischen Kalküls; seine größten Erfolge hat er dort errungen, wo eine gesicherte wissenschaftliche Basis vorlag und wo es darum ging, eine in den Grundgedanken formulierte Theorie bis in die feinsten Details auszugestalten und anzuwenden. In seiner physikalischen Arbeit ist neben der mathematischen Virtuosität ein ausgeprägt technisch-anschauliches Denken zu spüren. Das von Bohr aufgestellte Modell hat keiner – auch Bohr selbst nicht – mit größerer Meisterschaft gehandhabt.
Sommerfeld war ein großer Physiker und ein großer Lehrer. In dem ihm eigentümlichen dialogischen Arbeitsstil befand er sich ständig im Gespräch mit einer großen Anzahl von Schülern. So waren die jungen

Studenten im Münchener Institut für theoretische Physik stets über die aktuellen Probleme unterrichtet.

Über diese neuesten Entwicklungen erfuhren wir entweder aus den Zeitschriften oder aus Briefen, die Sommerfeld erhalten hatte. Wenn er einen Brief von Einstein… hatte, dann übergab er den Brief gewöhnlich an einen Mitarbeiter und sagte: «Hier sehen Sie, Einstein schreibt das und das. Was halten Sie davon?»[5]

Sehr enttäuscht war Sommerfeld, als sich Einsteins Interesse mehr und mehr dem Makrokosmos zuwandte. «Einstein steckt offenbar so tief in der Gravitation, daß er für alles andere taub ist», registrierte er bedauernd.[6]
Einstein hatte im Jahr 1909 zum erstenmal an einer großen Tagung teilgenommen; er war nach Salzburg zur Jahresversammlung der Deutschen Naturforscher und Ärzte gekommen. Für die Physiker waren er und sein Vortrag das interessanteste Ereignis des Kongresses. Lise Meitner, Max Born und viele andere sahen hier zum erstenmal den Mann, von dem sie schon so oft gehört hatten. Tiefen Eindruck machte ihnen der Respekt, mit dem Planck den Dreißigjährigen behandelte.[7]
Einstein war zu einer Autorität geworden. Mit der Berufung zum Ordinarius an die deutsche Karls-Universität in Prag hatte er die höchste Stufe in der Professoren-Hierarchie erreicht. Seine Antrittsvorlesung schilderte ein Kollege:

Die ganze Prager Intelligenz war zusammengeströmt und füllte den größten Hörsaal. Einstein hatte eine überaus schlichte Art des Auftretens. Dadurch eroberte er alle Herzen. Er sah die Dinge dieses Lebens von einer hohen Warte. Was dem Durchschnittsmenschen wichtig erscheint, hatte für ihn keine Bedeutung. Deshalb verschmähte er jegliche Art rednerischer Künste. Er sprach lebhaft und klar, aber nicht irgendwie geschraubt, sondern vielmehr ganz natürlich und stellenweise mit erfrischendem Humor. Mancher Hörer wird gestaunt haben, daß die Relativitätstheorie etwas so Einfaches ist.[8]

Nach dem Amtsantritt in Prag hatte sich Einstein die für die ordentlichen Professoren in der Monarchie vorgeschriebene Uniform beschaffen müssen. Sie bestand aus einem Dreispitz, einem mit breiten goldenen Bändern geschmückten Anzug, Degen und Mantel. Als er schon nach drei Semestern an die Eidgenössische Technische Hochschule nach Zürich berufen wurde, übergab er die nutzlos gewordene Pracht seinem Nachfolger und späteren Biographen Philipp Frank. Einsteins Sohn Albert bat: «Papa, bevor du diese Uniform weggibst, mußt du mit mir einmal durch die Straßen von Zürich gehen.» Einstein versprach es auch: «Das macht ja nichts; höchstens hält man mich für einen brasilianischen Admiral.»[9]

Seit Jahren bewegte Planck einen kühnen Plan in seinem Herzen: Einstein nach Berlin zu holen. Als überzeugter Individualist und Demokrat stand Einstein den preußischen Idealen verständnislos gegenüber. In Zürich fühlte er sich wohl, und hier hatte er schon 1901 das Bürgerrecht erworben. Um Einstein für Berlin zu gewinnen, mußte ein außergewöhnliches Angebot gemacht werden. Planck gelang es, die Bemühungen der Akademie, der Universität und der Kaiser-Wilhelm-Gesellschaft auf das Ziel zu vereinen. Im Frühsommer 1913 fuhr er mit Nernst nach Zürich, um den definitiven Vorschlag zu unterbreiten: Einstein solle ordentliches, hauptamtliches Mitglied der Akademie und Professor an der Universität werden, mit dem Recht, aber nicht der Pflicht, Vorlesungen zu halten. Mit seiner gestochen klaren Schrift schrieb Planck eigenhändig den «Wahlantrag»:

> Die Unterzeichneten [Planck, Nernst, Rubens und Warburg] sind sich wohl bewußt, daß ihr Antrag, einen in noch so jugendlichem Alter stehenden Gelehrten als ordentliches Mitglied in die Akademie aufzunehmen, ein ungewöhnlicher ist, sie meinen aber, daß… es das Interesse der Akademie direkt erfordert, die sich darbietende Gelegenheit zur Erwerbung einer so außerordentlichen Kraft nach Möglichkeit zu nutzen. Wenn sie auch naturgemäß für die Zukunft keine Bürgschaft zu übernehmen vermögen, so treten sie doch mit voller Überzeugung dafür ein, daß die heute schon vorliegenden wissenschaftlichen Leistungen des Vorgeschlagenen… seine Berufung in das vornehmste wissenschaftliche Institut des Staates vollauf rechtfertigen, und sie sind weiter auch davon überzeugt, daß der Eintritt Einsteins in die Berliner Akademie von der ganzen physikalischen Welt im Sinne eines besonders wertvollen Gewinnes für die Akademie beurteilt werden würde.[10]

Einstein meinte scherzhaft, daß die Berliner mit ihm «wie mit einem prämierten Leghuhn» spekulierten. «Dabei weiß ich selbst nicht, ob ich noch Eier legen kann.» Die Sorge war unbegründet. Stockwerk um Stockwerk errichtete Einstein das Gebäude der «Allgemeinen Relativitätstheorie».

Das eine ist sicher, daß ich mich im Leben noch nicht annähernd so geplagt habe und daß ich große Hochachtung für die Mathematik eingeflößt bekommen habe, die ich bis jetzt in ihren subtileren Teilen in meiner Einfalt als puren Luxus ansah! Gegen dies Problem ist die ursprüngliche Relativitätstheorie eine Kinderei.[11]

Mit seinen Berliner Kollegen stand Einstein bald in freundschaftlichem Kontakt: «Ich glaube, es war nur wenige Monate, nachdem Einstein als Akademieprofessor nach Berlin gekommen war», berichtete Lise Meitner, «als im Planckschen Haus ein Musikabend stattfand.»

Es wurde das Beethoventrio in B-Dur gespielt, Planck am Klavier, Einstein spielte Geige, und der Cellist war... ein holländischer Berufsmusiker. Das Zuhören war ein wunderbarer Genuß, für den ein paar zufällige Entgleisungen Einsteins nichts bedeuteten... Einstein, sichtlich erfüllt von der Freude an der Musik, sagte laut lachend in seiner unbeschwerten Art, daß er sich wegen seiner mangelhaften Technik schäme. Planck stand dabei mit ruhigem, aber buchstäblich glückstrahlendem Gesicht und rieb sich mit der Hand in der Herzgegend: «Dieser wunderbare zweite Satz.» Als nachher Einstein und ich weggingen, sagte Einstein ganz unvermittelt: «Wissen Sie, um was ich Sie beneide?» Und als ich ihn etwas überrascht ansah, fügte er hinzu: «Um Ihren Chef.» Ich war damals noch Assistentin Plancks.[12]

Hauptsächlich auf Initiative Plancks kam es zur Gründung eines «Kaiser-Wilhelm-Instituts für physikalische Forschung». Direktor wurde Albert Einstein. Der Ausbruch des Ersten Weltkrieges verhinderte den Bau; das Institut aber existierte wenigstens im juristischen Sinne und hatte einen eigenen Etat. Einstein und sein Stellvertreter Max von Laue förderten mit ihren Mitteln die Arbeiten anderer Physiker. (Erst zwanzig Jahre später sollte das Kaiser-Wilhelm-Institut für Physik ein eigenes Gebäude in Dahlem in der Nähe der anderen Institute der Gesellschaft erhalten. Nachfolger von Einstein wurde zunächst Peter Debye und dann Werner Heisenberg.)
Lange Jahre wirkte Einstein im Vorstand der Deutschen Physikalischen Gesellschaft, und hier fiel es ihm zu, die Festsitzung zum 60. Geburtstag von Max Planck vorzubereiten. «Ich freue mich heute schon auf den Abend», schrieb er an Sommerfeld, «weil ich Planck sehr lieb habe und er sich sicher freuen wird, wenn er sieht, wie gern wir ihn alle haben und wie alle seine Lebensarbeit hochhalten.»[13]

Im großen Physikalischen Hörsaal der Universität versammelten sich die Berliner Physiker, viele hundert waren es nun schon, auch viele Auswärtige waren gekommen. Es war ein Familienfest. Akademischem Brauch entsprechend, würdigten Emil Warburg, Max von Laue und Arnold Sommerfeld die wissenschaftlichen Verdienste des Jubilars. Einstein aber sprach über «Die Motive des Forschens»; unbesorgt um akademische Tabus gab er seiner herzlichen Zuneigung Ausdruck:

> Ein vielgestalteter Bau ist er, der Tempel der Wissenschaft. Gar verschieden sind die darin wandelnden Menschen und die seelischen Kräfte, welche sie dem Tempel zugeführt haben. Gar mancher befaßt sich mit Wissenschaft im freudigen Gefühl seiner überlegenen Geisteskraft; ihm ist die Wissenschaft der ihm gemäße Sport, der kraftvolles Erleben und Befriedigung des Ehrgeizes bringen soll; gar viele sind auch im Tempel zu finden, die nur um utilitaristischer Ziele willen hier ihr Opfer an Gehirnschmalz darbringen. Käme nun ein Engel Gottes und vertriebe alle die Menschen aus dem Tempel, welche zu diesen beiden Kategorien gehören, so würde er bedenklich geleert, aber es blieben doch noch Männer aus der Jetzt- und Vorzeit im Tempel drinnen. Zu diesen gehört unser Planck, und darum lieben wir ihn...
>
> Die Sehnsucht nach dem Schauen jener prästabilierten Harmonie, von der Leibniz gesprochen hatte, ist die Quelle der unerschöpflichen Ausdauer und Geduld, mit der wir Planck den allgemeinsten Problemen unserer Wissenschaft sich hingeben sehen, ohne sich durch dankbarere und leichter erreichbare Ziele ablenken zu lassen. Ich habe oft gehört, daß Fachgenossen dies Verhalten auf außergewöhnliche Willenskraft und Disziplin zurückführen wollten; wie ich glaube ganz mit Unrecht. Der Gefühlszustand, der zu solchen Leistungen befähigt, ist dem des Religiösen oder Verliebten ähnlich: das tägliche Streben entspringt keinem Vorsatz oder Programm, sondern einem unmittelbaren Bedürfnis.
>
> Hier sitzt er, unser lieber Planck, und lächelt innerlich über dies mein kindliches Hantieren mit der Laterne des Diogenes. Unsere Sympathie für ihn bedarf keiner fadenscheinigen Begründung...[14]

Einstein und Planck verband eine Physiker-Freundschaft. Das will heißen, daß sie einander schätzten und vertrauten wie Freunde, aber auch den persönlichen Bereich des Kollegen respektierten. So blieb immer eine gewisse Distanz, wie sie nötig ist zur ungestörten geistigen Entfaltung.

Gemeinsam war ihnen die Hingabe an die Wissenschaft, die Liebe zur Musik, die persönliche Bescheidenheit, gemeinsam die große Begabung, wenn auch Planck immer neidlos Einstein als den genialeren angesehen hat. Als Menschen konnte man sich kaum größere Gegensätze denken. Planck war stets korrekt und gemessen, fast formell, ein Eindruck, dem aber die starke Ausstrahlung entgegenwirkte; Einstein dagegen war spontan herzlich, witzig und im Äußeren sprichwörtlich nachlässig. Lise Meitner sah einen wesentlichen Unterschied auch in der besseren Menschenkenntnis von Planck: «Einstein war in puncto Menschen sehr naiv.» Planck teilte seine Zeit systematisch ein, und geradezu pedantisch hielt er sich dann an das einmal aufgestellte Programm, mochte es sich um eine Bergtour oder eine Forschungsaufgabe handeln. Einstein dagegen folgte plötzlichen Eingebungen. «Ich blieb eineinhalb Stunden, unverschämt lang», erzählte ein Student über einen Besuch in Einsteins Wohnung in der Haberlandstraße, «und dann begleitete ich ihn noch zu einem Tabakladen und von da bis zur Tür eines Bekannten. Erst wollte er nicht so recht aus sich heraus, aber dann wurde er warm und hörte nicht mehr auf zu reden. Er ist für Studenten ein sehr bequemer Mann, sobald man es versteht, ihn zu packen und durch Fragen hie und da über die Zeit hinweg zu täuschen.»[15]

Anläßlich einer Hauptversammlung der Kaiser-Wilhelm-Gesellschaft gab es im Hotel Kaiserhof ein großes Abendessen, bei dem Lise Meitner zwischen Planck und Einstein saß. Im Laufe des Gesprächs sagte Planck, daß es ihn immer sehr bedrücke, wenn sich in seinen Arbeiten Irrtümer herausstellten. Tatsächlich galt Planck als die große Autorität, und auf ihn beriefen sich die Kollegen in allen Streitfragen.

Einstein lachte zu der letzten Bemerkung von Planck und sagte, wenn zunehmende (eigene oder fremde) Erkenntnis wissenschaftliche Äußerungen von ihm widerlege, fühle er sich gar nicht bedrückt.
Planck dagegen war sich wohl bewußt, daß eine Korrektur nicht allgemein durchdringt, womit die Gefahr besteht, daß diese Äußerung Schaden anrichtet. Und Plancks Verantwortungsbewußtsein war so stark, wie ich es wirklich bei keinem anderen Menschen beobachtet habe.[16]

Die ersten Feldgleichungen der Gravitation, die Einstein versuchsweise aufstellte, erwiesen sich, wie er bald bemerkte, als «gänzlich haltlos», und seine Kovarianzbetrachtung war «ein Schlag in's Wasser». Nun bewährte sich, daß er sich von den eigenen Irrtümern nicht niederdrükken ließ. Noch ehe irgend jemand den Fehler bemerkte, konnte er ihn korrigieren und zur richtigen Theorie übergehen.

Am 28. November 1915 teilte Einstein in einem Brief an Sommerfeld seine Ergebnisse mit. Einstein war es gelungen, das bis auf Isaac Newton zurückgehende Massenanziehungsgesetz als erste Näherung aus seinen Gleichungen abzuleiten. Da das Newtonsche Gesetz als richtig angesehen werden konnte (jedenfalls in dieser Näherung), so galten alle Argumente für Newton ebenso auch für Einstein. Schon frühzeitig hatte sich Einstein über die Möglichkeit von Effekten zweiter Näherung Gedanken gemacht; diese Phänomene mußten es dann ermöglichen, zwischen den beiden Theorien zu entscheiden.

Das Herrliche, was ich erlebte, war nun, daß sich nicht nur Newtons Theorie als erste Näherung, sondern auch die Perihelbewegung des Merkur [43 Bogensekunden pro Jahrhundert] als zweite Näherung ergab. Für die Lichtablenkung an der Sonne ergab sich der doppelte Betrag wie früher.

Freundlich hat eine Methode, die Lichtablenkung... zu messen. Nur die Intrigen armseliger Menschen verhindern es, daß diese letzte wichtige Prüfung der Theorie ausgeführt wird. Dies ist mir aber doch nicht so schmerzlich, weil mir die Theorie besonders auch mit Rücksicht auf die qualitative Bestätigung der Verschiebung der Spektrallinien genügend gesichert erscheint.[17]

Zur Beobachtung der Lichtablenkung am Sonnenrand während einer Sonnenfinsternis hatte Erwin Freundlich schon Mitte 1914 eine Expedition nach Rußland unternommen, aber der Kriegsausbruch machte das Projekt hinfällig. Das waren «die Intrigen armseliger Menschen», von denen Einstein in seinem Brief an Sommerfeld gesprochen hatte.

«Von der Allgemeinen Relativitätstheorie werden Sie überzeugt sein», schrieb Einstein ein paar Monate später, «wenn Sie dieselbe studiert haben werden. Deshalb verteidige ich sie Ihnen mit keinem Wort.»[18]

Die Kollegen fanden die Gedanken Einsteins «fesselnd und aufregend, aber schwierig, fast zum Fürchten». Max Born nahm Sonderabdrucke mit auf seine Hochzeitsreise und verbrachte damit viele Stunden.[19]

In Wien beschäftigte sich mit der Einsteinschen Theorie auch ein Schüler des Döblinger Gymnasiums. Als dieser im Oktober 1918 zum Studium der Physik an die Universität München kam, hatte er eine druckreife Abhandlung im Gepäck, eine Anwendung der Theorie auf die Bewegung des Planeten Merkur. Sommerfeld registrierte es staunend. Die

Ausarbeitung erregte auch Einsteins Aufmerksamkeit und Bewunderung. «Wie Sie es allerdings fertiggebracht haben», schrieb der Mathematiker Hermann Weyl an den Studenten, «sich in so jungen Jahren in den Besitz all der Erkenntnismittel zu setzen und diejenige Freiheit des Denkens zu erwerben, die nötig ist, um sich die Relativitätstheorie zu eigen zu machen, ist mir nahezu unbegreiflich.»[20]

Der Student hieß Wolfgang Pauli. Hermann Weyl begrüßte den Achtzehnjährigen als neuen Mitarbeiter an seinem großen Werk ‹*Raum – Zeit – Materie*›. Dieses Buch studierte mit leidenschaftlichem Interesse auch ein Gymnasialschüler in München, der damals siebzehnjährige Werner Heisenberg.

Jede Generation hat ihre Genies. Im 15. Jahrhundert wurden die hochbegabten jungen Menschen von der Malerei und Bildhauerei angezogen; im 18. Jahrhundert gingen sie nach Wien und schufen sich einen Namen als Haydn, Mozart und Beethoven. Im 20. Jahrhundert war es durch die Relativitätstheorie Einsteins und das Atommodell Bohrs die theoretische Physik, die die große Faszination ausübte.

Der amerikanische Wissenschaftshistoriker Thomas S. Kuhn hatte Gelegenheit zu einem ausführlichen Interview mit Heisenberg. Kuhn interessierte sich für die Struktur wissenschaftlicher Revolutionen (wie auch der Titel seines berühmten Buches lautet), und er fragte Heisenberg, wie es möglich war, daß die Physik damals einen so starken Entwicklungsschub machen konnte:

> Die begabten Leute merkten, daß etwas in der Physik los war. So ging es mir, als ich aus der Schule kam. Ich hatte gemerkt, daß mir Mathematik leicht fiel, und ich hatte einige Physikbücher gelesen… das Buch von Weyl über Relativitätstheorie und die Vorträge von Sommerfeld über Atome. Ich fühlte, das ist ein Gebiet, wo ich versuchen könnte, etwas zu machen. So wurde ich durch die Möglichkeit gefesselt, etwas leisten zu können, und ich glaube, daß es bei diesen hervorragenden Menschen wie Beethoven genauso war… Es sieht so aus, als ob die Zahl der Begabungen auf einem Gebiet plötzlich ansteigt, aber das ist wahrscheinlich nicht der Fall. Die Zahl bleibt mehr oder weniger gleich, aber der historische Prozeß ist bei einem entscheidenden Punkt angelangt… und so sammeln sich die Begabungen.[21]

Die großen grundsätzlichen Fragen nach der Struktur des Allergrößten und des Allerkleinsten, des Weltalls und des Atoms, zogen die jungen

Menschen mit magischer Kraft an, und mit Enthusiasmus verfolgten sie die Schritte von Einstein und Weyl, von Bohr und Sommerfeld.
Schon eine Generation zuvor hatte die Physik Faszination ausgeübt; der Elektromagnetismus, die Radiowellen, die Röntgenstrahlen waren die damals aktuellen Themen. Die Physik galt als Experimentalwissenschaft. Im Laboratorium wollten sich die Physiker bewähren, durch ihre Entdeckungen die Welt umgestalten und dem Fortschritt der Menschheit dienen.
Noch bestand dieses Leitbild. Aber schon war ein anderes daneben entstanden: Nicht im Experiment, in der tiefschürfenden mathematischen Analyse, sahen Pauli und Heisenberg ihre Aufgabe. Tatsächlich war die Physik an einem Punkt angelangt, wo sich eine Spezialisierung in Experimentalphysik und theoretische Physik vollzog.
Durch die Spezielle und Allgemeine Relativitätstheorie und die Bohr-Sommerfeldsche Quantentheorie war die theoretische Physik auf dem Weg zum eigentlichen Kern- und Grundlagenfach der ganzen Naturwissenschaft. In der festen Überzeugung der Jüngeren war jetzt die Zeit nicht mehr fern, in der man in das eigentliche Wesen der Natur eindringen würde, um das zu erfassen, was «die Welt im Innersten zusammenhält».

Werner Heisenberg

Am Anfang war es nur ein Spiel. Der Vater stellte seinen beiden Söhnen Aufgaben: Wenn zwei Pfund Äpfel zehn Pfennig kosten, wieviel kosten dann fünf Pfund? Der eineinhalb Jahre Jüngere entdeckte, daß er schneller rechnen konnte als sein Bruder. Nichts stimuliert so wie der Erfolg. Von dieser Zeit an hatte er besonderes Interesse an der Mathematik.

Die Volksschule besuchte er in seiner Geburtsstadt Würzburg, das Gymnasium in München. Der Vater, August Heisenberg, war an die Ludwig-Maximilians-Universität berufen worden, auf den einzigen Lehrstuhl für Byzantinistik in Deutschland. Am 18. September 1911 ist Werner Heisenberg in die Sexta des Königlichen Maximilians-Gymnasiums eingetreten. Mit einem Schulfreund zusammen lernte er Sanskrit, und die Lehrer hielten seine sprachliche Begabung für ebenso gut wie seine mathematische.

Mit seinem Bruder bastelte er das Modell eines Linienschiffes. Es hatte Funksteuerung (damals etwas ganz Sensationelles) und konnte ganze Salven durch Fernzündung abfeuern. Über den Mechanismus gab er, woran sich ein Freund noch genau erinnert, wie ein Ingenieur Auskunft.[1]

Hier kommt Begeisterung für die Technik zum Ausdruck, wie sie auch der Vater hatte und wie sie typisch war für die Zeit, aber ebenso der Stolz auf «unsere deutsche Hochseeflotte».

Es war damals die Zeit des Ersten Weltkrieges. Wir Jungen waren – so würde man heute sagen – «nationalistisch», die Lektüre Caesars wurde mit Kriegsberichten verbunden. Heisenberg war viel ausgewogener als wir; er war national, aber immer beherrscht.[2]

Bereits mit zwölf Jahren studierte er die Differential- und Integralrechnung. Dieser wichtige Zweig der höheren Mathematik war im 18. Jahrhundert durch d'Alembert, Euler und Lagrange als mächtiges Werkzeug zur Behandlung physikalischer Vorgänge ausgebildet worden. Die Gelegenheit, den schwierigen Stoff einzuüben und zu einem festen geistigen Besitz werden zu lassen, bot sich, als eine junge Chemikerin, eine Bekannte der Eltern, sich auf ihre Doktorprüfung vorbereitete. Sie nahm bei dem sechzehnjährigen Gymnasiasten Unterricht in höherer Mathematik. «Ich weiß nicht, ob sie es lernte», sagte Heisenberg dazu. «Aber ich lernte es.»

Die Beherrschung der Differential- und Integralrechnung, mit Einschluß der Differentialgleichungen, ermöglichte es später Heisenberg schon vom ersten Studiensemester an – durch die von Arnold Sommerfeld gewährte physikalische Anleitung –, an der vordersten Front der Atomforschung zu arbeiten.

Auch die Zahlentheorie – mit der sich Mathematikstudenten höherer Semester quälen – eignete sich Heisenberg bereits als Gymnasiast und gleichsam nebenbei an:

Ich bat meinen Vater, mir von der Universitätsbibliothek einige mathematische Werke mitzubringen. Nun hatte mein Vater keine Ahnung von Mathematik und brachte mir, was er gerade fand. So brachte er zum Beispiel aus pädagogischen Gründen mathematische Literatur in lateinischer Sprache, weil er dachte, ich sollte zugleich Latein lernen. Ich glaube, es war 1916, als er mir ein Buch brachte, was sich dann als die Doktordissertation von Kronecker über Zahlentheorie herausstellte.[3]

Im Bücherschrank Heisenbergs standen bis zuletzt zwei Werke, ‹*Die Elemente der Zahlentheorie*› und ‹*Die analytische Zahlentheorie*›. Auf dem Deckblatt ist mit noch kindlicher Schrift der Eigentümer eingetragen.

So gewann ich Interesse an der Zahlentheorie, sehr starkes Interesse, und wollte selbst etwas machen… Ich schrieb eine Abhandlung über die Pellsche Gleichung und sandte sie an eine Zeitschrift, aber sie wurde nicht angenommen.[4]

Offenbar bewährte sich schon damals die Veranlagung, sich nicht so leicht deprimieren zu lassen. Der Schüler behielt die Freude an der Mathematik. «Seine Arbeitsweise ist immer großzügig», heißt es im Schü-

lerbogen. «Er hat einen Blick für das Wesentliche, belastet und zersplittert sich nie mit Einzelheiten.»[5]
Wenn man heute – im Abstand von 75 Jahren – die Bemerkungen in den Zeugnissen liest, ist man über die Treffsicherheit erstaunt: «Der Schüler ist sehr gut begabt, von vielseitigem Interesse, scheint aber vorwiegend nach der Seite des Verstandes befähigt zu sein.» Genau wird in der Quarta das besondere Talent für grammatische und rechnerische Probleme registriert, und ein Jahr später heißt es: «Sein Interesse ist in entschiedener und eindringlicher Weise physikalisch-technischen Dingen zugewandt. Er ist eigenwillig und ehrgeizig.»
Regelmäßig hervorgehoben wurden Begabung und Ehrgeiz. Einmal hieß es: «Der Schüler ist ordentlich, selbstbewußt und möchte immer glänzen.»
Tatsächlich blieb im Leben Heisenbergs der Ehrgeiz eine kleine Schwäche. Der Niederländer Hendrik Casimir berichtete von Kopenhagen und dem Kreis der jungen Physiker, die sich seit den zwanziger Jahren für kürzere oder längere Zeit um Niels Bohr scharten. Nach der geistigen Anstrengung entspannten sie sich bei selbsterfundenen Spielen. Eines davon hieß «Schauerproduktion». Die aus dem Weltraum kommenden energiereichen Teilchen erzeugen in den oberen Schichten der Atmosphäre ganze «Schauer» von sekundären Teilchen. Da sich Heisenberg intensiv mit der kosmischen Strahlung beschäftigt hatte, mußte er gegen Paul Ehrenfest jr. antreten, der ebenfalls als Experte galt.
Sie wurden, etwa vier Meter voneinander entfernt, auf Stühle gesetzt. Über jedem hing ein Behälter mit Wasser. Beide Spieler erhielten Tennisschläger und -bälle und mußten nun versuchen, den Wasserbehälter über dem Kopf des Gegners zu treffen und einen Schauer auszulösen. In der zweiten oder dritten Runde landete Ehrenfest einen Treffer. Heisenberg wurde naß und machte einen sehr betrübten Eindruck. Daraufhin bemerkte Casimir zu Weizsäcker: «Daß er naß geworden ist, macht ihm nichts aus. Aber daß er verloren hat, trifft ihn wirklich.» Weizsäcker antwortete: «Sie scheinen ihn sehr gut zu kennen.»
Am Maximilians-Gymnasium in München nahmen sich die Lehrer Zeit für ihre Schüler. Das gilt insbesondere für den Studienrat Christoph Wolff. Neben dem Vater war er es, der Heisenberg zu selbständigen Studien ermunterte.

Einmal gab er mir ein Problem über Streuung; er hatte nämlich selber die Streuung des Lichts durch ein Wassergefäß untersucht. Ich stellte einige Rechnungen an, die auf elliptische Funktionen führten, und schrieb eine ziemlich lange Abhandlung. Aber dann sagte er mir, daß er leider nicht sagen könne, ob die Rechnung richtig sei, denn er verstünde nichts von elliptischen Funktionen.[6]

Mit Staunen verfolgte Christoph Wolff die Entwicklung dieses Schülers:

Die gestellte Aufgabe hat Heisenberg spielend gelöst. Darüber hinaus behandelt er nun aus freien Stücken das Problem des freien Falls und vertikalen Wurfs mit Berücksichtigung des Luftwiderstands, wobei er sich der Infinitesimalrechnung bedient und beweist, daß er das Ziel der Mittelschulmathematik schon weit überholt hat.[7]

Im Abiturzeugnis erhielt Heisenberg (wie fast durchweg in den höheren Klassen) in allen Fächern die Note I, in Deutsch die Note II. Die Schule schlug ihn zur Aufnahme in die Höchstbegabtenstiftung «Maximilianeum» vor. Alljährlich wurden aus dem Kreis der besten Abiturienten Bayerns durch eine strenge Ausleseprüfung die allerbesten ausgewählt, je nach der Zahl der zur Verfügung stehenden Plätze durchschnittlich sechs bis acht. Der Leiter des Schulreferats im Ministerium prüfte selbst:

Heisenberg ist durchweg sehr gut begabt, ganz hervorragend aber für die mathematisch-physikalischen Disziplinen... Da der Schüler sich dem Studium der Mathematik widmen will und mit Sicherheit erwartet werden darf, daß er auf diesem Gebiete einmal Vorzügliches leisten wird, kann ich ihn... angelegentlich empfehlen.[8]

Das größte Privileg waren freie Kost und Logis im Gebäude der Stiftung, dem Maximilianeum in München. Da Heisenberg aber zu Hause wohnen konnte, hat er auf dieses Recht verzichtet. Er wird aber trotzdem, wie in solchen Fällen üblich, zum Kreis der «Maximilianeer» gezählt. Es ist der besondere Stolz des Gymnasiums an der Morawitzkystraße, bis heute von allen bayerischen Schulen die größte Zahl von Abiturienten in die Stiftung entsandt zu haben. Unter ihnen war später auch ein Absolvent namens Franz Josef Strauß, dessen Wege sich mit denen Heisenbergs noch oft kreuzen sollten. Die ständige Begegnung von Physiker und Politiker ist für das Jahrhundert bezeichnend.

Mit dem Studium der Mathematik aber wurde es nichts. «Da ich meinte, schon etwas zu können», erzählte Heisenberg, «war ich sehr unbescheiden und wollte gleich im ersten Semester ein Seminar besuchen.» Es waren nur die Examenskandidaten, die sich üblicherweise in solchen Veranstaltungen trafen, und im Vorlesungsverzeichnis trugen die Seminare den Vermerk *privatissime et gratis*, das heißt vorherige Anmeldung notwendig.
Der erste Schritt ins akademische Leben war deshalb ein Besuch bei Ferdinand Lindemann, der als Mathematiker durch den Beweis der Transzendenz von π berühmt geworden war. Der Vater, Kollege Lindemanns an der Universität, hatte den Besuch vermittelt.

Bevor ich noch mit dem Professor, der sich nur langsam erhob, gesprochen hatte, bemerkte ich auf dem Schreibtisch neben ihm kauernd ein kleines Hündchen mit schwarzem Fell, das mich in dieser Umgebung ganz unmittelbar an den Pudel in Fausts Studierstube erinnerte. Der dunkle Vierbeiner blickte mich feindselig an, er betrachtete mich offenbar als Eindringling, der die Ruhe seines Herrn stören wollte.[9]

Das Gespräch verlief mühsam, weil das Schoßhündchen zu bellen anfing und der Professor zudem schwerhörig war.

Lindemann fragte noch, welche Bücher ich denn in der letzten Zeit studiert hätte. Ich nannte das Werk von Weyl ‹*Raum – Zeit – Materie*›. Unter dem anhaltenden Toben des kleinen schwarzen Wächters schloß Lindemann darauf das Gespräch mit den Worten: «Dann sind Sie für die Mathematik sowieso schon verdorben.»[10]

So ging Heisenberg auf den Rat seines Vaters zu Arnold Sommerfeld, und diese Begegnung entschied über sein Leben. Sommerfeld galt damals, im Oktober 1920, durch seine wissenschaftlichen Leistungen und durch seine erfolgreiche Lehrtätigkeit bereits als hochverdienter Gelehrter. Mit dem «martialisch anmutenden Schnurrbart» machte er einen strengen Eindruck, und Heisenberg mußte immer an diese erste Begegnung denken, wenn er hörte, daß die Studenten vom «alten Husarenoberst» sprachen. Die erste Generation von Sommerfeld-Schülern hatte ihre Lehrjahre bereits hinter sich. Sie wirkten, hervorragend ausgebildet als Physiker, im Schuldienst und in der Industrie. Peter Debye war inzwischen schon selbst Professor geworden.[11]

Um den Meister bildete sich ein neuer, größerer Kreis von begabten jungen Menschen. «Was ich an Ihnen besonders bewundere», schrieb Einstein damals an Sommerfeld, «das ist, daß Sie eine so große Zahl junger Talente wie aus dem Boden gestampft haben. Das ist etwas ganz Einzigartiges. Sie müssen eine Gabe haben, die Geister ihrer Hörer zu veredeln und zu aktivieren.»[12]
Tatsächlich verstand es Sommerfeld in einzigartiger Weise, das Genie Heisenbergs zu «aktivieren». Schon bei dem allerersten Gespräch spürte Heisenberg «eine unmittelbare Güte, ein Wohlwollen für den jungen Menschen, der hier Führung und Rat suchte».

Sommerfeld sagte sehr freundlich: «Sie interessieren sich für Mathematik. Es kann sein, daß Sie etwas können; es kann sein, daß Sie nichts können. Das wird sich zeigen. Sie besuchen das Seminar, und ich will sehen, wie Sie sich beteiligen können.» So kam ich zu Sommerfeld.[13]

Sommerfeld vertrat an der Universität München die theoretische Physik. Dieses Fach nannte man von früher her noch «mathematische Physik», weil hier mit mathematischen Methoden physikalische Probleme behandelt wurden. Ursprünglich war es weder von der Mathematik noch von der Physik recht anerkannt gewesen, und einen Rest dieser einstigen Mißachtung von der mathematischen Seite hatte Heisenberg im Fehlurteil von Ferdinand Lindemann über das Buch von Hermann Weyl, eine der besten Darstellungen der Allgemeinen Relativitätstheorie, gehört.
Auch die Spannungen zur anderen Seite, der Experimentalphysik, sollte Heisenberg noch kennenlernen. Hatte er einen Anschauungsunterricht über das Verhältnis der theoretischen Physik zur Mathematik am Beginn seines Studiums erlebt, so stand ihm eine nicht minder drastische Demonstration über das Verhältnis zur Experimentalphysik beim Abschluß des Studiums bevor. In Wilhelm Wien, der 1920 von Würzburg nach München berufen wurde, traf er einen Wissenschaftler, der die rasch aufblühende theoretische Physik als eine Modetorheit empfand. In der Doktorprüfung sollte Heisenberg diese Auffassung erheblich zu schaffen machen.
Ferdinand Lindemanns und Wilhelm Wiens Vorbehalte hielten sich innerhalb des akademisch Üblichen. Gerade damals, als Heisenberg sein

Studium begann, steigerte sich bei einem anderen berühmten Gelehrten die Abneigung gegen die theoretische Physik zu einem pathologischen Ressentiment, das den Rahmen alles Vorstellbaren sprengte. 1920 war der junge Heisenberg nur Beobachter am Rande; als dieser Gelehrte aber 1933, nun mit den politischen Machtmitteln des «Dritten Reiches», seine Angriffe gegen die führenden Fachvertreter der theoretischen Physik wiederaufnahm, erwuchs ihm eine tief in sein Leben eingreifende Bedrohung.
Philipp Lenard war es, von dem die Kampagne ausging. Seit der Verleihung des Nobelpreises 1905 galt er in der wissenschaftlichen Öffentlichkeit auf dem Gebiet der Physik als der «berufenste Gelehrte»; so hatte ihn Adolf von Harnack in seiner berühmten Denkschrift zur Gründung der Kaiser-Wilhelm-Gesellschaft genannt. Kollegen freilich, die Lenard näher kannten, waren schon damals gewisse Eigentümlichkeiten aufgefallen.

Lenard muß in vielen Dingen «schief gewickelt» sein. Sein Vortrag von neulich über die abstruse Ätherei erscheint mir fast infantil. Ferner die Untersuchung, die er Ihnen aufgenötigt hat... grenzt sehr ans Lächerliche. Es tut mir leid, daß Sie mit solchen Dummheiten Ihre Zeit verbringen müssen.[14]

So hatte Einstein 1910 an den Assistenten Lenards geschrieben, zu einer Zeit übrigens, als Lenard sich für Einsteins Arbeiten begeisterte und sich bemühte, Einstein für sein Heidelberger Institut als Extraordinarius zu gewinnen.
Nach dem Ausbruch des Ersten Weltkrieges entwickelte Lenard einen alles Maß übersteigenden Haß gegen das «perfide Albion». «Könnten wir England gänzlich vernichten, so würde ich das... als keine Sünde gegen die Zivilisation ansehen», schrieb er Mitte August 1914. «Fort also mit aller Rücksicht auf Englands sogenannte Kultur.» Tiefere Ursache dieser Aggressivität war die erbitterte Prioritätsauseinandersetzung mit dem bekannten englischen Physiker Joseph John Thomson, der ein Jahr nach Lenard den Nobelpreis erhalten hatte.
Nach dem Ende des Krieges verlagerte sich Lenards Haß auf die Juden. Schon seit Ende 1919 fühlte er sich Adolf Hitler «dankbar verbunden», weil dieser ihn über deren «Grundschädlichkeit» aufgeklärt hatte. Auch hier waren wissenschaftliche Auseinandersetzungen, näm-

lich die mit Albert Einstein über die Allgemeine Relativitätstheorie, die Wurzel der Ressentiments. Weil die Kollegen nicht mehr von Lenards Arbeiten sprachen, sondern nur noch von Einsteins Lichtquanten, Einsteins Energie-Masse-Äquivalenz und Einsteins Relativitätstheorie, mußte es sich um «typisch jüdische Blendwerke» handeln.[15]

Von 1919 an entwickelte Lenard eine eigentümliche Lehre, die später den Namen «Deutsche Physik» erhielt. Darin war kein Platz mehr für die wichtigsten Forschungsergebnisse des 20. Jahrhunderts, die Quantentheorie und die Relativitätstheorie.

Alles ist relativ

Vor dem Ersten Weltkrieg hatte sich die deutsche «Macht und Weltgeltung», wie man damals sagte, auf «drei Pfeiler» gegründet, Armee, Industrie und Wissenschaft. Durch die von den Alliierten erzwungene Abrüstung war Deutschland die «schimmernde Wehr» genommen, der erste Pfeiler der Macht. Die im Versailler Friedensvertrag verfügte Beschlagnahme des deutschen Auslandskapitals und der Handelsflotte, der Verlust der Handelsbeziehungen und der Patentrechte und die geforderten Reparationszahlungen bedrohten auch die Industrie. Von den ehemals «drei Pfeilern deutscher Weltgeltung» stand nur noch die Wissenschaft aufrecht. Es wurde darum von den Gelehrten als eine «nationale Pflicht» betrachtet, den letzten Pfeiler nach Kräften zu stützen.

Der rasche wirtschaftliche Niedergang zwang auch die Wissenschaft zu immer neuen Einschränkungen. Bei der Erfüllung militärischer Aufgaben war während des Krieges in vielen Forschungsinstituten Raubbau mit Vorräten und Instrumenten getrieben worden. Die unveränderten Etats bei den sprunghaft steigenden Preisen machten es unmöglich, die Verluste zu ersetzen. An Neuanschaffungen denken zu wollen schien absurd; dabei berichtete das Ausland laufend über bedeutende Fortschritte mit neuen Apparaten und Verfahren. Die deutsche Wissenschaft, der einzige noch verbliebene Pfeiler, auf den sich die Weltstellung des Vaterlandes gründete, drohte umzustürzen.

Um Rettungsmaßnahmen für die Wissenschaft zu beraten, lud der «Reichsbund der Deutschen Technik» führende Wissenschaftler und Ministerialbeamte zu einer Sitzung am 13. März 1920. Ausgerechnet an diesem Tag kam es zum Staatsstreich des Generallandschafts-Direktors Wolfgang Kapp. Auf dem Weg zur Konferenz der Wissenschaftler sah Fritz Haber überall die Soldaten der Marinebrigade Ehrhardt, die das Berliner Regierungsviertel besetzt hatten. Die Putschisten patroullierten mit schwarz-weiß-roten Fahnen und «Hakenkreuz am Stahlhelm», und Haber hatte Mühe, bis zum «Haus der Deutschen Technik» durchzukommen. Vor dem Gebäude traf er Friedrich Schmidt-Ott. Dieser war hoch aufgestiegen – bis zum preußischen Kultusminister hatte er es gebracht – und tief gefallen; denn er war nichts als ein seines Dienstes enthobener Beamter. Die langen Mußestunden hatte er gut genutzt: Schmidt-Ott hatte ein Konzept entwickelt, das von ähnlicher Bedeutung für die deutsche Wissenschaft werden sollte wie die seinerzeitigen Pläne zur Gründung der Kaiser-Wilhelm-Gesellschaft.

Der Eingang zum «Haus der Deutschen Technik» war versperrt. Die beiden Männer setzten sich auf die Treppenstufen. Hier trug Schmidt-Ott die Idee vor, alle deutschen Hochschulen und Akademien zu einem Verband, zu einer «Notgemeinschaft der Deutschen Wissenschaft» zu vereinen.[1] Während die innenpolitischen Wirren im Land ein bürgerkriegsähnliches Ausmaß erreicht hatten, planten die beiden Männer einen engen Zusammenschluß der deutschen Wissenschaftler über alle regionalen, fachlichen und politischen Grenzen hinweg.

Bereits am 25. März befaßte sich die Preußische Akademie mit diesem Plan, und am 19. April richtete Max Planck als Vorsitzender Sekretar an Friedrich Schmidt-Ott die Bitte, an die Spitze der zu gründenden Notgemeinschaft zu treten:

> Die Sorge um die gegenwärtige bedrängte Lage der deutschen Wissenschaft, deren Ernst sich allseitig in stetig steigendem Maße geltend macht, hat die Preußische Akademie veranlaßt, den Plan der Gründung einer Notgemeinschaft der Deutschen Wissenschaft, im Verein mit den übrigen deutschen Akademien, ins Auge zu fassen, deren Aufgabe es ganz allgemein sein soll, vorliegende Notstände zu prüfen und gegebenenfalls mit Rat und Tat zu helfen.[2]

Am 30. Oktober 1920 kam es zur offiziellen Gründung der «Notgemeinschaft der Deutschen Wissenschaft». Die neue Vereinigung war die Selbsthilfe- und Selbstverwaltungsorganisation der deutschen Gelehrten. Durch gemeinsame Beratung und Ausgleich der Interessen wurden die dringendsten und für den Bestand der Wissenschaft wichtigsten Bedürfnisse festgestellt, ein Notprogramm entwickelt und dadurch ein würdeloser und selbstzerstörerischer Kampf aller gegen alle um die wenigen verbliebenen Geldmittel vermieden.

Bei den Staatsmännern der Weimarer Republik fanden die Wissenschaftler Verständnis für ihre Belange. Es setzte sich die Auffassung durch, daß die großen Kulturaufgaben nicht, wie bis dahin, fast ausschließlich den Ländern überlassen werden können, sondern daß das Reich helfend eingreifen müsse. In den schlimmsten Zeiten wirtschaftlicher Not wurden der Forschung Millionenbeträge zur Verfügung gestellt zur Erhaltung des «letzten großen Aktivpostens», den Deutschland noch besaß. Die Republik war womöglich noch wissenschaftsfreundlicher als das Kaiserreich.

Zwar ging die Führung auf vielen Gebieten der angewandten Wissenschaft verloren; aber in der Grundlagenforschung blieb die alte Stellung erhalten. Das «Goldene Zeitalter der deutschen Physik» nahm fast ungebrochen seinen Fortgang. Die großen, die Wissenschaft prägenden Persönlichkeiten wie Planck, Einstein, Sommerfeld, Wien wirkten weiterhin im Land, und jüngere, kongeniale Kräfte wie Friedrich Hund, Wolfgang Pauli, Werner Heisenberg und Pascual Jordan traten ihnen bald zur Seite. So wurde trotz der katastrophalen Niederlage die Wissenschaft an der Basis verbreitert. Fünf- bis sechshundert junge Physiker erhielten Stipendien, eine erstaunlich hohe Zahl bei nur etwa tausend in der Grundlagenforschung stehenden Physikern. Für Aufstieg oder Untergang eines Faches ist die Altersstruktur maßgebend. Die Notgemeinschaft hat damals in Deutschland am Aufbau einer «jungen Physik» entscheidend mitgeholfen.[3]

Hervorragende Forscher wie Sommerfeld in München, Geiger in Kiel, Born und Franck in Göttingen und Bothe in Heidelberg zogen viele begabte Schüler und Mitarbeiter in ihren Bannkreis. Daß sich die Jungen so mit «Haut und Haar» der Physik verschrieben, war in vielen Fällen nur dadurch möglich, daß die Notgemeinschaft für ihren Lebensunterhalt sorgte.

Im gleichen Jahr 1920 aber, als der grandiose Plan des engen Zusammenschlusses aller Forscher des Landes Wirklichkeit wurde, griffen die politischen Streitigkeiten auch auf die Wissenschaft über. Kampfplatz wurde, zur Verblüffung der Gelehrten, gerade der abstrakteste Teil der theoretischen Physik, der sich mit der Struktur des Weltalls befaßte.

Zwei britische Sonnenfinsternis-Expeditionen hatten die während des Krieges in Deutschland aufgestellte Allgemeine Relativitätstheorie bestätigt, was in einer Sitzung der Royal Society am 6. November 1919 offiziell bekanntgegeben wurde. Für viele durch die militärische Niederlage und den Versailler Vertrag in ihrem nationalen Stolz tief getroffene Menschen in Deutschland bildete dieser Erfolg der deutschen Wissenschaft die erste Genugtuung. Weil sie der Royal Society Respekt abnötigte, wurde die Allgemeine Relativitätstheorie als nationale Tat gefeiert; die Zeitungen waren voll von Berichten über Einstein und seine «allgemeine Relativität».

Seit den Jahren des Streites um den Darwinismus hatte keine wissenschaftliche Theorie die Gemüter so sehr erhitzt. Jeder wollte wissen, was diese Einsteinsche Theorie eigentlich bedeute, die, wie man hörte, die alten Anschauungen von Raum und Zeit in radikaler Weise umstürze. Die neue Theorie erwies sich dabei selbst für Fachleute als außerordentlich schwierig. Zu einem wirklichen Verständnis vermochten nur sehr wenige vorzudringen. Gelegentlich wurde in den Zeitungen darüber spekuliert: Wie viele Menschen können Einstein wirklich begreifen? Fünf oder sieben? Die weit überwiegende Mehrheit jedenfalls hatte von der Theorie nichts verstanden als den Namen.

Am Ende des Weltkrieges war das scheinbar so fest gefügte Gebäude des Staates zusammengebrochen. Um die neuen Formen des politischen Lebens tobten heftige Auseinandersetzungen. In Kunst und Literatur wurde ebenso versucht, neuen Maßstäben die Bahn zu brechen – was Wunder, daß die Einsteinsche «Relativitätstheorie» in breiten Kreisen dahingehend mißverstanden wurde, daß Einstein behauptet oder bewiesen habe, alles sei relativ.

In dem Für und Wider um die Theorie spielten in der politisch gespannten Atmosphäre Einsteins Pazifismus und Antimilitarismus und seine jüdische Abstammung eine erhebliche Rolle. Seine Gegner legten die Publizität, die Einstein wider seinen Willen gewonnen hatte, als für den jüdischen Geist typische Marktschreierei aus und unterstellten ihm, sich mit der «jüdischen» Presse verbündet zu haben.

Unter Führung eines völlig unbekannten Paul Weyland bildete sich in Berlin eine «Arbeitsgemeinschaft deutscher Naturforscher zur Erhaltung reiner Wissenschaft». Die von Einstein ironisch als «anti-relativi-

Als Werner Heisenberg im Oktober 1920 sein Studium begann, herrschten in Deutschland nach dem verlorenen Ersten Weltkrieg wirtschaftliche Not und politische Zerrissenheit. Die deutschen Gelehrten aber schlossen sich – im gleichen Monat – zu einer Selbsthilfe- und Selbstverwaltungsorganisation zusammen, die einen Kampf aller gegen alle um die wenigen der Forschung verbliebenen Mittel verhinderte.
Dieser «Notgemeinschaft der Deutschen Wissenschaft» stiftete der japanische Industrielle Hajime Hoshi bedeutende Devisenbeträge, Zahlungen der amerikanischen «General Electric» folgten. Der zur Verteilung der Mittel gegründete «Hoshi-Ausschuß» und sein Nachfolger, der «Elektrophysik-Ausschuß», bestanden aus den führenden Gelehrten des Landes.
Wenn damals, trotz des wirtschaftlichen und politischen Niedergangs, weiterhin vom «Goldenen Zeitalter der deuschen Physik» gesprochen werden konnte, so ist dies auch der zielbewußten Wissenschaftspolitik zu danken. Der Elektrophysik-Ausschuß hat auch die bald berühmt gewordenen Arbeiten von Heisenberg und von Heisenberg und Born finanziell gefördert.

tätstheoretische G.m.b.H.» bezeichnete Gesellschaft bekämpfte die Einsteinsche Theorie als jüdische Anmaßung und Vergiftung deutschen Gedankenguts.

Am 24. August 1920 kam es in der Berliner Philharmonie zu einer Großkundgebung gegen die Relativitätstheorie. Einstein saß in einer Loge, und mit Max von Laue hörte er sich an, was Paul Weyland und Ernst Gehrcke zu sagen hatten. Gehrcke war Physiker, aber wer war Weyland? Er scheint «gar kein Fachmann zu sein», konstatierte Einstein. «Arzt? Ingenieur? Politiker? Ich konnt's nicht erfahren.»[4] Weyland hielt eine Hetzrede. «Reklamesuche» und «Plagiat» warf er Einstein vor. Die Relativitätstheorie nannte er «wissenschaftlichen Dadaismus». Damit war die Verbindung hergestellt zwischen «entarteter Wissenschaft» und dem, was später einmal «entartete Kunst» heißen sollte. Das *Berliner Tageblatt* berichtete:

Daß Herr Paul Weyland mit seiner Volksversammlungsrede die «sogenannte Einsteinsche Relativitätstheorie» zu Fall gebracht hätte, kann... selbst Herr Weyland nicht behaupten. Er wandte sich auch lediglich gegen die Person Einsteins und «seine Reklamepresse» und verfehlte dabei nicht, für die eigene Presse gebührend Reklame zu machen. Sein Ton war nicht überzeugend, bisweilen aber peinlich. Wenn man dem Gegner unlautere Propaganda seiner Idee vorwirft, sollte man diese Idee nicht mit unlauterer Propaganda bekämpfen. Und wenn man dem anderen die Suggestion der Massen nicht verzeihen kann, so sollte man selber nicht auf die Gasse laufen.[5]

Als zweiter Redner sprach Gehrcke. «Obwohl er den alten Kohl wieder aufwärmte», empfand Laue dessen «ruhige, sachliche Art» als Erholung nach Weyland, der zu den «gewissenlosesten Demagogen» gehöre: «Es ist eine Schande, daß so etwas vorkommen kann.»[6] Mit den Kollegen Nernst und Rubens verfaßte er für die Berliner Zeitungen «eine kurze, aber energische Erklärung gegen dies Treiben»:

Es kann nicht unsere Aufgabe sein, uns an dieser Stelle über die beispiellos tiefe Gedankenarbeit näher zu äußern, die Einstein zu seiner Relativitätstheorie geführt hat. Überraschende Erfolge sind bereits erzielt... Dagegen möchten wir... betonen, daß auch... seine sonstigen Arbeiten ihm einen unvergänglichen Platz in der Geschichte unserer Wissenschaft sichern: dementsprechend kann sein Einfluß auf das wissenschaftliche Leben nicht nur Berlins, sondern ganz Deutschlands kaum überschätzt werden.
Wer die Freude hat, Einstein näher zu stehen, weiß, daß er von niemand in der Achtung fremden geistigen Eigentums, persönlicher Bescheidenheit und Abneigung gegen Reklame übertroffen wird.[7]

Um seine Allgemeine Relativitätstheorie war Einstein nicht im mindesten besorgt. Was ihn beunruhigte, war die politische Seite, insbesondere der geschürte Antisemitismus. Da ihm Berlin einzigartige Arbeitsbedingungen und den Gedankenaustausch mit den hervorragendsten Fachkollegen bot, so fühlte er sich hier wissenschaftlich verwurzelt. Er prägte seinen berühmten Wanzenvergleich: «Ich komme mir vor wie jemand, der in einem guten Bett liegt, aber von Wanzen geplagt wird.» Für das *Berliner Tageblatt* schrieb er seine «Antwort» auf die «antirelativitätstheoretische G.m.b.H.»:

Unter dem anspruchsvollen Namen «Arbeitsgemeinschaft deutscher Naturforscher» hat sich eine bunte Gesellschaft zusammengetan, deren vorläufiger Daseinszweck es ist, die Relativitätstheorie und mich als deren Urheber in den Augen der Nichtphysiker herabzusetzen... Ich bin mir sehr wohl des Umstandes bewußt, daß die beiden Sprecher einer Antwort aus meiner Feder unwürdig sind; denn ich habe guten Grund zu glauben, daß andere Motive als das Streben nach Wahrheit diesem Unternehmen zugrunde liegen. (Wäre ich Deutschnationaler mit oder ohne Hakenkreuz statt Jude von freiheitlicher, internationaler Gesinnung, so –)
...Als ausgesprochenen Gegner der Relativitätstheorie wüßte ich unter den Physikern von internationaler Bedeutung nur Lenard zu nennen. Ich bewundere Lenard als Meister der Experimentalphysik; in der theoretischen Physik aber hat er noch nichts geleistet, und seine Einwände gegen die allgemeine Relativitätstheorie sind von solcher Oberflächlichkeit, daß ich es bis jetzt nicht für nötig erachtet habe, ausführlich auf dieselben zu antworten. Ich gedenke es nachzuholen.[8]

Daß es nötig war, sich auf diesem Niveau zu verteidigen, deprimierte Einstein. Warum sollte er sich alledem aussetzen? Am 27. August meldete das *Berliner Tageblatt*, daß die «Arbeitsgemeinschaft deutscher Naturforscher» offenbar bereits ihr Hauptziel erreicht habe:

Albert Einstein, angewidert von den alldeutschen Anrempelungen und den pseudowissenschaftlichen Methoden seiner Gegner, will der Reichshauptstadt [und Deutschland] den Rücken kehren. So also steht es im Jahr 1920 um die geistige Kultur Berlins! Ein deutscher Gelehrter von Weltruf, den die Holländer als Ehrenprofessor nach Leiden berufen... dessen Werk über die Relativitätstheorie als eines der ersten deutschen Bücher nach dem Kriege in englischer Sprache erscheint: ein solcher Mann wird aus der Stadt, die sich für das Zentrum deutscher Geistesbildung hält, herausgeekelt. Eine Schande![9]

Sommerfeld war zutiefst empört. Als Vorsitzender der Deutschen Physikalischen Gesellschaft fühlte er sich zum Eingreifen aufgerufen. An Einstein schrieb er:

Mit wahrer Wut habe ich, als Mensch und als Vorsitzender der Physikalischen Gesellschaft, die Berliner Hetze gegen Sie verfolgt. Eine warnende Bitte an Wolf-Heidelberg, er möchte die Finger davon lassen, war überflüssig. Sein Name ist, wie er Ihnen inzwischen geschrieben hat, einfach mißbraucht worden... Eine feine Sorte, die Weyland-Gehrcke!

Heute habe ich mit Planck beraten, was auf der Naturforscher-Gesellschaft zu tun ist. Wir wollen dem Vorsitzenden... eine scharfe Abwehr gegen die «wissenschaftliche» Demagogie und eine Vertrauenskundgebung für Sie in den Mund legen. Es soll nicht darüber förmlich abgestimmt, sondern nur als Ausfluß des wissenschaftlichen Gewissens vorgebracht werden.

Von Deutschland fortgehen dürfen Sie aber nicht! Ihre ganze Arbeit wurzelt in der deutschen (+ holländischen) Wissenschaft; nirgends findet sie soviel Verständnis wie in Deutschland. Deutschland jetzt, wo es so namenlos von allen Seiten mißhandelt wird, zu verlassen, sähe Ihnen nicht gleich.

Daß Sie, ausgerechnet Sie, sich ernstlich dagegen verteidigen müssen, daß Sie abschreiben und die Kritik scheuen, ist ja wirklich ein Hohn auf jede Gerechtigkeit und Vernunft...

Ich hoffe, Sie haben inzwischen schon wieder Ihr philosophisches Lachen gefunden.[10]

Ähnliche Beweise der freundschaftlichen Gesinnung und der wissenschaftlichen Solidarität erhielt Einstein von vielen Kollegen, vor allem von Max Planck. So schrieb Einstein an Sommerfeld:

Ich hatte in der Tat jenem Unternehmen gegen mich zu viel Bedeutung zugeschrieben, indem ich glaubte, daß ein großer Teil unserer Physiker dabei beteiligt sei. So dachte ich wirklich zwei Tage lang an «Fahnenflucht», wie Sie das nennen. Bald aber kam die Besinnung und die Erkenntnis, daß es falsch wäre, den Kreis meiner bewährten Freunde zu verlassen. Den Artikel hätte ich vielleicht nicht schreiben sollen. Aber ich wollte verhindern, daß mein dauerndes Schweigen zu den Einwänden und Beschuldigungen, welche systematisch wiederholt werden, als Zustimmung gedeutet werde.

So eine Art Erklärung in Nauheim wäre vielleicht dem Auslande gegenüber, überhaupt aus Gründen der Reinlichkeit, wohl am Platze. Mir zuliebe aber sollte so etwas keinesfalls geschehen; denn ich bin schon wieder vergnügt und zufrieden und lese nichts, was über mich gedruckt wird, außer wirklich Sachliches...[11]

Die Sitzung der mathematisch-physikalischen Abteilung am Vormittag des 23. September 1920 war die große Sensation bei der Versammlung der «Deutschen Naturforscher und Ärzte». Der Sonderberichterstatter des Berliner Tageblattes sandte ein «Telegramm» aus Bad Nauheim:

Der Saal des Badehauses war bis auf die letzte Ecke gefüllt. Alle unsere großen Physiker, auch die Physikochemiker und eine Menge Interessierter aus anderen Wissensgebieten hatten sich eingefunden. Der scharfe Mathematikerkopf Plancks blickt vom Vorstandstisch her. Ihm gegenüber sitzt in der vordersten Reihe der, um dessen Werk es geht, Einstein... Als erster spricht Weyl (Zürich) über seine Theorie von «Elektrizität und Gravitation», dann Professor Mie (Halle), endlich v. Laue (Berlin)... Es hagelt jetzt Differentiale, Koordinateninvarianz, elementare Wirkungsquanten, Transformationen, Vektorsysteme usw. Gespannt lauschen die Fachleute. Einstein seelenruhig, Rubens mit seinem bezeichnenden Kopfnicken, Nernst erhobenen Hauptes, Franck interessiert lächelnd, Haber in bequemer Stellung die Decke betrachtend. Dem Laien aber graut es. Einzelne verlassen den Saal, die meisten aber harren in der Schwüle der Dinge, die da kommen sollen. Und sie werden nicht betrogen...
Nun eröffnet Planck die Diskussion. Einstein ist der erste Redner. Unwillkürlich tritt feierliche Stille ein... Es handelt sich zuerst um die Vorträge. Dann kommt die Generaldiskussion über die Relativitätstheorie. Sie ist ein Zwiegespräch zwischen Geheimrat Lenard (Heidelberg) und Einstein, der sein eigener Anwalt ist... Es kommt Leben in die Menge. Die Blicke konzentrieren sich auf die beiden Gegner. Es ist wie ein Turnier. Lenard läßt nicht locker, aber Einstein pariert vorzüglich. Hinter mir steht Weyland, der Berliner Einstein-Töter. Auf dem Boden dieser wissenschaftlichen Versammlung hält er sich im Hintergrund der Ereignisse und gibt sein Interesse nur durch nervöses Schütteln der Mähne und leise Beifallsrufe bei Lenards Worten zu erkennen.[12]

Mit der gewohnten Sachlichkeit führte Planck den Vorsitz. Schwer empfand er seine Verantwortung. Die deutsche Wissenschaft rang um ihre Anerkennung in der Welt; ein Tumult beim Kongreß der größten wissenschaftlichen Gesellschaft des Landes – das wäre eine Katastrophe für das Ansehen deutschen Geistes. Ruhig, ein wenig zeremoniell erteilte er abwechselnd Einstein und Lenard das Wort:

Einstein: Die Erscheinungen im [bremsenden] Zuge sind die Wirkungen eines Gravitationsfeldes, das induziert ist durch die Gesamtheit der näheren und ferneren Massen.
Lenard: Ein solches Gravitationsfeld müßte doch auch anderweitig noch Vorgänge hervorrufen, wenn ich mir sein Vorhandensein anschaulich machen will.

Einstein: Was der Mensch als anschaulich betrachtet, ist großen Änderungen unterworfen, ist eine Funktion der Zeit. Ein Zeitgenosse Galileis hätte dessen Mechanik auch für sehr unanschaulich erklärt. Diese «anschaulichen» Vorstellungen haben ihre Tücken, genau wie der viel zitierte «gesunde Menschenverstand». (Heiterkeit). [13]

Nach vier Stunden schloß Planck die Versammlung. Wenigstens waren äußerlich die Formen akademischer Auseinandersetzung gewahrt geblieben: «Da die Relativitätstheorie es leider noch nicht zustande gebracht hat, die zur Verfügung stehende absolute Zeit von 9 bis 1 Uhr zu verlängern, muß die Sitzung vertagt werden.» [14] Einen solchen Kalauer hatte man von Planck noch nicht gehört. Es war ihm eine sehr schwere Last von der Seele gefallen.

Einstein dachte nun nicht mehr daran, Deutschland und den Kreis seiner «bewährten Freunde» zu verlassen. Zu sehr hatte ihn das entschiedene Auftreten von Planck, Sommerfeld, Nernst, Rubens und Laue davon überzeugt, daß die deutschen Kollegen in ihrer großen Mehrheit auf seiner, und nicht auf Lenards Seite standen.

Nur einige wenige Physiker, darunter Johannes Stark, der Nobelpreisträger von 1919, ergriffen die Partei Lenards. Die kleine Gruppe von Außenseitern aber verlor jeden Einfluß. Ob es um Berufungen ging oder um die Wahlen in der «Notgemeinschaft» zur Bestimmung der Fachgutachter: Lenard und Stark hatten keine Chance.

Die Physiker überwanden auf ihre Weise den Herrschaftsanspruch des Ungeistes. Sie säuberten ihren «Elfenbeinturm» vom politischen Unrat. Entschieden sprach Arnold Sommerfeld als gewähltes «Oberhaupt» der Physiker gegen die «Verquickung von Wissenschaft und Zeitströmungen».

Es galt das gefährliche Entweder-Oder: Wissenschaft oder Politik: Die Physiker entschieden sich für ihre geliebte Wissenschaft. Die Selbstbeschränkung der Gelehrten aber bedeutete, wie es Einstein sagte, in der Politik «die Führung den Blinden und Verantwortungslosen widerstandslos zu überlassen». Johannes Stark stellte sich Adolf Hitler «zur Verfügung»:

Als die nationalsozialistische Partei zum Entscheidungskampf um die Macht antrat, da schloß ich die Türe meines physikalischen Laboratoriums und trat ein in die Reihe der Kämpfer hinter Adolf Hitler. [15]

Die Schule Sommerfeld

Nach dem Sturm von Bad Nauheim waren die deutschen Physiker glücklich, wieder zu ihrer Wissenschaft zurückkehren zu können. Hefte der amerikanischen *Physical Review*, der französischen *Comptes rendus*, des englischen *Philosophical Magazine* gingen von Hand zu Hand. Unter den vielen wichtigen Entdeckungen waren vielleicht am wichtigsten die Versuche von Ernest Rutherford mit α-Teilchen.
Es gab nun keinen Zweifel mehr: Aus Atomen, die man von alters her für «unteilbar» gehalten hatte, konnten andere Atome entstehen. Unter dem Bombardement von Helium-Kernen wurden die Atomkerne von Stickstoff umgewandelt in Sauerstoff-Atomkerne und Protonen (Wasserstoff-Kerne).
In Europa, besonders aber im besiegten Deutschen Reich, herrschte katastrophaler Kohlenmangel. Nicht für den Physiker, aber für den gebildeten Laien stand deshalb die Entdeckung Rutherfords ganz unter dem Aspekt der Energiekrise. Im *Berliner Tageblatt* schrieb Hans Dominik über die «Energie von morgen». Mit seinen Zukunftsromanen sollte sich Dominik bald einen Namen machen; die Wissenschaft des 20. Jahrhunderts freilich stellte seine – wahrlich nicht geringe – Phantasie oft genug in den Schatten.
Im Anschluß an den langen Aufsatz Dominiks druckte das *Berliner Tageblatt* die Stellungnahme Einsteins:

Es ist durchaus nicht ausgeschlossen, daß [beim Experiment von Rutherford] bedeutende Energiemengen freigemacht werden. Es wäre möglich und ist nicht einmal unwahrscheinlich, daß daraus neuartige Energiequellen von ungeheurer Wirksamkeit erschlossen werden können, aber eine unmittelbare Stütze in den bis jetzt bekannten Tatsachen hat diese Erwägung noch nicht. Es ist ja sehr schwer, Prophezeiungen zu machen, aber es liegt im Bereich der Möglichkeit. Wenn es überhaupt gelingt, auf diese Weise die innere Atomenergie freizumachen, so würde das wahrscheinlich für die ganze Energiebilanz... von ungeheurer Bedeutung werden.

Solche Überlegungen schienen Ernest Rutherford bloße Spekulation – und davon wollte er nichts hören. Tatsächlich war die erste künstlich, von Menschenhand ausgeführte Kernumwandlung zur Energiegewinnung nicht geeignet. Erst zwanzig Jahre später sollten Otto Hahn und Fritz Strassmann eine entsprechende Reaktion entdecken.
Auf dem Gebiet der Radioaktivität (oder der «Kernphysik», wie man immer mehr zu sagen pflegte) lag Deutschland deutlich zurück gegenüber England und später noch deutlicher gegenüber den Vereinigten Staaten. Die starke Betonung der theoretischen Physik, die charakteristische Stärke der deutschen Wissenschaft, war hier ein Nachteil. In der Kernphysik brauchte man zunächst Experimente.
Die angelsächsischen Physiker waren empirisch, die deutschen prinzipiell. Die deutschen Gelehrten wollten zuerst die Konstitution des Atoms klären und erst dann die Frage nach dem (viel kleineren und viel schwerer zugänglichen) Atomkern stellen.
Fast jede Woche erhielt Arnold Sommerfeld einen neuen Brief aus Tübingen. Dort waren Friedrich Paschen und Ernst Back beschäftigt, den Einfluß des Magnetfeldes auf die Spektrallinien genau auszumessen. Zu den Diskussionen in seinem Münchener Institut zog Sommerfeld immer häufiger den jungen Werner Heisenberg hinzu.
Das Magnetfeld bewirkt die Aufspaltung einer Spektrallinie in mehrere nahe benachbarte Linien. Es war eben doch nicht so, wie James Clerk Maxwell 1870 gemeint hatte, daß die von den Atomen und Molekülen ausgesandten Spektrallinien «absolut» festliegen. Pieter Zeeman hatte 1896 (geradezu aus Opposition gegen Maxwell) den nach ihm benannten Effekt entdeckt. In einigen Fällen ließ sich die Aufspaltung nach den Gesetzen der klassischen Physik verstehen; darum sprach man vom «normalen Zeeman-Effekt». Den hatte längst der große «Klassiker» Hendrik Antoon Lorentz erklärt.
Sommerfeld interessierte sich natürlich gerade für den «anomalen» Effekt (der tatsächlich viel häufiger auftrat), bei dem die klassische Physik nicht ausreicht. Er zeigte seinem neuen Studenten die Fotografien, die er aus Tübingen bekommen hatte; «Spektrogramme» hießen die Auf-

nahmen mit der verwirrenden Zahl von Linien. Er zeigte ihm auch, was er selbst schon gerechnet hatte.

Sommerfeld sagte: «Da wir mit der Bohrschen Theorie annehmen, daß jede Frequenz eine Differenz zwischen zwei Energiestufen ist, kann man erwarten, daß in diesen komischen Zahlen – die man beim anomalen Zeeman-Effekt für die Aufspaltung erhält – der Nenner als Produkt von zwei Nennern darstellbar ist, die zu den beiden Energiezuständen gehören.» Und das nannte er das Multiplikationsgesetz der Nenner... Er sagte, auf diesem Wege müßte es möglich sein, die Linienfrequenzen zu entwirren und Aussagen über die stationären Zustände zu gewinnen. Und er wollte, daß ich herausfände, welchen Auswahlregeln die Anfangs- und Endzustände unterliegen. Das war eine Aufgabe, wie ich sie liebte... Nach sehr kurzer Zeit, ich glaube eine oder zwei Wochen, ging ich wieder zu Sommerfeld und hatte das vollständige Termschema. Ich kam mit einem Ergebnis, das ich fast nicht vorzulegen wagte, und er war ganz schokkiert. Ich sagte: «Die Sache funktioniert nur, wenn man halbe Quantenzahlen verwendet.» Damals hatte noch nie jemand von halben Quantenzahlen gesprochen; die Quantenzahl war eine ganze Zahl. «Das muß falsch sein», sagte er: «Das ist völlig ausgeschlossen. Das einzige, was wir in der Quantentheorie wissen, ist, daß man es mit ganzen Zahlen und nicht halben zu tun hat.»[1]

Die «ganzen Zahlen» waren mehr noch als ein Spezifikum der Quantentheorie so etwas wie ein persönliches Glaubensbekenntnis Sommerfelds. Im Vorwort seines Buches ‹*Atombau und Spektrallinien*› hatte der sonst gar nicht Überschwengliche geschrieben: «Was wir heutzutage aus der Sprache der Spektren heraus hören, ist eine wirkliche Sphärenmusik des Atoms, ein Zusammenklingen ganzzahliger Verhältnisse, eine bei aller Mannigfaltigkeit zunehmende Ordnung und Harmonie... Alle ganzzahligen Gesetze der Spektrallinien und der Atomistik fließen letzten Endes aus der Quantentheorie. Sie ist das geheimnisvolle Organon, auf dem die Natur die Spektralmusik spielt und nach dessen Rhythmus sie den Bau der Atome und der Kerne regelt.»
«Sind's ganze Zahlen, geh zu Sommerfeld», hatte Pauli zum Gaudium der Physiker den Werbespruch «Sind's die Augen, geh zu Ruhnke» variiert. Nun wollte der junge Heisenberg gleich in seinem ersten Semester die ganzen Zahlen abschaffen. «Es gab eine lange Diskussion, ob man halbe Quantenzahlen zulassen dürfe oder nicht, aber schließlich wurde Übereinstimmung erzielt, daß die halben Quantenzahlen wahrscheinlich richtig waren.»

So kam Heisenberg zur Physik. Während andere, ebenfalls Begabte, erst mehrere Jahre Studium hinter sich bringen müssen, ehe sie sich der eigenen Forschung zuwenden können, hat Heisenberg sogleich ein Problem an der vordersten Linie der Wissenschaft in Angriff genommen und gelöst.

Vom ersten Tag des Studiums an wurde Heisenberg mit dem Geist der langsam entstehenden Quantentheorie vertraut. Für die ältere Generation von Physikern – wozu etwa H. A. Lorentz und Max Planck gehörten – erwies sich die Verwurzelung in der klassischen Physik als das stärkste Hemmnis. Heisenberg blieben viele der Skrupel erspart, mit denen sich Lorentz und Planck quälten. Was diesen noch ungeheuerlich erschien, war für Heisenberg von Anfang an selbstverständlich. So schmiedete er sich die Werkzeuge für die krönende Vollendung der Quantentheorie, für die Planck mit seinem Ansatz von 1900 den Grundstein gelegt hatte.

Während der junge Heisenberg bereits erfolgreich auf dem Gebiet der modernsten Atomphysik tätig war, eignete er sich gleichzeitig einen umfangreichen Wissensstoff an; im Weylschen Buch hatte er gelesen, daß man sich als Forscher in der theoretischen Physik einen «Holzstoß von Formeln» errichten müsse: «Wenn der Blitz des Gedankens niederfährt, wird er ihn entzünden zu einem Feuer, das ringsum das Land erleuchtet, und nicht in einem trüben Sumpf vager, gestaltloser Vorstellungen verzischen.»

Im ersten Semester hörte er mit achtzig anderen Studenten bei Sommerfeld «Mechanik» und absolvierte, wie es sich gehört, die Übungen. «Was ich am Anfang ganz falsch machte, war, daß meine Lösungen immer viel zu ausführlich waren. Ich dachte nicht an den armen Assistenten, der nicht von jedem Studenten zwanzig Seiten durchlesen konnte... So lernte ich, daß man ein solches Problem auf einer Seite löst oder zwei, aber nicht auf zwanzig.»

Der Vormittag gehörte regelmäßig Sommerfeld und der theoretischen Physik; von 9 bis 10 Uhr (mit Ausnahme des Mittwochs) war die Vorlesung; anschließend traf man sich im Seminarraum des Instituts:

Offensichtlich kamen gerade die, die wirklich wissenschaftlich interessiert waren und selbständig arbeiten wollten, um vielleicht später eine Doktorarbeit zu machen. Wenn man ins Institut kam, so waren vielleicht schon fünf oder sechs Leute da, die Lehrbücher studierten, und am Pult saß der Assistent. In meinen ersten Semestern war das Gregor Wentzel. Wolfgang Pauli war eine Art Hilfsassistent. Wir saßen dann im Seminarraum, und wenn man eine Frage hatte, konnte man zu den Assistenten gehen und fragen. Auf diese Weise begannen die Diskussionen mit Pauli.[2]

Es war ein Glücksfall, daß Heisenberg praktisch vom ersten Tag des Studiums an in Wolfgang Pauli einen fast gleichaltrigen und kongenialen Freund gefunden hatte, dessen physikalisches Denken dem seinen nahe verwandt war, dessen betonte und später sprichwörtlich gewordene wissenschaftliche Skepsis aber doch Bedeutung für ihn besaß als Kontrolle seiner starken Phantasie. Francis Bacon hat davon gesprochen, daß eine wissenschaftliche Erkenntnis gleichsam verschiedene Instanzen durchlaufen und dabei immer wieder von neuen, unvoreingenommenen Richtern geprüft werden müsse. In diesem Sinne war Pauli für Heisenberg die erste Kontrollinstanz.

Er hat in der ganzen späteren Zeit, solange er lebte, für mich und für das, was ich wissenschaftlich versuchte, die Rolle des stets willkommenen, wenn auch sehr scharfen Kritikers und Freundes gespielt.[3]

Eineinhalb Jahre älter als Heisenberg, war Pauli in den ersten Wochen der Mentor, der ihn, sozusagen mit freundschaftlichen (geistigen) Rippenstößen, auf die richtige Bahn bugsierte:

Ich weiß nicht, wie oft er mir gesagt hat: «Du bist ein Dummkopf» und ähnliches in dieser Art. Das hat mir viel geholfen. So waren wir immer sehr gute Freunde und haben nie übelgenommen, wenn wir einander kritisierten.[4]

Pauli und Heisenberg waren im äußeren Habitus und in der Lebensführung denkbar verschieden:

Während ich den hellen Tag liebte und alle freie Zeit wenn möglich außerhalb der Stadt auf Wanderungen im Gebirge oder badend und kochend am Ufer eines der bayerischen Seen verbrachte, war Wolfgang ein ausgesprochener Nachtmensch. Er bevorzugte die Stadt, ließ sich gern abends durch den Besuch von amüsanten Aufführungen in irgendwelchen Lokalen anregen und arbeitete danach einen großen Teil der Nacht hindurch an seinen physikalischen Problemen mit höchster Intensität und großem Erfolg. Aber natürlich kam er dann, zu Sommerfelds Leidwesen, nur selten in die Morgenvorlesung und erst um die

Mittagszeit ins Seminar. Diese Verschiedenheit unseres Lebensstils gab Anlaß zu manchen Sticheleien, vermochte aber unsere Freundschaft nicht zu trüben.[5]

Die geistige Heimat aller Sommerfeld-Schüler war der Seminarraum im Institut. «Dieser war eine Art von Marktplatz, auf dem Ansichten über die allerneueste Entwicklung in der Physik ausgetauscht wurden. Man erhielt den Eindruck, daß da etwas Aufregendes im Gange war»:

Da kam einer und sagte: «Haben Sie schon das neueste Heft der Physikalischen Zeitschrift gesehen? Da ist ein Aufsatz von...» Sehr häufig, wenn jemand etwas Neues wußte, etwa von Bohr aus Kopenhagen, dann standen alle um die Tafel herum. Pauli wurde gefragt, was er davon hielte; er legte es dann an der Tafel dar, aber andere unterbrachen ihn, und so ging es weiter. So versuchten wir, uns gemeinsam eine Meinung zu bilden.[6]

Zu diesen allgemeinen Diskussionen im Seminarraum des Instituts, bei denen auch Sommerfeld häufig dabei war, kamen dann noch die regelmäßigen Aussprachen unter vier Augen:

Sommerfeld war ein hervorragender Lehrer allein schon gemessen an der Zeit, die er für den einzelnen Studenten hatte. Fast jeden Vormittag war ich für mindestens eine oder zwei Stunden bei ihm in seinem Arbeitszimmer; er stellte Fragen und sprach selbst... Er hatte eine besondere Fähigkeit, Menschen zu faszinieren, sie dazu zu bringen, Probleme anzugreifen, indem er sagte: «Ich kann dieses Problem nicht lösen, nun versuchen Sie es.»[7]

Im zweiten Studiensemester, im Sommer 1921, hörte Heisenberg bei Sommerfeld die Vorlesung über «Hydrodynamik, Elastizität etc.», und hieraus kam die Anregung zur ersten wissenschaftlichen Veröffentlichung, «Die absoluten Dimensionen der Kármánschen Wirbelbewegung». Sommerfeld war von den Ergebnissen so angetan, daß er Heisenberg veranlaßte, neben der Quantentheorie auch dieses Thema weiterzuverfolgen. Die Beschäftigung mit der Turbulenz von Flüssigkeiten verschaffte ihm wertvolle Erfahrungen mit nichtlinearen Differentialgleichungen. In seiner 1958 vorgelegten «Einheitlichen Theorie der Materie», seinem großen Spätwerk, hat er bewußt einen nichtlinearen Ansatz gewählt. Durch seine Jugendarbeit war ihm bekannt, «daß stark nichtlineare Systeme... zu ganz unerwarteten und durch einfache Näherungsmethoden nur schwer erfaßbaren Lösungsformen führen

können, und daß bei ihrer Beschreibung ganz bestimmte, dimensionslose Zahlen charakteristisch sind».[8]
Seine mathematische Ausbildung erhielt Heisenberg hauptsächlich bei Arthur Rosenthal:

Er konnte die Mathematik so interessant machen, daß man gleich versuchte, alle Aufgaben zu lösen. Es gab Übungen zur Vorlesung... und es stellte sich heraus, daß die Aufgaben durch das ganze Semester hindurch immer nur von zwei Studenten gelöst werden konnten. Einer war Robert Sauer [der spätere Mathematikprofessor und Präsident der Bayerischen Akademie], und der andere war ich. So ging es dauernd, entweder hat er die Aufgaben gelöst oder ich, aber nie ein anderer. Das war eine Art Wettkampf, und wir hatten viel Spaß.[9]

Die Experimentalphysik las Wilhelm Wien. Im Sommersemester 1921 absolvierten Pauli und Heisenberg gemeinsam (ohne viel Lust) die «physikalischen Übungen» zur Vorlesung. Dabei mußten sie einmal die Tonhöhe einer Stimmgabel bestimmen. Statt sich an den Versuch zu setzen, unterhielten sie sich lieber über die ihnen interessanter erscheinende Atomphysik. Plötzlich bemerkte Pauli, daß die Zeit schon fast abgelaufen war. Die Rettung war das absolute Gehör Heisenbergs. Er tippte auf ein eingestrichenes C, und Pauli rechnete dafür 128 Hertz aus. Es stimmte!
Nur zwei Semester haben Pauli und Heisenberg gemeinsam als Studenten verbracht; schon im Juli 1921 hat Pauli an der Universität München mit *summa cum laude* promoviert. Er ging dann nach Göttingen und weiter nach Hamburg.
Pauli und Heisenberg standen aber auch weiterhin im Gedankenaustausch; sie trafen sich meistens mehrmals im Jahr und korrespondierten fast regelmäßig. In dem heute dem Historiker vorliegenden Briefwechsel zwischen den beiden Gelehrten, der 1921 beginnt und erst mit dem unzeitigen Tod Paulis Ende 1958 abbricht, sind fast alle erkenntnistheoretischen und mathematisch relevanten Probleme der modernen Physik behandelt; man sieht bei Pauli und Heisenberg den bekannten Ausspruch Adolf von Harnacks bestätigt, daß die theoretischen Physiker die wahren Philosophen des 20. Jahrhunderts sind.
Sommerfeld freilich war kein Philosoph. An Einstein schrieb er 1922: «Ich kann nur die Technik der Quanten fördern, Sie müssen ihre Philosophie machen.» So hat auch Heisenberg die Philosophie nicht in Mün-

chen lernen können. In seinen ersten Jahren haben ihm unter dem Einfluß Sommerfelds «formale mathematische Gesichtspunkte, in gewissem Sinne ästhetische Gesichtspunkte» viel näher gelegen als erkenntnistheoretisch-philosophische.

Der eigentliche «Philosoph der Quantentheorie» wurde aber nicht Albert Einstein, wie Sommerfeld erwartete, sondern Niels Bohr. Einstein widmete seine Hauptarbeitskraft einem ganz anderen Gebiet, nämlich der «Einheitlichen Feldtheorie». Zudem waren die Probleme der Atomphysik so schwierig, daß zur Bewältigung eine ganze *scientific community* nötig war, mit einer genialen und dialogisch veranlagten Persönlichkeit wie Niels Bohr im Mittelpunkt. Als typischer Einzelgänger – oder «Einspänner», wie er von sich sagte – hätte Einstein niemals diese Funktion übernehmen können. Obwohl Bohr damals erst um die vierzig Jahre alt war, galt er schon als der «Vater der Atomphysik». Von einem Besuch in seinem Institut am Blegdamsvej in Kopenhagen berichtete ein Kollege:

Der Eindruck von Bohrs Persönlichkeit, vom rein menschlichen Standpunkt, war mir trotz allem was ich schon von ihm gehört hatte, sehr unerwartet. Es wird wohl kaum so bald wieder einen Menschen geben, der so ungeheuere äußere und innere Erfolge erringt, dem in seiner Arbeitssphäre in der ganzen Welt fast wie einem Halbgott gehuldigt wird und der dabei – ich sage nicht [lediglich] bescheiden und frei von Überhebung – sondern geradezu scheu und schüchtern bleibt… Im Vergleich mit dem oft sehr reichlichen Selbstbewußtsein, das man gerade bei den Sternen mittlerer Größe in unserem Stande so häufig antrifft, wirkt jene Einstellung doch tief sympathisch.[10]

Schon als zwanzigjähriger Student, im vierten Semester, hat Heisenberg den großen Niels Bohr kennengelernt. Im Juni 1922 kam der Philosoph der Quantentheorie nach Göttingen. Die später sogenannten «Bohr-Festspiele», ein Zyklus von Vorträgen über Quantentheorie der Atome und das Periodensystem der Elemente, waren das wichtigste wissenschaftliche Ereignis damals. «Welcher Glanz über dieser Veranstaltung lag, ist heute nicht mehr mitteilbar», schrieb Friedrich Hund: «Für uns waren sie so glänzend wie die Göttinger Händel-Festspiele jener Jahre… Bohr sprach nicht deutlich, und wir Jüngeren durften uns nicht auf die vordersten Bänke zwischen die bedeutenden Gäste setzen; so hörten wir mit nach vorn gebogenen Ohren, den Abendbrotshunger

Göttinger Bohr-Festspiele: Im Juni 1922 hielt Niels Bohr Gastvorträge in Göttingen; von Kopenhagen begleiteten ihn seine Mitarbeiter Wilhelm Oseen und Oskar Klein. Die drei Skandinavier waren in einer Pension am Stadtrand untergebracht. «Eines Nachmittags kamen Franck, Courant und Born zu uns heraus», berichtete Klein, «und Bohr sprach bis spät in die Nacht über seine Ideen.»
Das Photo hat wahrscheinlich Courant aufgenommen. Von links: Oseen, Bohr, Franck, Klein; vorn: Born.

niederkämpfend, angestrengt zu.»[11] Von weit her kamen die Physiker, um Bohr zu hören. Aus Hamburg war Wolfgang Pauli angereist, aus Kopenhagen kamen Oskar Klein und Wilhelm Oseen. Arnold Sommerfeld hatte seinen Meisterschüler aus München mitgebracht:

Der erste Eindruck des Menschen Bohr ist mir noch ganz deutlich in der Erinnerung. Voll jugendlicher Spannung, aber doch etwas verlegen und schüchtern, den Kopf ein wenig zur Seite geneigt, stand der dänische Physiker auf dem hellen Podium des Hörsaals, in den durch die weitgeöffneten Fenster das volle Licht des Göttinger Sommers hereinströmte. Seine Sätze kamen etwas stockend und leise, aber hinter jedem der sorgfältig gewählten Worte wurde eine lange Kette von Gedanken spürbar, die sich irgendwo im Hintergrund einer mich sehr erregenden philosophischen Haltung verlor.
Am Ende des zweiten oder dritten Vortrags dieser Vorlesungsreihe sprach Bohr über eine Berechnung, die sein Mitarbeiter, der Holländer Kramers, über den sogenannten quadratischen Starkeffekt des Wasserstoffatoms angestellt hatte, und Bohr schloß mit dem Hinweis, daß man wohl trotz aller inneren Schwierigkeiten der damaligen Atomtheorie annehmen dürfe, daß die Resultate von Kramers genau richtig seien und später vom Experiment bestätigt würden. Die Arbeit von Kramers kannte ich recht gut, da ich über ihren Inhalt im Sommerfeldschen Seminar in München referiert hatte. Daher wagte ich in der kurz darauffolgenden Diskussion einen Einwand.[12]

«Er hat sich tapfer verteidigt, und wir staunten ihn an», berichtete Friedrich Hund, der hier zum erstenmal «diesen blonden Jüngling aus München», seinen späteren Freund und Kollegen, getroffen hat.

Nach dem Ende der Diskussion sprach Bohr mich an und schlug einen gemeinsamen Spaziergang zu zweit auf den Göttinger Hainberg vor, zu dem ich mich naürlich sehr gern bereit fand. Diese Unterredung, die uns kreuz und quer über die bewaldeten Höhen des Hainbergs führte, war das erste intensive Gespräch über die physikalischen und philosophischen Grundfragen der modernen Atomtheorie, an das ich mich erinnern kann; und es hat sicher meinen späteren Lebensweg entscheidend mitbestimmt. Ich verstand zum erstenmal, daß Bohr seiner eigenen Theorie viel skeptischer gegenüberstand als manche andere Physiker jener Zeit, zum Beispiel Sommerfeld, und daß die Kenntnis der Zusammenhänge für ihn nicht aus einer mathematischen Analyse der zugrunde gelegten Annahmen entsprang, sondern aus einer intensiven Beschäftigung mit den Phänomenen, die es ihm ermöglichte, die Zusammenhänge mehr intuitiv zu erfühlen als abzuleiten. So also entsteht Naturerkenntnis, und erst im zweiten Schritt kann es gelingen, das Erkannte mathematisch zu präzisieren und der vollen rationalen Analyse zugänglich zu machen.[13]

Heisenberg war von Bohr fasziniert. Aber auch der junge Heisenberg hatte auf den dänischen Gelehrten einen tiefen Eindruck gemacht. Nach der Rückkehr von dem Spaziergang auf dem Hainberg äußerte sich Bohr enthusiastisch zu seinen Freunden: «Er versteht alles!»

Für die beiden Göttinger Wochen, in denen Bohr Montag, Dienstag und Mittwoch zur Seminarzeit seine Vorträge hielt, hatten sich Bohr, Oseen und Oskar Klein in einer Göttinger Pension am Stadtrand eingemietet. «Eines Abends kamen Franck, Courant und Born zu uns heraus», berichtete Klein, «und Bohr sprach den ganzen Abend über seine allgemeinen Ideen über die Quantentheorie. Dann gab es Kaffee. Es war noch nicht lange nach dem Krieg, und Kaffee war eine Seltenheit. Am nächsten Morgen beklagten sich die Deutschen, daß sie wegen des Kaffees nicht hätten schlafen können. Ich erinnere mich, daß ich wegen der aufregenden Ideen nicht hatte schlafen können, und glaube, das wird auch bei ihnen der Grund gewesen sein.»[14]

Bohr öffnete eine neue geistige Welt. Später, als sich Heisenberg mit Bohr angefreundet hatte, schrieb er diesem über die Göttinger Begegnung: «Ich kannte bis dahin nur die Sommerfeldsche Art, Physik zu treiben, und hatte bei Deinen Vorträgen, ohne alle Einzelheiten zu verstehen, beinahe plötzlich den Eindruck, die eigentlichen Zusammenhänge der Atomphysik zu verstehen.»[15]

Im Herbst 1922 stand die Jahrhundertfeier der «Gesellschaft Deutscher Naturforscher und Ärzte» bevor. Für das Jubiläumsjahr war Max Planck zum Vorsitzenden gewählt worden, und er wollte mit einer zwar im äußeren Rahmen bescheidenen, wissenschaftlich aber glanzvollen Veranstaltung in einer Zeit der politischen Zerrissenheit das Zusammengehörigkeitsgefühl der deutschen Gelehrten stärken. Sie sollten Hoffnung schöpfen, «daß nach den Tagen des nationalen Unglücks wieder einmal bessere Zeiten anbrechen» und daß diese «ihren Anfang nehmen von dem aus, was dem deutschen Volke als Bestes und Edelstes eigen ist: von den idealen Gütern der Gedankenwelt».

Aber wie Heisenberg viel später einmal schrieb: «Die Politik folgt ihren eigenen Gesetzen.» Am 24. Juni fiel der deutsche Außenminister – der als Symbol galt für die Aussöhnung mit den ehemaligen Kriegsgegnern – einem Attentat zum Opfer. «Hier sind erregte Zeiten seit dem scheußlichen Mord an Rathenau», berichtete Einstein seinem Freund Maurice Solovine. «Ich werde auch immer gewarnt, habe mein Kolleg aufgegeben und bin offiziell abwesend, aber in Wahrheit doch hier. Der Antisemitismus ist sehr groß. Die endlosen Chikanen der Entente werden letzten Endes wieder die Juden treffen.»[16]

Einstein sollte bei der Naturforscherversammlung ein großes Übersichtsreferat halten. Nun zog er seine Zusage zurück. Max Planck war über die Drohungen der Antisemiten gegen Einstein so aufgebracht, daß er, was es bei ihm sonst nie gab, Schimpfworte gebrauchte. Er sprach empört von der «Mörderbande, die im Dunkeln ihre Tätigkeit unbekümmert fortsetzt».

Das beiliegende Schreiben von Einstein trifft mich wie ein Blitz aus heiterem Himmel. Also soweit haben es die Lumpen wirklich gebracht, daß sie eine Veranstaltung der deutschen Wissenschaft von historischer Bedeutung zu durchkreuzen vermögen. Einstein wird also den für die erste allgemeine Sitzung der Naturforscherversammlung, am 18. September, angekündigten Vortrag über «Die Relativitätstheorie in der Physik» nicht halten, und die Bedeutung dieser Sitzung ist dadurch auf das empfindlichste bedroht.[17]

Eintausend Wissenschaftler und Ärzte kamen nach Leipzig. Unter ihnen war auch der junge Werner Heisenberg. Sommerfeld hatte zur Fahrt geraten, und er freute sich sehr darauf, den von seinem Lehrer bewunderten Schöpfer der Relativitätstheorie persönlich kennenlernen zu können. Daß Einstein inzwischen abgesagt hatte und Max von Laue es übernommen hatte, den Vortrag zu halten, wußte er nicht.
Am Abend, zum angekündigten Vortragstermin, blieb Heisenberg allerdings eine Gespanntheit der Atmosphäre nicht verborgen. Einige Studenten verteilten ein rotes Flugblatt, in dem vor der Relativitätstheorie als «jüdischem Weltbluff» gewarnt wurde.

Im ersten Augenblick dachte ich, der Handzettel sei wohl das Werk eines Verrückten ... Als mir aber berichtet wurde, daß tatsächlich der wegen seiner experimentellen Arbeit hochangesehene Physiker, von dem auch Sommerfeld in seinen Vorlesungen oft gesprochen hatte, der Urheber des Zettels sei, brach mir eine meiner wichtigsten Hoffnungen zusammen. Ich war so überzeugt gewesen, daß wenigstens die Wissenschaft vom Streit der politischen Meinungen ... vollständig ferngehalten werden könnte.[18]

Philipp Lenard hatte sich wieder in Erinnerung gebracht. Heisenberg erzählt in seiner Autobiographie, daß er nach der Lektüre des Pamphletes ganz verstört gewesen sei. Er habe bei Einsteins Vortrag gar nicht mehr konzentriert zuhören können. «Ich machte nach dem Ende der Sitzung keine Anstrengung, etwa durch Sommerfelds Vermittlung Einstein kennenzulernen.» Es ist Heisenberg erst fünfzig Jahre später, erst nach Publikation seiner Autobiographie, bewußt geworden, daß er damals gar nicht Einstein, sondern Max von Laue gehört hatte.

Wenn ich meine Erinnerungen noch einmal kritisch überprüfe, so würde ich sagen, daß ich sicher in der Annahme nach Leipzig gefahren bin, der Vortrag würde von Einstein gehalten. Wahrscheinlich ist die Änderung, die infolge der politischen Verhältnisse eintrat, den Teilnehmern erst bei Beginn der Tagung mitgeteilt worden... In dem großen Saal, in dem der Vortrag Laues dann stattfand, saß ich sehr weit hinten, konnte den Redner also kaum sehen; außerdem hatte ich damals weder Einstein noch v. Laue persönlich kennengelernt. Auf jeden Fall aber war ich durch die Überreichung des roten Handzettels an der Tür so beunruhigt und erregt, daß ich vielleicht schon deshalb nicht bemerkt habe, daß v. Laue statt Einstein den Vortrag übernommen hatte. Nach dem Vortrag habe ich den Saal schnell verlassen...[19]

Heisenberg stand in Leipzig noch eine weitere unangenehme Überraschung bevor:

Als ich Dienstagabend in die Jugendherberge kam, in der ich wohnte, war mein ganzes Gepäck, Hose, Rasierzeug, Waschzeug etc. gestohlen. Da ich nun am nächsten Tag wirklich nicht ungewaschen und unrasiert zur Tagung kommen konnte, blieb nichts übrig, als heimzufahren. Zu Haus hab' ich jetzt ein paar Tage den Erdarbeiter markiert und auf diese Weise das Geld für die gestohlenen Sachen einigermaßen wieder herausgeschlagen.[20]

Pauli spottete, er habe wohl in dem Sündenbabel Leipzig sein ganzes Geld verpraßt, und Heisenberg erwiderte, scheinbar entrüstet: «Ihre Karte war eine grobe Beleidigung, und ich werde Sie auf lange Säbel (20 m Distanz) fordern!»

In der Unbedenklichkeit der Jugend vermochte Heisenberg damals über die Leipziger Zwischenfälle noch zu scherzen; Gewicht gewannen sie für ihn erst später, als er selbst zur Zielscheibe der Angriffe Philipp Lenards werden sollte und in den Jahren des «Dritten Reiches» deswegen in Gefahr geriet. Entsprechend änderte sich die Einstellung Heisenbergs zu den Ereignissen:

1922 heißt es munter «Die G'schicht war die», 1972 im Lebensrückblick ist von Enttäuschung und Verzweiflung die Rede:

Die ganze Episode ist berichtet worden, nicht um unerfreuliche Geschehnisse wieder ans Licht zu ziehen, die besser in Vergessenheit gerieten, sondern weil sie später in meinen Gesprächen mit Niels Bohr und in meinem Verhalten in dem gefährlichen Raum zwischen Wissenschaft und Politik eine gewisse Rolle gespielt haben.[21]

Tatsächlich erscheint auch uns heute der Verlauf der Leipziger Jubiläumsveranstaltung als ein Menetekel künftigen Unheils. Während Max Planck und mit ihm viele deutsche Gelehrte den geistigen und materiellen Wiederaufstieg Deutschlands durch ernste wissenschaftliche Arbeit in Besinnung auf die «idealen Güter der Gedankenwelt» erhofften, brachen überall, sogar im stillen Tempel der Wissenschaft, politische Leidenschaften hervor, dunkle Kräfte, die mit Gewalt nach oben drängten.

Für den jungen Heisenberg erschien freilich 1922 alles nur eine Episode. Die Physik war ja so ungeheuer interessant. Immer gab es so viel Neues. Zum Wintersemester ging er zu Max Born an die Universität Göttingen, die berühmte Georgia Augusta, die seit den Zeiten von Gauß als Hochburg der Mathematik galt und auch in der Physik einen guten Ruf hatte.

Sommerfeld war Anfang September 1922 für ein halbes Jahr in die Vereinigten Staaten abgereist, nach Wisconsin, um eine Gastprofessur zu versehen. Natürlich hatte er noch vorher für seinen Meisterschüler gesorgt und den Studienaufenthalt bei seinem Kollegen arrangiert.

Erst im Jahr zuvor war Born nach Göttingen berufen worden und hatte hier begonnen, wie er an Sommerfeld schrieb, seine Leute «quanteln» zu lassen, «um Ihnen ein wenig Konkurrenz zu machen».[22] Born war jünger als Sommerfeld – vierzigjährig damals – und sicher kein «Husarenoberst», sondern eine «edle musikalische Seele», wie seine Freunde sagten.

«Heisenberg ist mindestens ebenso begabt wie Pauli», registrierte Born staunend. Vor zwei Semestern war Pauli sein Mitarbeiter gewesen, und er hatte gemeint, er würde nie mehr einen so guten Assistenten bekommen. Damals mußte ihn Pauli während seiner Krankheit für einige Wochen in der Vorlesung vertreten. Anstatt das aber als eine große Ehre anzusehen (was in der Tat damals jeder junge Physiker so empfunden hätte), war Pauli nachlässig in seiner Pflicht. Born mußte jedesmal sein Dienstmädchen schicken, um den Assistenten rechtzeitig für die Vorlesung zu wecken.

Auch einige maliziöse Bemerkungen Paulis hatten Born damals geärgert, und so tat es ihm wohl, nun Heisenberg bei sich zu haben. Im Vergleich erschien ihm Heisenberg «persönlich netter und erfreulicher». Der blonde Jüngling war nun wirklich ein Student wie aus dem Bilderbuch:

Er sah aus wie ein einfacher Bauernjunge mit seinen kurzen, hellen Haaren, klaren hellen Augen und einem strahlenden Gesichtsausdruck... Seine unglaubliche Schnelligkeit und Genauigkeit der Auffassung befähigte ihn, ständig eine ungeheure Arbeitsleistung ohne große Anstrengung zu vollbringen: Er machte seine hydrodynamische Arbeit fertig, arbeitete über Probleme der Atomphysik, zum Teil allein, zum Teil im Zusammenwirken mit mir, und half mir in der Betreuung der Examenskandidaten.[23]

Heisenberg kam nun ins fünfte Semester. Sein Freund Wolfgang Pauli hatte inzwischen schon eine feste Stellung in Hamburg als «wissenschaftlicher Hilfsarbeiter». Nun aber folgte Pauli einer Einladung von Niels Bohr nach Kopenhagen, und der Hamburger Ordinarius Wilhelm Lenz (auch er ein Schüler Sommerfelds) bemühte sich, Heisenberg als Paulis Nachfolger nach Hamburg zu holen. Born aber wußte, welches Juwel ihm da von Sommerfeld anvertraut war. So berichtete er ausführlich über die «Abwerbungsversuche» der Hamburger an Sommerfeld, den allgewaltigen Geheimrat:

Heisenberg habe ich sehr lieb gewonnen; er ist bei uns allen sehr beliebt und geschätzt. Seine Begabung ist unerhört, aber besonders erfreulich ist sein nettes bescheidenes Wesen, seine gute Laune, sein Eifer und seine Begeisterung. Die Hamburger wollen Heisenberg haben. Ich wäre sehr traurig, wenn er wegginge, und ich will alles daransetzen, ihn hier zu halten... Heisenberg will im Sommer bei Ihnen promovieren. Als ich ihn fragte, was er nachher vorhabe, antwortete er: «Das habe ich doch nicht zu entscheiden! Das bestimmt Sommerfeld!» Sie sind also sein selbsterkorener Vormund, und ich muß mich an Sie halten, wenn ich Heisenberg nach Göttingen ziehen will. Ich möchte nämlich einen Privatdozenten haben, da mir die Lehrtätigkeit zu viel wird... Meine Doctoranden, von denen einige auch recht tüchtig sind, sind wohl nicht weit genug, natürlich auch nicht vergleichbar mit Heisenberg. Sie haben Wentzel, und ich nehme an, daß Pauli nach einem Jahr zu Ihnen zurückkehren wird. Könnten Sie unter diesen Umständen auf Heisenberg verzichten und ihm zureden, sich in Göttingen zu habilitieren?[24]

Der junge Heisenberg: «Er sah aus wie ein einfacher Bauernjunge...»

Solche Vorschläge beunruhigten Sommerfeld. Auch daß Born ein Stipendium erwirkt hatte, war ihm nicht recht. Offenbar hatte er das Gefühl, Heisenberg würde zu sehr verwöhnt. Schließlich war er noch Student und hatte bisher kein einziges Universitätsexamen abgelegt. In einem (leider verlorenen) Brief muß Sommerfeld eine Standpauke gehalten haben; jedenfalls lesen wir in Heisenbergs Antwort:

Ganz so treulos und für Geld käuflich, wie Sie meinen, bin ich aber doch nicht. Erstens hab' ich nie etwas anderes vorgehabt, als im Sommer dieses Jahres bei Ihnen das Examen zu machen. (Hoffentlich geht es mit der Turbulenz, ich hab' in der letzten Zeit wieder dran gearbeitet; weiter bin ich aber noch nicht recht gekommen, die mathematischen Schwierigkeiten sind, für mich wenigstens, sehr groß.) Zweitens hab' ich ein zweites Angebot von Lenz an Weihnachten abgelehnt, trotz des großen Geldsacks der Hamburger. Drittens hab' ich bei Born gleich bei Annahme der Stelle die Bedingung gestellt, daß ich im Sommer nach München ginge.[25]

Das sechste Studiensemester – Sommer 1923 – verbrachte Heisenberg tatsächlich wieder am Münchner Institut für theoretische Physik. «Sommerfeld möchte, daß ich mit einer Untersuchung über Turbulenz promoviere.»[26] Da war keine Widerrede möglich.

Der «alte Husarenoberst» sorgte sich um seinen jungen schneidigen Rittmeister. Sommerfeld wußte, daß bei dem ganz unsystematischen Studiengang – an dem er nicht unschuldig war – Lücken in den Kenntnissen geblieben waren. Er sah voraus, daß Kollege Wien, der Experimentalphysiker, dafür wenig Verständnis aufbringen würde, zumal er ohnehin der Sommerfeldschen Art, Physik zu treiben, sehr skeptisch gegenüberstand. Da nun die Doktorprüfung näherrückte, empfahl Sommerfeld dringend die Teilnahme am Fortgeschrittenen-Praktikum im Wienschen Institut.

Ich hatte von Wien die Aufgabe bekommen, über den Zeeman-Effekt der Hyperfeinstruktur der Quecksilber-Linien zu arbeiten. Ich kam damit nicht voran, einfach weil ich nicht wußte, was man von mir erwartete. Ich erhielt einige Instrumente, darunter ein Fabry-Pérot-Interferometer. Aber ich wußte nicht, daß man die Erlaubnis hatte, in die Werkstatt zu gehen. So habe ich versucht, alles selber zu machen mit Zigarrenkistenholz. Das gefiel dem Professor überhaupt nicht. Wahrscheinlich dachte Wien: «Dieser junge Mann muß seinen Weg selber finden.» Aber das tatsächliche Ergebnis war, daß ich sehr bald das Interesse an der Arbeit verlor. Ich trieb theoretische Physik sogar während der Zeit, die ich im Physikalischen Institut von Wien verbrachte.[27]

Das konnte nicht gutgehen. Im Interview mit Werner Heisenberg stellte Thomas S. Kuhn – mit einer Entschuldigung – auch die Frage nach dem Verlauf der Doktorprüfung bei Wilhelm Wien:

Darüber zu sprechen, macht mir nichts aus. Die einzige Gefahr ist die, daß ich die Geschichte schon zu oft erzählt und jedesmal die Pointe verbessert habe. Ich hatte mich also nicht, was ich eigentlich hätte tun sollen, mit den prinzipiellen Fragen beschäftigt, die auf meine Versuchsanordnung Bezug hatten. In der Prüfung fragte mich Wien über das Auflösungsvermögen des Fabry-Pérot-Interferometers. Er erwartete, daß ich die Theorie darlegen könnte – wie das Auflösungsvermögen vom Plattenabstand abhängt usw. Und das hatte ich nie studiert. Während der Prüfung habe ich natürlich versucht, es herauszubringen, aber in der kurzen Zeit gelang es nicht. So hat er sicher gemerkt, daß ich einfach kein Interesse gehabt hatte. Da wurde er ärgerlich, und er fragte nach dem Auflösungsvermögen des Mikroskops. Als ich das nicht wußte, fragte er nach dem Auflösungsvermögen des Fernrohrs, und das wußte ich auch nicht... So fragte er nach der Wirkungsweise des Bleiakkumulators, und das wußte ich ebenfalls nicht... Ich bin mir nicht klar darüber, ob er mich durchfallen lassen wollte. Wahrscheinlich hat es hinterher eine heftige Diskussion mit Sommerfeld gegeben.[28]

Da es im Hauptfach «Physik» nur eine einzige Note gab – die sich aus den beiden Teilprüfungen in theoretischer und experimenteller Physik zusammensetzte – mußten sich Sommerfeld und Wien einigen. Das Urteil Wiens lautete (sinngemäß) auf «bodenlose Ignoranz», während Sommerfeld (vermutlich) erklärte, bei diesem Doktoranden handle es sich um ein einmaliges Genie. Auf solche Eröffnungen hat Wien wohl sehr skeptisch reagiert, und es mag sein, daß er Sommerfeld etwas spitz daran erinnert hat, in der theoretischen Physik häuften sich die «einmaligen Genies» gar zu auffallend: Habe er denn nicht vor zwei Jahren im Rigorosum bei Wolfgang Pauli genau das nämliche gesagt?
Im Hauptfach «Physik» gab es schließlich eine III, ein «Gerade noch bestanden». Das ist die Note, mit der die schwächsten Kandidaten durchkommen. Verständlich darum, daß sich noch heute Physiker auf der ganzen Welt bei dieser Vorstellung belustigen.
Immerhin hat sich Heisenberg im Nebenfach Mathematik bei Oskar Perron eine I geholt, in Astronomie bei Hugo von Seeliger eine II. Nach dem offiziellen Protokoll ergab «das Examen rigorosum des Herrn Werner Heisenberg, abgehalten am Montag, dem 23. Juli 1923, nachmittags fünf Uhr im Sitzungszimmer» als Gesamtresultat die «Note III (*cum laude*)».[29]
Das offizielle Lob, das Heisenberg also doch noch erhielt, gründete sich im wesentlichen auf die vom Doktorvater hervorragend bewertete Dissertation:

> Die hydrodynamische Erklärung der Turbulenz von Strömungen in Röhren oder Kanälen bildet ein Problem, das wegen seiner Schwierigkeiten berühmt ist... Der junge hochbegabte Verfasser hat schon mehrere Arbeiten, zum Teil zusammen mit mir, veröffentlicht. An der Behandlung des gegenwärtigen Problems zeigt er seine außerordentlichen Fähigkeiten von Neuem: volle Beherrschung des mathematischen Apparates und kühne physikalische Anschauung. Ich hätte keinem anderen meiner Schüler ein Thema von dieser Schwierigkeit als Dissertation vorschlagen können.[30]

Zur Feier der bestandenen Prüfung hatte Sommerfeld eine kleine Gesellschaft zu sich nach Hause eingeladen. Heisenberg aber war so niedergeschlagen, daß er sich bald verabschiedete, seinen Koffer packte und mit dem Nachtzug nach Göttingen fuhr. Am nächsten Morgen war er bei Born:

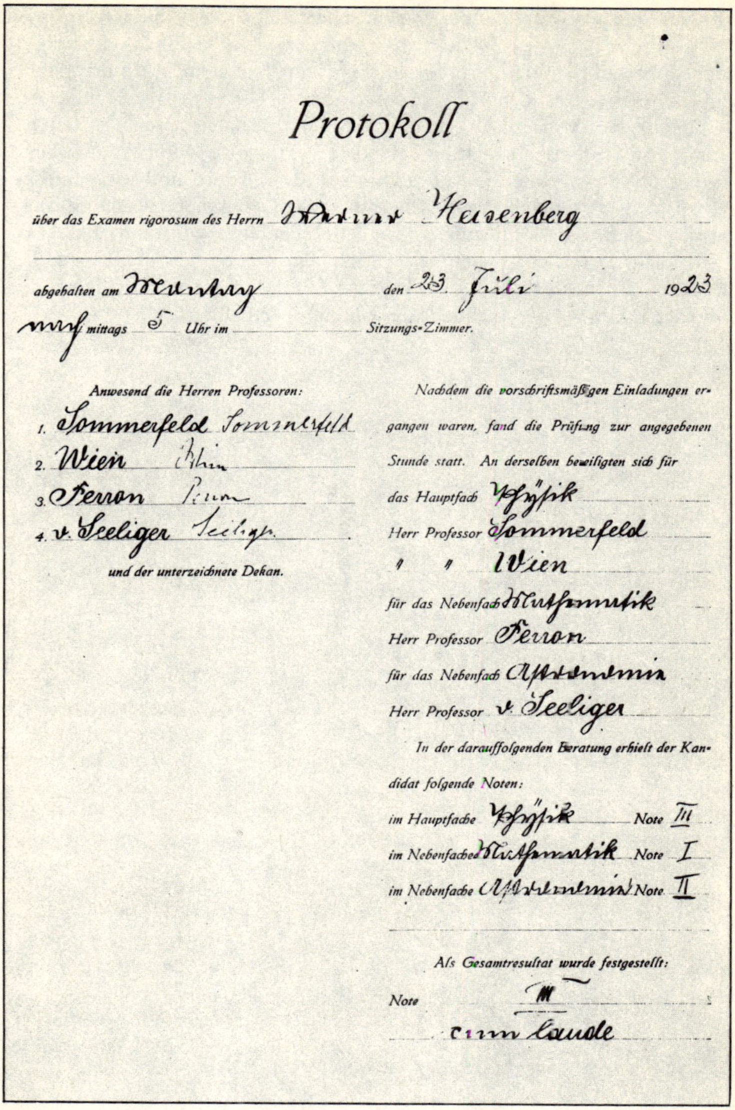

Protokoll

über das Examen rigorosum des Herrn Werner Heisenberg

abgehalten am Montag den 23. Juli 1923

nachmittags 5 Uhr im Sitzungs-Zimmer.

Anwesend die Herren Professoren:

1. Sommerfeld Sommerfeld
2. Wien Wien
3. Perron Perron
4. v. Seeliger Seeliger

und der unterzeichnete Dekan.

Nachdem die vorschriftsmäßigen Einladungen ergangen waren, fand die Prüfung zur angegebenen Stunde statt. An derselben beteiligten sich für

das Hauptfach Physik
Herr Professor Sommerfeld
" " Wien
für das Nebenfach Mathematik
Herr Professor Perron
für das Nebenfach Astronomie
Herr Professor v. Seeliger

In der daraufolgenden Beratung erhielt der Kandidat folgende Noten:

im Hauptfache Physik Note III
im Nebenfache Mathematik Note I
im Nebenfache Astronomie Note II

Als Gesamtresultat wurde festgestellt:

Note III
cum laude

Noch heute belustigen sich Physiker in aller Welt bei der Vorstellung, daß Heisenberg fast durchgefallen wäre.

Ich sagte: «Sehen wir mal, über was für schreckliche Fragen Sie gestolpert sind und ob ich sie beantworten kann.» Sie waren wirklich ziemlich schwierig. Ich sah also keinen Grund, ihn fortzuschicken, zumal ich keinen Moment an Heisenbergs hervorragenden Fähigkeiten zweifelte. Die wirkliche Komik dieser Geschichte wurde ein paar Jahre später offenbar, als Heisenberg seine berühmte Unbestimmtheitsrelation entdeckte... Heute ist wohlbekannt, daß die Formel $\Delta q \cdot \Delta p \approx \hbar$, die die Unbestimmtheit des Ortes q und des Impulses p ausdrückt, weiter nichts als eine Übersetzung der optischen Gleichung $\Delta a \approx \lambda$, die die geometrische Auflösung Δa mit der Wellenlänge verknüpft, in die «Teilchensprache» ist... Heisenberg war gewissenhaft genug, um alle Fragen, die er in der mündlichen Prüfung nicht beantworten konnte, nachzuschlagen... So erinnerte er sich wieder daran, als die Zeit dafür reif war...[31]

Neue Dimensionen des Denkens

Wenige Tage nach der Promotion stand Heisenberg mit einer Gruppe von Pfadfindern am Oderkai in Stettin. Mit den Freunden Robert Honsell und Kurt Pflügel und jüngeren «Wölflingen» folgte er einer Einladung nach Finnland. Das Abenteuer, wie er in der Zeit der Hochinflation die Überfahrt auf dem finnischen Luxusdampfer *Ariadne* für die zehn Jungen erwirkte, hat er damals in einer Pfadfinderzeitschrift selbst beschrieben.

Den Fahrpreis hatte Heisenberg schon von 2500 auf 1000 Finnmark heruntergebracht:

Aber leider, das war für uns noch viel zu viel. Ich kam mir selbst furchtbar unverschämt vor, aber ich mußte weiter handeln: Jetzt oder nie, das war ja ganz sicher. Der freundliche Kapitän war ganz hilflos ob solcher Unverfrorenheit und sagte fast traurig: «Sie sind sehr energisch.» Nun war es 5 Minuten vor 4 Uhr, die Glocke gab das erste Zeichen zur Abfahrt. Um wenigstens die Form zu wahren, bot ich dem Kapitän sechs Dollars für die Überfahrt... 200 Finnenmark. Der Kapitän erschrak ordentlich selbst: «Nein, das tut mir furchtbar leid, aber Sie können dafür nicht mitfahren.» Traurig stand ich, und um den Kapitän und mich viele Mitreisende, die sich auch seit einiger Zeit nur noch für die Überfahrt der Pfadfinder interessierten. Der Kampf war verloren, langsam stieg ich die Fallreep hinab, um das schöne Schiff endgültig zu verlassen. Auf einmal aber ertönt hinter mir auf dem Schiff großes Hallo und Bravorufen und die Stimme des Kapitäns: «Ihre Überfahrt ist gezahlt, ein finnischer Gönner der Pfadfinder gibt 500 Finnenmark. Für 700 lasse ich Sie mit.» Im gleichen Augenblick aber höre ich zum dritten Male die Bordglocke und die Stimme des Steuermanns: «Aber jetzt müssen Ihre Kameraden auch da sein, sonst fahren wir ab.»[1]

Heisenberg lief hinunter zum Zollschuppen; im Trubel am Kai aber verfehlte er die Freunde. Während die Pfadfinder auf eigene Faust an Bord stiegen, suchte er verzweifelt und entmutigt. So schien zu allerletzt doch noch alles vergeblich:

Da kehre ich um und laufe hoffnungslos zum Schuppen zurück... Von ferne schon sah ich sie alle an Bord, rufend und winkend; die *Ariadne* aber löst sich langsam vom Ufer. Ich laufe, was ich noch herausbringe, ein Satz über die Kette der Zollsperre und noch ein Sprung auf die Fallreep, an der der 1. Offizier steht, um mir heraufzuhelfen. Alles klar![2]

Herrliche Ferien in Finnland standen bevor. Der Wechsel von starker intellektueller Anspannung zu sportlicher Betätigung – langen Wanderungen im Sommer, Skitouren im Winter –, bei der das Gehirn für Wochen ausruht, schuf mit die Voraussetzung für die späteren geistigen Höchstleistungen.
Wichtig werden sollten auch die Erfahrungen, die er als Leiter seiner Pfadfindergruppe sammelte. Er war keine «Führernatur», erzählte ein früherer Kamerad: «Er lenkte durch menschliche Qualität.» So hat er es auch später als Institutsdirektor gehalten. Im Oktober 1923 begann Heisenberg seine neue Tätigkeit in Göttingen bei Max Born. Für die theoretische Physik gab es damals nur einen Assistenten, und der Inhaber der Stelle war Friedrich Hund. Aber auch Heisenberg hatte praktisch die Pflichten eines wissenschaftlichen Assistenten und wurde allgemein als ein solcher bezeichnet, obwohl er genaugenommen Stipendiat war, zuerst der Rockefeller Foundation und dann der Notgemeinschaft der Deutschen Wissenschaft.
Imponierend war in Göttingen die Mathematik vertreten mit Felix Klein und David Hilbert an der Spitze. Auch Max Born selbst tendierte viel stärker zur Mathematik als Sommerfeld in München. «Born erschien mir, als ich nach Göttingen kam, als ein hervorragender Mathematiker, der für die mathematischen Methoden in der Physik Interesse hat, der aber nicht so viele physikalische Fakten kennt.»[3]
Eine wertvolle Ergänzung war deshalb der Experimentalphysiker James Franck, ein Freund Borns aus gemeinsamer Studienzeit, den Born, was die physikalische Intuition betraf, auf eine Stufe mit Michael Faraday stellte. James Franck war, auf sein Betreiben, gleichzeitig mit ihm nach Göttingen berufen worden. So herrschte hier – anders als in München – zwischen der theoretischen und der experimentellen Physik das herzlichste Einvernehmen.
In der schon erprobten Zusammenarbeit mit Max Born bemühte sich Heisenberg nun intensiv um den «Übergang von der nur symbolisch

brauchbaren und daher nur qualitativ richtigen Modellmechanik ... zur wirklichen Quantenmechanik». Da die bisherige klassische Physik mit stetig veränderlichen Größen arbeitete, die neue Theorie aber offenbar auf abzählbare Quantenzustände gegründet werden mußte, ging es darum, das Kontinuierliche in Diskretes zu verwandeln, was die Göttinger zu einem kleinen Scherz veranlaßte: Die Aufgabe für die nächste Zeit sei die «Diskretitierung der Atomphysik».[4]

Mit Sorge sah August Heisenberg, daß sich sein Sohn, wie schon in München bei Sommerfeld, wieder vollständig der theoretischen Physik verschrieb. «Mein Vater war so bekümmert, daß er einen langen Brief an Max Born schrieb und ernsthafte Auskunft erbat, ob denn sein Junge auf dem richtigen Wege wäre. Denn nach dem schwachen Doktorexamen schien es meinem Vater ganz zweifelhaft, ob ich überhaupt Aussichten in der akademischen Laufbahn hätte.»[5]

Auch an Borns Kollegen James Franck wandte sich der besorgte Vater. Er bat Franck, dafür zu sorgen, daß sein Sohn endlich ordentlich Experimentalphysik lerne. «So versprach ich, mich darum zu kümmern», berichtete James Franck:

> Ich erzählte die Geschichte mit einem Lächeln Heisenberg: «Das einzige, was ich für Sie tun kann, ist, Sie in unser Fortgeschrittenenpraktikum aufzunehmen und zu hoffen, daß es Ihnen gefällt.» Eine Zeit später sah ich ihn verloren dasitzen, völlig uninteressiert, und ich fragte ihn: «Ist es Ihnen recht, wenn ich Sie hinauswerfe?» Oh ja, er sei erleichtert, wenn ich ihn hinauswürfe. So sagte ich: «Gut, ich werfe Sie hinaus.»[6]

So blieb um so mehr Zeit für die theoretische Physik. Schon nach wenigen Monaten hatte er die Arbeit «Über eine Abänderung der formalen Regeln der Quantentheorie beim Problem der anomalen Zeemaneffekte» fertig, die Born als Habilitationsschrift annahm.

Da Born im nächsten Semester zu Vorträgen nach Amerika eingeladen war, mußte, wenn nicht eine lange Verzögerung eintreten sollte, die Habilitation noch im Sommer 1924 erfolgen. Quälend viel Zeit nahm der Umlauf der Schrift bei den Fakultätsmitgliedern in Anspruch. Da sah Heisenberg zufällig, wie im Gespräch mit dem Pedell ein Doktorand eine – zunächst hinter dem Rücken verborgene – Zigarrenkiste mit den Worten überreichte: «Nicht wahr, wir verstehen uns.» Dieses

Verfahren kopierte Heisenberg. So kam es, daß er am 28. Juli 1924 seine Probevorlesung halten konnte. Damit hatte er – im Alter von 22½ Jahren – die *venia legendi* für theoretische Physik erworben.

Mitte September 1924 ging Heisenberg als «Research Associate» an das Institut für theoretische Physik nach Kopenhagen. Bohr hatte für ihn ein Stipendium des «International Education Board» erwirkt. Wie seinerzeit Sommerfeld, so mußte nun Born widerstrebend den Meisterschüler abgeben: «Ich werde ihn natürlich vermissen (er ist ein lieber, wertvoller, sehr kluger Mensch, der mir an's Herz gewachsen ist), aber sein Interesse geht vor dem meinen, und Ihr Wunsch ist mir ausschlaggebend. Erleichtert wird mir der Entschluß dadurch, daß ich wahrscheinlich das halbe Wintersemester in Amerika sein werde.»[7]

Im Mittelpunkt der wissenschaftlichen Diskussion stand die Frage: Besteht das Licht aus Korpuskeln, oder ist es eine Welle? Im Oktober 1924 erschien die von allen Atomphysikern mit Spannung erwartete vierte Auflage von ‹*Atombau und Spektrallinien*›. Hier gab Sommerfeld die sensationelle Revision seines Standpunktes bekannt:

Verfasser hat an der klassischen Wellentheorie so lange als irgend möglich festgehalten. Was ihn jetzt veranlaßt, die Quantenstruktur des Lichtes als die tiefergehende Auffassung anzusehen, sind neue, im folgenden zu besprechende Erfahrungstatsachen.[8]

Bei diesen «Erfahrungstatsachen» handelte es sich im wesentlichen um den Compton-Effekt, also die Streuung von Röntgenstrahlen an praktisch freien Elektronen. Der Besuch im neuen Laboratorium von Arthur Holly Compton in Chicago hatte Sommerfeld überzeugt, daß das Licht «in gewisser Weise» aus Korpuskeln bestehen müsse.

«Was ist denn das Licht?» hatte Heinrich Hertz auf der Versammlung der Deutschen Naturforscher und Ärzte in Heidelberg 1889 rhetorisch gefragt und selbst die erwartete Antwort gegeben:

Seit den Zeiten Youngs und Fresnels wissen wir, daß das Licht eine Wellenbewegung ist. Wir kennen die Geschwindigkeit der Wellen, wir kennen ihre Länge, wir wissen, daß es Transversalwellen sind; wir kennen mit einem Worte die geometrischen Verhältnisse der Bewegung vollkommen. An diesen Dingen ist ein Zweifel nicht mehr möglich, eine Widerlegung dieser Anschauungen ist für den Physiker undenkbar. Die Wellentheorie des Lichtes ist, menschlich gesprochen, Gewißheit.[9]

Heisenberg mit James Franck.

Die Göttinger Physik-Ordinarien (v. l.) Born, Franck und Pohl. Die den drei Professoren «zugeordneten» Mitarbeiter wurden scherzhaft die «Bornierten», die «Frankierten» und die «Polierten» genannt.

Wie viele «menschliche Gewißheiten» des 19. Jahrhunderts ist auch diese im 20. erschüttert worden. Albert Einstein hatte es 1905 einen «heuristischen Gesichtspunkt» genannt, Strahlung so aufzufassen, «wie wenn sie aus voneinander unabhängigen Energiequanten bestünde». «Heuristisch» nennt man einen Gesichtspunkt (oder besser vielleicht: eine Vorstellung), wenn diese Vorstellung zur mathematischen Herleitung von Naturerscheinungen befähigt, ohne daß aber die innere Wahrheit gesichert ist.

Für Einstein freilich stand schon damals fest, daß bei manchen Phänomenen, etwa dem Photoeffekt, die bisherige Wellentheorie nicht ausreicht und daß von der Lichtquantenvorstellung Gebrauch gemacht werden muß. In den folgenden zwei Jahrzehnten hatte sich bei den Physikern diese Auffassung zwar noch keineswegs allgemein durchgesetzt, aber bei den Kennern doch befestigt.

Vor allem Niels Bohr vertrat entschieden das Prinzip der Dualität: Nicht die Wellentheorie löste das Problem, aber auch nicht die Korpuskulartheorie. Es seien vielmehr beide Theorien heranzuziehen. Für die Wechselwirkung von Strahlung mit Materie sei die quantenhaft-korpuskulare Auffassung angemessen, für die Interferenz- und Beugungsphänomene die alte Wellentheorie. Es gibt also offenbar zwei Gegenstandsbereiche: in dem einen Bereich von Phänomenen ist die eine Vorstellung, in dem anderen Bereich die andere zutreffend.

Die dialektische Spannung zwischen These und Antithese war eine Herausforderung. Sommerfeld ging ab von der Wellentheorie des Lichtes, an der er «so lange als irgend möglich» festgehalten hatte. Auch andere Physiker (Erwin Schrödinger etwa) wagten unkonventionelle Ansätze. Am meisten Aufsehen erregte Niels Bohr mit seiner Theorie. Diese ging, da seine Mitarbeiter Anthony Kramers und John Slater daran beteiligt waren, unter dem Namen «Bohr-Kramers-Slater» in die Geschichte ein.[10]

Als Heisenberg nach Kopenhagen kam, stand die neue Theorie im Mittelpunkt aller Gespräche, und er hat aus nächster Nähe das Blühen und Welken der Hoffnungen auf den endlichen Durchbruch in der Atomphysik miterlebt.

Bohr hegte zunächst große Erwartungen. Er war auf ungewöhnliche Konsequenzen gefaßt. In der Tat ergab sich eine geradezu revolutio-

näre Sicht. Akzeptierte man die Theorie als richtig, so folgte: Das Gesetz von der Erhaltung der Energie kann nicht stimmen.
Das bis auf Julius Robert Mayer und Hermann von Helmholtz zurückgehende Prinzip galt, weil es alle Gebiete der Natur gleichsam unter einem Dach zusammenfaßte, als Vollendung der Physik. So hatte etwa Max Planck schon als Schüler das Prinzip der Erhaltung der Energie «wie eine Heilsbotschaft» aufgenommen.
Im atomaren Bereich sollte aber nun das Prinzip aufgegeben werden. Die Erhaltung der Energie – so sah es Bohr – kommt durch Mittelwertbildung über sehr viele Einzelprozesse zustande. Wie beim Würfeln nicht im voraus gesagt werden kann, ob eine Eins oder eine andere Zahl geworfen wird, so ist nach Bohr beim Compton-Effekt die Energie des Rückstoß-Elektrons unbestimmt. Erst wenn man sehr viele Würfel beziehungsweise sehr viele Rückstoß-Elektronen vor sich hat, kann man (nahezu) sichere Aussagen treffen.

Ich möchte Ihnen sagen, welche Freude ich über die Wendung der Strahlungstheorie empfinde [so meldete sich Max Born] ... Obwohl ich nur den kurzen mündlichen Bericht Heisenbergs habe, bin ich ganz überzeugt, daß Ihre neue Theorie das richtige trifft, auch daß sie in gewissem Sinne das letzte ist, was sich über diese Fragen sagen läßt: sie ist die rationelle Erweiterung der klassischen Strahlungsvorstellungen auf unstetige Elementarprozesse.[11]

Auch Schrödinger stimmte lebhaft zu. Skeptisch dagegen blieben Einstein und Pauli. Da das damalige politische Leben in Deutschland sehr bewegt verlief und man viele Revolutionen – von rechts und von links – erlebte, hatte Pauli auch gleich einen passenden Vergleich zur Hand. Er nannte die Theorie von Bohr, Kramers und Slater, die ihm ganz und gar nicht gefiel, einen «reaktionären Kopenhagener Putsch».
Experimente von Bothe und Geiger in Berlin und von Compton in Chicago widerlegten schließlich die Theorie. «Es ist zwar natürlich richtig, daß Bohr selbst, auch wenn diese Experimente nicht gemacht worden wären, nicht mehr an dieser Auffassung festgehalten hätte», meinte Pauli. «Aber viele ausgezeichnete Physiker (wie etwa Ladenburg, Mie, Born) hätten daran festgehalten, und diese unglückselige Abhandlung von Bohr, Kramers und Slater wäre vielleicht für lange ein Hemmnis des Fortschrittes der theoretischen Physik geworden!»[12]

Die akademischen Lehrer und Weggefährten Werner Heisenbergs: Sommerfeld (München), Born (Göttingen), Bohr (Kopenhagen). «Bei Sommerfeld hab' ich den Optimimus gelernt, bei den Göttingern die Mathematik, bei Bohr die Physik.»

«Sommerfeld war ein hervorragender Lehrer allein schon gemessen an der Zeit, die er für den einzelnen Studenten hatte. Fast jeden Vormittag war ich für mindestens ein oder zwei Stunden bei ihm in seinem Arbeitszimmer... Er hatte eine besondere Fähigkeit, Menschen zu faszinieren, sie dazu zu bringen, Probleme anzugreifen.»

Max Born war «eine ruhige, edle musikalische Seele» und sicher kein «Husarenoberst» wie Arnold Sommerfeld. «Heisenberg habe ich sehr lieb gewonnen, er ist bei uns allen sehr beliebt und geschätzt. Seine Begabung ist unerhört, aber besonders erfreulich ist sein nettes, bescheidenes Wesen, seine gute Laune, sein Eifer und seine Begeisterung.» So schrieb damals, im Januar 1923, Born aus Göttingen an seinen Kollegen Sommerfeld.

«Der Eindruck von Bohrs Persönlichkeit», erzählte Erwin Schrödinger 1926, «war mir trotz allem, was ich schon von ihm gehört hatte, sehr unerwartet. Es wird wohl kaum so bald wieder einen Menschen geben, der so ungeheure äußere und innere Erfolge erringt, dem in seiner Arbeitssphäre auf der ganzen Welt fast wie einem Halbgott gehuldigt wird und der dabei – ich sage nicht bloß bescheiden und frei von Überhebung – sondern geradezu scheu und schüchtern bleibt... Im Vergleich mit dem oft sehr reichlichen Selbstbewußtsein... bei den Sternen mittlerer Größe wirkt jene Einstellung doch tief sympathisch.»

Bohr und Planck: «Was wir heutzutage aus der Sprache der Spektren heraus hören, ist eine wirkliche Sphärenmusik des Atoms, ein Zusammenklingen ganzzahliger Verhältnisse, eine bei aller Mannigfaltigkeit zunehmende Ordnung und Harmonie. Für alle Zeiten wird die Theorie den Namen Bohrs tragen. Aber noch ein anderer Name wird dauernd mit ihr verknüpft sein, der Name Plancks. Alle ganzzahligen Gesetze der Spektrallinien und der Atomistik fließen letzten Endes aus der Quantentheorie. Sie ist das geheimnisvolle Organon, auf dem die Natur die Spektralmusik spielt und nach dessen Rhythmus sie den Bau der Atome und der Kerne regelt.» So schrieb Arnold Sommerfeld im Vorwort zu seinem Buch ‹*Atombau und Spektrallinien*›.

Dieses Urteil aber war zu negativ: Obwohl sie sich schließlich als verfehlt herausstellte, bildet die Theorie einen wichtigen Meilenstein in der Entwicklung. Heisenberg entnahm ihr einige Monate später, als er in Göttingen die neue Mechanik begründete, eine entscheidende Anregung. Und Born ließ sich von ihr anschließend zu seiner «statistischen Interpretation» inspirieren.

Im Winter 1924/25 hatte Heisenberg so sehr Kopenhagener Geist aufgenommen, daß er von Pauli scherzhaft als «gänzlich verbohrt» bezeichnet wurde. Heisenberg selbst sprach von dem «hohen Hafniumgehalt» seines Gehirns. Er spielte damit auf die jüngste Entdeckung des Elementes 72 an, das nach dem lateinischen Namen des Entdeckungsortes (nämlich Kopenhagen) «Hafnium» genannt worden war.

Anfang April 1925 kehrte Heisenberg wieder nach Deutschland zurück. «In wissenschaftlicher Beziehung war für mich das vergangene halbe Jahr das schönste meiner ganzen bisherigen Studienzeit», schrieb er an Niels Bohr.[13]

Die Lehr- und Wanderjahre waren nun vorüber. Er kannte alle drei Zentren der theoretischen Atomphysik: München, Göttingen und Kopenhagen. Bei Sommerfeld hatte er die Physik gelernt, bei Born die Mathematik, bei Bohr die Philosophie.

Die Heisenbergsche Mechanik

Es gehe ihm «immer sehr merkwürdig» mit Heisenberg, schrieb Pauli an Niels Bohr. «Wenn ich über seine Ideen nachdenke, so kommen sie mir gräßlich vor, und ich schimpfe innerlich sehr darüber...»

Denn er ist sehr unphilosophisch, er achtet nicht auf klare Herausarbeitung der Grundannahmen und ihren Zusammenhang mit den bisherigen Theorien. Wenn ich aber mit ihm spreche, so gefällt er mir sehr gut, und ich sehe, er hat allerlei neue Argumente – wenigstens im Herzen. Ich halte ihn dann – abgesehen davon, daß er persönlich auch ein sehr netter Mensch ist – für sehr bedeutend, sogar für genial und glaube, daß er die Wissenschaft noch einmal sehr vorwärts bringen wird.[1]

So kam es auch. Am 24. Juni 1925 teilte Heisenberg in einem Brief die Ansätze zu seiner neuen Theorie mit: «Bei der Berechnung von irgendwelchen Größen als Energie, Frequenz usw. dürfen nur Beziehungen zwischen prinzipiell kontrollierbaren Größen vorkommen.»[2]
Das war eine Besinnung auf die Philosophie des Positivismus. Diese vor allem von d'Alembert Mitte des 18. Jahrhunderts begründete Erkenntnistheorie besteht im wesentlichen in der Aussage, daß man sich in der Wissenschaft nur auf Tatsachen, nur auf wirklich Beobachtbares, stützen dürfe.
Daran anknüpfend hatte Auguste Comte sein berühmtes Dreistadiengesetz aufgestellt, wonach sich jede Wissenschaft in drei Stufen entwickle, der theologischen, der metaphysischen und der positiven.[3] Was Auguste Comte, der Begründer der Soziologie, als ein «Gesetz» bezeichnete, dem jede Wissensdisziplin unterworfen sei, war aber eher ein Programm, ein Schlachtruf des Positivismus: Wie die historisch erste, die theologische Phase der Wissenschaft, in der der Mensch übernatürliche, göttliche Mächte zur Erklärung der Naturerscheinungen annehme, überwunden worden sei, so dürfe man auch in der zweiten

Phase nicht verharren. Hier werde alles auf abstrakte Ideen zurückgeführt, die aber – so Comte – ebenfalls menschlich-subjektiven, metaphysischen Ursprungs seien. Alle derartigen anthropomorphen Vorstellungen müßten als irreführend aus der Wissenschaft entfernt werden. Achtzig Jahre nach Comte war es genau dieses Prinzip, das Heisenberg auf die bisherige Atomphysik anwandte:

Bekanntlich läßt sich gegen die formalen Regeln, die allgemein in der Quantentheorie zur Berechnung beobachtbarer Größen (z. B. der Energie im Wasserstoffatom) benutzt werden, der schwerwiegende Einwand erheben, daß jene Rechenregeln als wesentlichen Bestandteil Beziehungen enthalten zwischen Größen, die... prinzipiell nicht beobachtet werden können (wie z. B. Ort, Umlaufszeit des Elektrons), daß also jenen Regeln offenbar jedes anschauliche physikalische Fundament mangelt...[4]

Was hat Heisenberg veranlaßt, sich den positivistischen Ansatz zu eigen zu machen, das Prinzip, daß in der Wissenschaft die «nicht kontrollierbaren» oder «nicht beobachtbaren» Größen ausgemerzt werden müssen?[5] Hauptvertreter des Positivismus war Ende des 19. Jahrhunderts Ernst Mach; seine Gedanken wirkten mächtig, auch noch im 20. Jahrhundert, auf die Physik. Und so richtete Thomas S. Kuhn die Frage an Heisenberg: «Haben Sie damals Mach gelesen?»

Nein, ich muß sagen, daß ich niemals ganz ernsthaft Mach gelesen habe. Ich habe ihn später ein wenig studiert – viel später.[6]

Einen direkten Einfluß Machs auf Heisenberg hat es also offenbar nicht gegeben. Wohl aber einen indirekten.

Heisenberg vertrat später sehr entschieden die Erkenntnistheorie des Platonischen Idealismus; als seinen philosophischen Hauptgegner hat er den Positivismus angesehen.[7] Anders der junge Heisenberg. Mit 23 Jahren besaß er noch keine klare erkenntnistheoretische Position:

Leider ist meine Privatphilosophie nicht klar, sondern ein Durcheinander von allen möglichen moralischen und ästhetischen Rechenregeln, durch die ich mich selbst oft nicht mehr durchfinde.[8]

Heisenberg hat damals alle «in der Luft liegenden» Anregungen aufgenommen – und im richtigen Augenblick verwendet. Ganz im Denkklima der Zeit lag es, in den «prinzipiell unbeobachtbaren Größen» eine gefährliche Quelle von Irrtümern zu sehen. So hatte Wolfgang Pauli mehrfach vor dem Begriff der elektrischen Feldstärke im Innern des Elektrons gewarnt, die «eine leere, inhaltslose Fiktion» sei, «der nichts Wirkliches entspricht».[9]

Feldstärke im Innern des Elektrons: das als ein bloßes Phantasiegebilde zu entlarven war verhältnismäßig leicht. Nach mühsamen Rechnungen gewann Pauli langsam die Überzeugung, daß auch der Begriff der Bahn des Elektrons im Atom, der zentrale Begriff der Bohr-Sommerfeldschen Atomtheorie, zu den irreführenden Fiktionen gehören müsse:

Ich glaube, daß Energie- und Impulswerte der stationären Zustände etwas viel Realeres sind als Bahnen. Das (noch unerreichte) Ziel muß sein, diese und alle anderen physikalisch realen, beobachtbaren Eigenschaften der stationären Zustände aus den (ganzen) Quantenzahlen und quantentheoretischen Gesetzen zu deduzieren. Wir dürfen aber nicht die Atome in die Fesseln unserer Vorurteile schlagen wollen (zu denen nach meiner Meinung auch die Annahme der Existenz von Elektronenbahnen im Sinne der gewöhnlichen Kinematik gehört), sondern wir müssen umgekehrt unsere Begriffe der Erfahrung anpassen.[10]

Auch Einstein stand Pate bei der Ausbildung der neuen Physik. Im Interview mit Thomas S. Kuhn antwortete Heisenberg auf die Frage nach Ernst Mach:

Irgendwie war ich nie besonders von Mach beeinflußt. Ich war beeindruckt, wie Einstein die Dinge anfaßte.[11]

Heisenberg hatte sich schon als Gymnasiast mit der Speziellen Relativitätstheorie Einsteins beschäftigt. Einsteins Ausgangspunkt war hier gewesen, daß «dem Begriff der absoluten Ruhe… keine Eigenschaften der Erscheinungen» entsprechen, was gemäß den Prinzipien des Positivismus heißt, daß dieser Begriff als Anthropomorphismus aus der Wissenschaft entfernt werden muß. Dabei war Einstein aber nicht stehengeblieben, sondern hatte, auf dieser Erkenntnis aufbauend, sogleich sein Relativitätsprinzip formuliert. Das war es wohl, was Heisenberg «beeindruckt» hatte.

Ich würde sagen, daß mir Mach immer etwas zu formal war. Er war – ich möchte nicht sagen zu negativ, aber zu bescheiden in dem, was er wollte. Er war zu wenig poetisch. Ich meine, Plato war natürlich ein Poet… Kant ist kein Poet, trotzdem liegt in dem, was er schreibt, Poesie.[12]

Was versteht Heisenberg hier unter «Poesie»? Das kann eine Diskussion erläutern, die Mitte des 19. Jahrhunderts zwei berühmte Chemiker miteinander geführt haben.

Der solide, aber vielleicht etwas nüchterne Jöns Jakob Berzelius warf dem genialeren Justus von Liebig vor: «Die dichterische Anlage Deines Geistes, in Verbindung mit einer großen Leichtigkeit der Diktion, führte Dich auf das grenzenlose Feld der Theorien, wo gerade die dichterische Anlage der gefährlichste Begleiter ist.»[13] Dazu schrieb Liebig an seinen Freund Friedrich Wöhler: «Die Ansichten und Theorien von Berzelius waren ein klar formulierter Ausdruck der Ideen seiner Zeit und darum von großem Werte; sie gingen aber keinen Schritt darüber hinaus. Ich will nicht sagen, daß dies ein Fehler ist, aber es würde ein Vorzug gewesen sein, wenn er etwas empfänglicher gewesen wäre für das Schaffen durch den Gedanken, was ich die Poesie des Naturforschers nenne.»[14]

Das ist der entscheidende Satz: Das Schaffen durch den Gedanken ist die Poesie des Naturforschers. Der junge Heisenberg muß empfänglich gewesen sein für die Poesie der Einsteinschen Relativitätstheorie.

Heisenberg hatte also den Machschen Positivismus bereits in der «poetischen» Einsteinschen Form kennengelernt. Wie damals in den Jahren 1904 und 1905 Einstein den Begriff der «absoluten Ruhe» als physikalisch irreführend erkannt hatte, so richtete sich nun Heisenbergs Verdacht gegen die Vorstellung von «Bahnen der Elektronen im Atom».

Wie Einstein blieb auch Heisenberg nicht bei dem negativen, kritischen Teil stehen; das Ausmerzen unbeobachtbarer Begriffe war vielmehr nur die Vorbereitung für den entscheidenden, positiven, konstruktiven Schritt.

Was aber sollte an die Stelle der Bahnen treten? Das war die entscheidende Frage. In einem schöpferischen Akt, wie es nur das Genie vermag, fand Heisenberg – tastend zunächst – die richtige Lösung.

Die Anregung dazu konnte natürlich nicht einem allgemeinen philosophischen Prinzip entnommen werden, sondern nur der Atomphysik selbst. In ihrer berühmten Arbeit hatten Bohr, Kramers und Slater ein Strahlung emittierendes und absorbierendes Atom als ein System von virtuellen Oszillatoren aufgefaßt, deren Frequenzen den Strahlungsfrequenzen entsprechen. Diese Strahlungsfrequenzen sind durch zwei

Zahlen gekennzeichnet, nämlich durch die beiden Energiezustände, zwischen denen die Strahlungsübergänge stattfinden.

Bei jedem Strahlungsvorgang schwingen nun diese virtuellen Oszillatoren mit einer bestimmten Amplitude. Zu jedem Oszillator gehört eine Amplitude, und folglich hängen auch die Amplituden von zwei Zahlen ab, etwa m und n. Das Quadrat dieser Amplituden bestimmt die Intensität der Emission, und so vermutete Heisenberg, daß diese Größen die entscheidende Rolle in der künftigen Theorie spielen werden.

Wie hängt nun das alte Bild des Atoms, des um den Kern rotierenden Elektrons, mit dem neuen Bild zusammen? Die einzig mögliche Verbindung ist die, daß die klassische Bewegung des Elektrons in Fourierkomponenten zerlegt wird. Das Bohrsche Korrespondenzprinzip stellt dann die Brücke dar, mit der man von dem alten klassischen Bild zum neuen Bild gelangen kann.

Es gibt zunächst eine Korrespondenz zwischen den Frequenzen der virtuellen Oszillatoren und den Oberschwingungen der klassischen Bewegung und dann auch eine Korrespondenz zwischen den klassischen Fourierkomponenten und den Amplituden der virtuellen Oszillatoren. In der klassischen Physik repräsentieren die Fourierkomponenten die Bewegung. So vermutete Heisenberg, daß die Amplituden der virtuellen Oszillatoren quantentheoretisch an die Stelle der Bewegung treten:

Der Grundgedanke ist: In der klassischen Theorie genügt die Kenntnis der Fourierreihe der Bewegung, um alles auszurechnen... Es liegt nun nahe, anzunehmen, daß auch in der Quantentheorie durch die Kenntnis der Übergangswahrscheinlichkeiten oder der korrespondierenden Amplituden alles gegeben ist. Man wird daher versuchen, die Gleichungen quantentheoretisch umzudeuten, und zwar ergibt sich eine Umdeutung zwangsläufig...[15]

Die quantentheoretische Physik erschien wie ein neues Land, das man jenseits eines vorerst unüberschreitbaren Hindernisses, einer breiten Meeresstraße, schon undeutlich am Horizont erkennen konnte. Der trennende Meeresarm war an manchen Stellen breit, an anderen schmal, und es gab Inseln. Heisenberg fand genau die Stelle, an der der Abstand zwischen dem alten und dem neuen Land am kleinsten war und an der deshalb der Übergang am ehesten gewagt werden konnte.

Heisenberg schlug eine Brücke und betrat das neue Land. Wie ein

Astronaut bei seinen ersten Schritten auf einem neuen Himmelskörper beherrschte Heisenberg natürlich noch nicht alle Gesetze der Bewegung und mußte sich zunächst mit einem relativ bescheidenen Programm begnügen.

Physikalisch gesprochen heißt das: Das Problem des Atoms war noch zu schwierig; die neuen Ideen mußten an einem einfacheren Gebilde erprobt werden, einer Art von schwingendem Pendel im mikroskopischen Maßstab. Was Heisenberg studierte, war ein Oszillator (wie ihn auch Planck als Reagenz auf elektromagnetische Strahlung schon betrachtet hatte), aber nicht ein einfacher «harmonischer», sondern ein «anharmonischer Oszillator».

Da machte sich, mitten in der Ausarbeitung dieser Gedanken, der schöne Göttinger Frühsommer für Heisenberg höchst unangenehm bemerkbar in einigen Heufieberanfällen. Er entschloß sich zur sofortigen Abreise nach Helgoland.

Bei der Ankunft muß ich mit meinem verschwollenen Gesicht einen recht kläglichen Eindruck gemacht haben; denn die Hauswirtin, bei der ich ein Zimmer mietete, meinte, ich hätte mich wohl am Abend vorher mit anderen geprügelt, sie wolle mich aber schon wieder in Ordnung bringen. Mein Zimmer lag im zweiten Stock ihres Hauses, das hoch oben am Südrand der Felseninsel einen herrlichen Blick auf die Unterstadt, die dahinter liegende Düne und das Meer gewährte. Wenn ich auf meinem Balkon saß, hatte ich oft Gelegenheit, an Bohrs Bemerkung zu denken, daß man beim Blick über das Meer einen Teil der Unendlichkeit zu ergreifen glaubt.[16]

In der Klausur ordneten sich die Gedanken. Das, was nur mathematisches Beiwerk war, trat zurück, und die Aufmerksamkeit konzentrierte sich auf das Wesentliche der neuen Physik:

In Helgoland war ein Augenblick, in dem es mir wie eine Erleuchtung kam, als ich sah, daß die Energie zeitlich konstant war. Es war ziemlich spät in der Nacht. Ich rechnete es mühsam aus, und es stimmte. Da bin ich auf einen Felsen gestiegen und habe den Sonnenaufgang gesehen und war glücklich.[17]

«Geschlafen hab ich eigentlich gar nicht», erzählte Heisenberg später. «Ein Drittel des Tages hab ich die Quantenmechanik ausgerechnet, ein Drittel bin ich in den Felsen herumgeklettert, und ein Drittel hab ich Gedichte aus dem ‹*West-östlichen Divan*› auswendig gelernt.»[18]

Nach einer Woche fuhr Heisenberg zurück nach Göttingen. Da die Reise ohnehin über Hamburg ging, besuchte er dort Wolfgang Pauli auf einige Stunden, die – wie üblich – zur intensiven Diskussion genutzt wurden. Wieder in Göttingen, erhielt Heisenberg bereits einen oder zwei Tage später einen langen Brief des Freundes, in dem die Ergebnisse des Gesprächs zusammengefaßt und weitergeführt wurden.
Wenn man jetzt nach fünfzig Jahren diese Briefe liest, ist man erstaunt, mit welcher Intensität Heisenberg und Pauli damals gelebt und gedacht haben müssen. Sie waren besessen von ihrer Physik; es war die Besessenheit des Genies von seinem Gegenstand, die die Voraussetzung ist für ein unsterbliches Werk.

Noch einmal vielen Dank für Ihre freundliche Aufnahme und Bewirtung in Hamburg. Mit Ihrem Brief bin ich, was Teil I betrifft, völlig einverstanden... Nur wundere ich mich darüber, daß Sie sich über das «Versagen der Mechanik» wundern. Wenn so etwas, wie die klassische Mechanik gälte, würde man nie verstehen können, daß es Atome gibt; es gilt eben eine andere, eine «Quantenmechanik» und man muß sich nur darüber wundern, daß das Wasserstoffatom zufällig hinsichtlich der Energiekonstante mit etwas Klassischem übereinstimmt... In meinen Versuchen, eine Quantenmechanik zu fabrizieren, geht's nur langsam weiter.[19]

Das war am 21. Juni 1925. Drei Tage später, am 24. Juni, folgte der nächste lange Brief an Pauli – bereits mit den wichtigsten Grundgedanken der Theorie. «Paulis Antwortbrief war ausgesprochen positiv und ermunterte mich in der weiteren Ausgestaltung.»[20] Pauli schrieb:

Ich habe Heisenbergs kühne Ansätze mit Jubel begrüßt. Sicherlich ist man noch sehr weit davon entfernt, etwas Abgeschlossenes sagen zu können und stehen wir da erst in den allerersten Anfängen. Aber was mich so sehr an den Heisenbergschen Überlegungen gefreut hat, das ist die Methode seines Vorgehens und die Bestrebung, aus der heraus er diese Überlegungen angestellt hat. Überhaupt glaube ich, daß ich jetzt hinsichtlich meiner wissenschaftlichen Ansichten Heisenberg sehr nahe gekommen bin und daß wir ziemlich in allem übereinstimmende Meinungen haben, soweit dies überhaupt bei zwei selbständig denkenden Menschen möglich ist.[21]

Es folgt dann eine für Pauli typische Bemerkung, die vielleicht überheblich klingen mag, indessen nur das scharfe Urteil eines jugendlichen Genies über einen als ebenbürtig anerkannten Geist darstellt:

Mit Freude habe ich wahrgenommen, daß Heisenberg in Kopenhagen bei Bohr ein bißchen das philosophische Denken gelernt hat und sich vom rein Formalen doch merklich abwendet. Ich wünsche ihm deshalb von ganzem Herzen Erfolg bei seinen Bestrebungen! So fühle ich mich denn jetzt weniger einsam als etwa vor einem halben Jahr, wo ich mich (geistig wie räumlich) zwischen der Scylla der zahlenmystischen Münchner Schule und der Charybdis des... reaktionären Kopenhagener Putsches ziemlich allein befand![22]

Am 11. oder 12. Juli 1925 hat Heisenberg seine Ausarbeitung Max Born übergeben. «Ich erinnere mich, daß ich das Manuskript nicht gleich studiert habe, denn ich war am Ende des Semesters ziemlich erschöpft», schrieb Born in seinen Lebenserinnerungen. «Aber ich war fasziniert, als ich es gelesen hatte.»[23] So sandte Born die später berühmt gewordene Abhandlung «Über quantentheoretische Umdeutung kinematischer und mechanischer Beziehungen» am 28. Juli an die *Zeitschrift für Physik*:[24]

Heisenbergs Multiplikationsregel (für «quadratische Schemata») ließ mir keine Ruhe, und nach acht Tagen intensiven Denkens und Probierens erinnerte ich mich plötzlich an eine algebraische Theorie, die ich von meinem Lehrer Professor Rosanes in Breslau gelernt hatte. Den Mathematikern sind solche quadratischen Schemata wohl bekannt und werden in Verbindung mit einer bestimmten Multiplikationsregel Matrizen genannt. Ich wandte diese Regel auf Heisenbergs Quantenbedingung an und fand, daß diese mit den in der Diagonale stehenden Größen übereinstimmte. Es war leicht zu erraten, was die übrigen Größen sein müßten, nämlich Null, und sogleich stand vor mir die sonderbare Formel

$$pq - qp = h/2\pi i$$

Das bedeutete: Koordinaten q und Impulse p sind nicht durch Zahlenwerte darzustellen, sondern durch Symbole, deren Produkt von der Reihenfolge abhängt – die nicht kommutieren, wie man sagt.
Dieses Resultat bewegte mich etwa wie einen Seefahrer, der nach langer Irrfahrt von fern das ersehnte Land sieht, und ich bedauerte nur, daß Heisenberg nicht da war. Ich war vom ersten Augenblick an überzeugt, daß wir auf das Richtige gestoßen waren. Und doch war wieder ein großer Teil nur erraten, nämlich das Verschwinden der nicht-diagonalen Glieder im obigen Ausdruck. Hierfür gewann ich die Mitarbeit meines Schülers Pascual Jordan, und in wenigen Tagen gelang es uns zu zeigen, daß ich richtig geraten hatte.[25]

So entstand, aufgebaut auf die Heisenbergschen Gedanken, die gemeinsame Veröffentlichung von Born und Jordan «Zur Quantenmechanik». Als Heisenberg mit Semesterbeginn wieder nach Göttingen zurückkehrte, wurde zu dritt gerechnet und diskutiert. «Jordan ist ein besonders kluger, scharfsinniger Kopf, der viel schneller und sicherer denkt als ich», hatte Born schon vorher an Einstein geschrieben, und das bestätigte sich nun aufs neue:

Überhaupt meine jungen Leute, Heisenberg, Jordan, Hund, sind glänzend. Ich muß mich oft sehr anstrengen, um ihnen bei ihren Überlegungen auch nur folgen zu können.

Mit der berühmten «Dreimännerarbeit» von Born, Heisenberg und Jordan war der entscheidende Schritt zur mathematischen Ausgestaltung der physikalischen Leitlinien Heisenbergs getan.
Die Göttinger Erfolge sprachen sich in Physikerkreisen wie ein Lauffeuer herum. Die Aufregung schien bei Einstein die Assoziation an einen aufgescheuchten Hühnerhof zu wecken: «Heisenberg hat ein großes Quantenei gelegt», schrieb er seinem Freund Paul Ehrenfest.[26]
Die neue Matrizenrechnung konnte zunächst nur auf die einfachsten Fälle wie den harmonischen und anharmonischen Oszillator angewendet werden. Das Ziel aber war natürlich, das Atom zu verstehen. Heisenberg war damals, wie er erzählte, «etwas unglücklich darüber», daß es ihm nicht gelang, «auch nur das einfache Wasserstoffspektrum aus der neuen Theorie abzuleiten»:

Schon im Oktober des gleichen Jahres überraschte mich Pauli mit der vollständigen Quantenmechanik des Wasserstoffatoms. Mein Antwortbrief vom 3. November beginnt mit dem Satz: «Ich brauche Ihnen wohl nicht zu schreiben, wie sehr ich mich über die neue Theorie des Wasserstoffes freue, und wie sehr ich es bewundere, daß Sie diese Theorie so schnell herausgebracht haben.»[27]

Nun hatte man endlich den langgesuchten neuen Kalkül zur Berechnung der stationären Zustände des Atoms zur Verfügung, die sich einer exakten mathematischen Behandlung so lange widersetzt hatten. Wie Pauli am ersten physikalisch-realen Beispiel erwiesen hatte, waren die Ergebnisse richtig. «Die Heisenberg-Bornschen Gedanken halten alle in Atem, das Sinnen und Denken aller theoretisch interessierten Menschen», schrieb Einstein: «An die Stelle einer dumpfen

Resignation ist eine bei uns Dickblütern einzigartige Spannung getreten.»[28]

Leider stellte sich bald heraus, daß dies nur ein freundlich gemeintes Kompliment war. Einstein konnte sich sein ganzes Leben nicht mit den «Heisenberg-Bornschen Gedanken» anfreunden. Immerhin gab er zu, daß Heisenberg «einen Teil der Wahrheit» erfaßt hatte, und er schlug ihn 1931 zur Verleihung des Nobelpreises vor.

An der Georgia Augusta war man stolz auf die neue «Göttinger Mechanik». Heisenberg war es besonders auf den physikalisch-erkenntnistheoretischen Gehalt der Theorie angekommen: die Revision der kinematischen und mechanischen Grundbegriffe. Durch die dominierende Stellung der Mathematik an der Universität Göttingen wurde aber die mathematisch-formale Seite ganz in den Vordergrund gerückt.

Auch Born und Jordan tendierten in diese Richtung, was Heisenberg sehr enttäuschte: «Ich hab' mir alle Mühe gegeben, die Dreimänner-Arbeit physikalischer zu machen als sie war, und bin so halb zufrieden damit», schrieb er an Pauli. «Aber ich bin immer noch ziemlich unglücklich über die ganze Theorie und war so froh, daß Sie mit der Ansicht über Mathematik und Physik so ganz auf meiner Seite stehen.»[29]

Hier bin ich in einer Umgebung, die genau entgegengesetzt denkt und fühlt, und ich weiß nicht, ob ich nur zu dumm bin, um Mathematik zu verstehen. Göttingen zerfällt in zwei Lager, die einen, die wie Hilbert (oder auch Weyl in einem Brief an Jordan) von dem großen Erfolg reden, der durch die Einführung der Matrizenrechnung in die Physik errungen sei, der andere, der wie Franck sagt, daß man die Matrizen doch nie verstehen könne. Ich bin immer wütend, wenn ich die Theorie nur unter dem Namen Matrizenphysik genannt höre und hatte eine Zeitlang ernstlich vor, das Wort Matrix ganz aus der Arbeit zu streichen und durch ein anderes, zum Beispiel «quantentheoretische Größe» zu ersetzen. Übrigens ist Matrix wohl eines der dümmsten mathematischen Worte, die es gibt.[30]

Heisenberg kam es primär nicht darauf an, einen mathematisch interessanten Kalkül, sondern eine neue Physik zu schaffen. Ganz im Sinne seines Freundes schrieb Pauli: «Man muß versuchen, die Heisenbergsche Mechanik noch etwas mehr vom Göttinger formalen Gelehrsamkeitsschwall zu befreien und ihren physikalischen Kern noch besser bloßzulegen.»[31]

Mitten in diese Entwicklung hinein platzte eine neue wissenschaftliche Sensation.

Die Alternative

Ein wenig zu granteln gehört zum Österreicher. Der achtunddreißigjährige Erwin Schrödinger, der sich in Zürich außerordentlich wohlfühlte, grantelte über die Feste, die man hier feierte. Die seien doch «gar zu ungemütlich». So ging seine junge Frau ohne ihn zum Ball. Für Schrödinger waren die Stunden ein Geschenk: In aller Ruhe konnte er seine Physik machen und endlich auch wieder einmal ausführlich dem Kollegen Sommerfeld schreiben:

Von meiner Frau soll ich sehr herzlich grüßen. Sie ist heute auf dem Ball… Eigentlich ist es anachronistischerweise ihr erster, da ihre Jungmädchenzeit in die Kriegsjahre fiel und auch nachher die Zeitläufte nicht danach waren. Aufrichtig gesagt, hab' ich's auch jetzt einen Blödsinn gefunden oder hätte jedenfalls ein Studentenkränzchen im deutschen oder österreichischen Stil lieber gehabt als so einen «feinen» Züricher Ball, wo die hiesige Geldaristokratie in Logen à 300 Franken aufprotzt und man als simpler Professor misera plebs ist. Darum hab' ich sie auch unter den Fittichen von Meyer, Bär und Scherrer allein gehen lassen – außerdem war mir die Eintrittskarte von 25 Franken mit zwei multipliziert zu viel Geld für das fragliche Vergnügen.[1]

Noch häufiger im Jahr begab sich Schrödinger in Klausur – und hatte schließlich, in den allerletzten Dezembertagen 1925, eine neue Atomtheorie. Die Göttinger Arbeiten, so könnte man denken, hatten bei Schrödinger «gezündet» und zur eigenen Weiterentwicklung stimuliert. In Wirklichkeit aber hat die Heisenbergsche Mechanik auf Schrödinger keinen Einfluß gehabt. Wenn man von einem Einfluß sprechen kann, dann nur im Sinne einer Provokation. Schrödinger wurde provoziert, anstelle der ihn «abstoßenden» Matrizenmechanik etwas ganz anderes zu setzen. «Mir war der Matrizenkalkül unerträglich», konstatierte er, «lange bevor ich an meine Theorie auch nur entfernt dachte»[2]:

Eines genetischen Zusammenhanges mit Heisenberg bin ich mir durchaus nicht bewußt. Ich hatte von seiner Theorie natürlich Kenntnis, fühlte mich aber durch die mir sehr schwierig scheinenden Methoden der transzendenten Algebra und durch den Mangel an Anschaulichkeit abgeschreckt, um nicht zu sagen abgestoßen.[3]

Schrödinger hatte in der Fachwelt einen hervorragenden Ruf. «Auf Schrödingers Arbeit über die Spektrallinien bin ich sehr gespannt», schrieb Max Planck. «Ich traue seinem Scharfsinn und seiner Phantasie wohl zu, daß er einen größeren Wurf machen kann.»[4]

Für die Physiker gab es zwei Grundgegebenheiten in der Welt: die Materie und die Strahlung. Was Materie ist, glaubte man zu wissen, wenigstens im Prinzip. Die Forschung war inzwischen immer weiter ins Innere der Materie vorgedrungen und dabei, die Struktur der Atome aufzuklären. Auch Schrödinger hatte dazu Beiträge geleistet.

Wie aber ist die elektromagnetische Strahlung zu verstehen, das Licht, die Röntgen- und die Gamma-Strahlung? Sie zeigt Interferenz, wie sie typisch ist für eine Welle. Licht zu Licht gefügt, kann Dunkelheit ergeben. Sie zeigt aber auch die Eigenschaften von schnellfliegenden Korpuskeln. Röntgenstrahlen übertragen auf Elektronen einen Impuls, wie man es im Stoß zwischen Teilchen erwartet.

Schrödinger plädierte für die Dualität. Das Licht ist sowohl Welle als auch Korpuskel:

Ich glaube nicht, daß man der Natur des Lichtes auf die Spur kommen kann anders, als daß man beständig die gleichzeitige Existenz jener merkwürdigen scheinbar gerichteten Effekte *und* der durch tausend Versuche der klassischen Optik verbürgten kohärenten Kugelwellen von Meterdicke sich vor Augen hält.[5]

Genau die Mitte zu halten zwischen den Extremen ist schwer. Nur Einstein und Bohr blieben konsequent bei der Dualität, beim Sowohl-als-Auch. Während Arnold Sommerfeld dazu tendierte, letztlich doch an «Lichtkorpuskeln» zu glauben, war es bei Schrödinger gerade umgekehrt. Er begann die «Welle» zu bevorzugen.

Wie so oft in der Physik des 20. Jahrhunderts war es wieder Albert Einstein, der 1925 das alte Problem von einer neuen Seite beleuchtete. Zwanzig Jahre zuvor hatte er von sich reden gemacht, als er dem Licht

Eigenschaften von Korpuskeln zusprach. Geleitet war er damals von der «Hypothese einer weitgehenden formalen Verwandtschaft zwischen Strahlung und Gas». Die berühmte «schwarze Strahlung» im Hohlraum verhält sich nämlich unter Umständen ganz ähnlich wie ein aus Molekülen (beziehungsweise Atomen) bestehendes Gas. Einstein sprach vom «Lichtquantengas».

1905 hatte sich Einstein mit der Strahlung befaßt, 1925 interessierte er sich für die Eigenschaften des Gases. Seine Schlüsse von 1925 waren nicht minder revolutionär: Er demonstrierte in seinen Formeln Interferenzeffekte zwischen Molekülen. Auch die Materie muß, das war Einsteins Ergebnis, Welleneigenschaften wie das Licht besitzen.[6]

Zur Stützung seiner Ansicht verwies Einstein auf die Dissertation des jungen Louis de Broglie. Dieser ordnete jedem materiellen Teilchen ein Wellenphänomen zu. Wie durch Energie und Impuls sollte ein Partikel auch durch Frequenz und Wellenlänge gekennzeichnet sein.

«Welle oder Korpuskel?» Das war für das Licht eine offene Frage. Unversehens übertrug de Broglie die Dualität auch auf die Materie. «Das müssen Sie lesen», sagte Einstein zu Max Born. «Wenn es auch verrückt aussieht, so ist es doch durchaus gediegen.»

Auch Schrödinger wurde durch Einstein auf die Wichtigkeit der de Broglieschen Ideen «die Nase gestoßen», wie er dankbar dem berühmten Kollegen schrieb.[7] Anfang November 1925 fing er an, sich mit der Dissertation de Broglies zu beschäftigen. Schrödingers ursprüngliches Ziel «Zurück zur Wellentheorie des Lichtes» bedeutete nun, da er sich mit dem Elektron im Wasserstoffatom beschäftigte, ein «Vorwärts zur Wellentheorie der Materie».

Im Jahr 1913 hatte Niels Bohr seine Quantenbedingungen für die stabilen Bahnen nur postulieren, nicht begründen können. Bei de Broglie schimmerte aus der Wellenvorstellung zum erstenmal wenigstens ein vages Verständnis: Die Welle läuft auf einer Kreisbahn um das Atom. Physikalisch ausgezeichnet sind die Fälle, bei denen die Länge der Bahn gerade ein ganzzahliges Vielfaches der Wellenlänge ist. Mathematisch ergibt das genau die Bohrsche Quantenbedingung für die Elektronenbahnen.

Hier setzte Schrödinger an. Das Atom stellte er sich vor als ein «schwingendes System», wie die Saite eines Musikinstrumentes etwa, für die abzählbar viele Schwingungsformen existieren, die Grund- und Obertöne. Diese Schwingungsformen sind das, was Bohr die stabilen Energiezustände genannt hatte.

«Es ist alles nur Gerede», hatte Schrödinger einige Monate zuvor in einem Brief an Sommerfeld geklagt: «Man müßte es eben machen.» Jetzt war es soweit. Schrödinger war der Wellenmechanik auf der Spur. Die Intensität, mit der Schrödinger arbeitete, erreichte den Höhepunkt während der Weihnachtsferien in Arosa. Am 27. Dezember 1925 schrieb er an Wilhelm Wien:

> Im Augenblick plagt mich eine neue Atomtheorie. Wenn ich nur mehr Mathematik könnte! Ich bin bei dieser Sache sehr optimistisch und hoffe, wenn ich es nur rechnerisch bewältigen kann, so wird es sehr schön. Ich glaube, ich kann ein schwingendes System angeben – und zwar auf verhältnismäßig natürlichem Wege, nicht durch ad-hoc-Annahmen...[8]

Die erste «Schrödinger-Gleichung» war jedoch eine herbe Enttäuschung. Zwar kamen die Spektrallinien des Wasserstoffes einigermaßen richtig heraus, aber ein «einigermaßen» konnte nicht genügen. 1913 wäre man damit vielleicht zufrieden gewesen, nicht mehr 1926.

Heute wissen wir, daß der Mißerfolg nicht im Gedankengang die Ursache hatte, sondern in der Verwendung der Relativitätstheorie. Die Gleichung, die Schrödinger abgeleitet hatte, ist nicht falsch, gilt aber nicht für Elektronen, sondern für Sorten von Teilchen, die man damals noch nicht kannte.

Schon kurze Zeit später griff Schrödinger seine Methode wieder auf. Nun ließ er die Relativitätstheorie beiseite und besaß damit, wie sich bald zeigte, eine Theorie, die in der zugrunde gelegten Näherung das Verhalten des Elektrons richtig darstellte.

Nach den physikalischen Schwierigkeiten mußte er sich freilich erst noch durch gehörige mathematische Probleme hindurchquälen. Am 26. Januar 1926 aber war es soweit. An diesem Tag übersandte er seine Abhandlung «Quantisierung als Eigenwertproblem» zum Abdruck an Wilhelm Wien, den Herausgeber der *Annalen der Physik*. Die hier mitgeteilte «Schrödingersche Wellengleichung» besitzt Lösungen nur für bestimmte Werte eines «Parameters» E. Physikalisch bedeutet dieses E die Energie des Atoms. Es sind also nur bestimmte Energien möglich und damit die stationären Zustände des Atoms sozusagen von selbst ausgezeichnet. Das erschien Schrödinger mit Recht als der «springende Punkt». War doch in der ursprünglichen Bohrschen Theorie dafür ein eigenes «Postulat» nötig gewesen, über dessen Zustandekommen nichts gesagt werden konnte.

Im Februar 1926, *nach* seiner ersten Mitteilung über «Quantisierung als Eigenwertproblem», stieß Schrödinger dann auf die fast einhundert Jahre alten Arbeiten des irischen Mathematikers William Rowan Hamilton. Schrödinger entdeckte, daß alles, was er noch zur Vollendung seiner Theorie brauchte, hier fertig formuliert vorlag.

Schon Hamilton hatte gewußt, daß die geometrische Optik nur einen (für unendlich kleine Wellenlängen gültigen) Spezialfall der Wellenoptik darstellt, und er hatte gezeigt, wie man den Übergang vollziehen kann. Hamilton hatte aber auch schon die Analogie, die mathematische Parallele, zwischen der Mechanik und der geometrischen Optik herausgearbeitet.

Die Hamiltonsche Theorie war nicht, wie Historiker bisher immer gemeint hatten, der Zugang zur Wellenmechanik. Die alten Arbeiten waren vielmehr eine «Überraschung» für Schrödinger, als er seine Theorie schon in den Grundlagen fertig hatte. «Das war eine ungeheure Bestätigung der Gesundheit seiner Gedanken», berichtete sein damaliger Assistent.[9]

Da die geometrische Optik «für das Licht nur eine grobe Näherung ist», sah nun Schrödinger, daß die bisherige klassische Mechanik ebenfalls nur eine «grobe Näherung» der wirklichen Mikromechanik darstellt. Die klassische Mechanik versagt «bei sehr kleinen Bahndimensionen und sehr starken Bahnkrümmungen».

Vielleicht ist dieses Versagen eine volle Analogie zum Versagen der geometrischen Optik, d.h. der «Optik mit unendlich kleiner Wellenlänge», das bekanntlich eintritt, sobald die «Hindernisse» oder «Öffnungen» nicht mehr groß sind gegen die wirkliche, endliche Wellenlänge. Vielleicht ist unsere klassische Mechanik das volle Analogon der geometrischen Optik und als solches falsch, nicht in Übereinstimmung mit der Wirklichkeit, sie versagt, sobald die Krümmungsradien und Dimensionen der Bahn nicht mehr groß sind gegen eine gewisse Wellenlänge, der im q-Raum reale Bedeutung zukommt. Dann gilt es, eine «undulatorische Mechanik» zu suchen – und der nächstliegende Weg dazu ist wohl die wellentheoretische Ausgestaltung des Hamiltonschen Bildes.[10]

Da aber Schrödinger die Grundgleichungen der «undulatorischen Mechanik» schon besaß, lag das Verhältnis der Theorien nun klar vor seinen Augen:

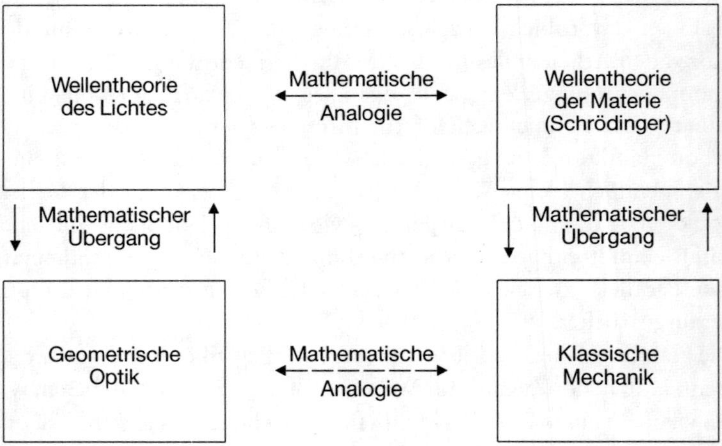

Geometrische Optik und klassische Mechanik haben nach W. R. Hamilton eine analoge mathematische Struktur. Für die Optik (linke Seite) gibt es neben der geometrischen Theorie eine umfassendere (mehr Phänomene beschreibende), aber auch kompliziertere Wellentheorie des Lichtes. Schrödinger gelangte durch entsprechende «Verfeinerung» der klassischen Mechanik zur Wellentheorie der Materie (rechte Seite).
Sie steht zur Wellentheorie des Lichtes im gleichen Verhältnis der mathematischen Analogie wie die klassische Mechanik zur geometrischen Optik.

Schrödinger konnte nun auch zu anderen atomaren Systemen übergehen, etwa ein äußeres elektrisches Feld mitberücksichtigen. Durch die Abbildung zwischen Wellenmechanik und klassischer Partikelmechanik ist klar, wie die jeweilige Gleichung auch in der neuen Mikromechanik anzusetzen ist.
Die grundsätzlichen Schwierigkeiten schienen alle überwunden. Auch dort, wo seine Theorie noch keine Lösung geben konnte, etwa beim

relativistischen Keplerproblem oder beim anomalen Zeeman-Effekt, war Schrödinger überzeugt, daß sich die rechte Antwort schon noch einstellen werde.

Die Zeit vergeht mir im Fluge. Jeder zweite oder dritte Tag bringt wieder eine kleine Neuigkeit – es arbeitet, nicht ich, und dieses Es ist die herrliche klassische Mathematik und die Hilbert-Mathematik, das wundervolle Gebäude der Eigenwerttheorie. Die breiten alles so klar vor einem aus, daß man es nur zu nehmen braucht ohne Mühe und ohne Sorge… Ich bin so froh, der schrecklichen Mechanik entronnen zu sein mit ihren Wirkungs- und Winkelvariablen und Störungstheorie, die ich nie recht verstanden habe. Jetzt ist alles linear geworden, alles superponierbar, man rechnet so leicht und angenehm wie in der alten Akustik.[11]

Die Kopenhagener Deutung

In welchem Verhältnis steht die Göttinger Quantentheorie zur Wellenmechanik? Das war die damals vielgestellte Frage. «Ich bin mit Geheimrat Sommerfeld von einer innerlich nahen Beziehung überzeugt», antwortete Schrödinger am 22. Februar 1926: «Sie muß aber ziemlich tief liegen, denn Weyl, der die Heisenbergsche Theorie sehr gründlich studiert und selbst weiterentwickelt hat... sagt, er weiß das Verbindungsglied nicht zu finden.»[1] Trotz seiner Abneigung gegen die Matrizenmechanik glaubte Schrödinger also an einen Zusammenhang. Schon Anfang März, viel früher, als er selbst für möglich hielt, konnte er das Verhältnis der beiden Theorien klären im Sinne einer «Identität» vom «formal mathematischen Standpunkt»:

Bei der außerordentlichen Verschiedenheit... ist es recht seltsam, daß diese beiden neuen Quantentheorien miteinander auch dort übereinstimmen, wo sie von der alten Quantentheorie abweichen. Ich nenne vor allem die eigentümliche «Halbzahligkeit» beim Oszillator und beim Rotator. Das ist wirklich sehr merkwürdig, denn Ausgangspunkt, Vorstellungen, Methode, der ganze mathematische Apparat scheinen in der Tat grundverschieden.[2]

Statt zwei verschiedener Theorien besaß man nur eine einzige; also handelte es sich offenbar um *die* neue Atomphysik, nach der man so lange gesucht hatte.[3] Dabei stand als mathematisches Werkzeug entweder die Matrizenrechnung oder die Schrödingersche Methode (Aufstellung und Lösung einer partiellen Differentialgleichung) zur Verfügung. Die Behandlung der Schrödingerschen Wellengleichung erwies sich als einfacher; zudem waren die Differentialgleichungen den Physikern vertrauter als die neuartigen Matrizen, so daß sich die Schrödingersche Methode – was die mathematische Behandlung betraf – größerer Beliebtheit erfreute.

Die Kluft zwischen den Göttinger und Kopenhagener Physikern auf der einen Seite und Schrödinger auf der anderen hat aber der Äquivalenzbeweis nicht verringert, im Gegenteil: Die Kluft bestand schärfer denn je in der physikalisch-erkenntnistheoretischen Interpretation.
Schrödinger faßte das Atom als ein schwingendes System auf. Seine Wellenfunktion ψ (Psi) war ihm (in seiner ersten Mitteilung) etwas unmittelbar Reales, eine Schwingung im dreidimensionalen Raum. Er verhehlte nicht seine Freude über «das menschliche Näherrücken all dieser Dinge»[4]; die Göttinger Theorie mußte ihm also offenbar als «unmenschlich» gelten.
Seine wissenschaftlichen Opponenten drückten sich nicht minder deutlich aus: «Je mehr ich über den physikalischen Teil der Schrödingerschen Theorie nachdenke, desto abscheulicher finde ich ihn. Was Schrödinger über Anschaulichkeit seiner Theorie schreibt... ich finde es Mist.»[5] So äußerte sich Heisenberg. Pauli nannte die Schrödingersche Interpretation kurzerhand «Züricher Lokalaberglauben».
Ganz anders urteilten die Altmeister. So war Wilhelm Wien der Meinung, daß Schrödinger das Problem des Atoms gelöst habe, «und zwar in erfreulicher Weise in engstem Anschluß an die klassische Theorie»[6]. Gerade daß der Schöpfer selbst seine Wellenmechanik im Scheingewand der klassischen Physik präsentierte, begeisterte Wilhelm Wien. «Ich bin der Meinung», schrieb er an Schrödinger, «daß Sie den bedeutendsten Schritt für die Klärung der Quantentheorie getan haben.»[7] Wilhelm Wien war «der bisherige Zustand der Theorie unerträglich geworden», und er hoffte nun, daß das Sommerfeldsche Atommodell wie die neue Göttinger Physik, die er beide für Entartungen hielt, bald verschwinden würden. «Wenn viele vielleicht etwas enttäuscht sind, daß sie nicht mehr in den Sumpf von ganzen und halben Quantendiskontinuitäten herumplätschern können», meinte er (und dachte dabei besonders an Sommerfeld und Heisenberg), «so werden sie sich bald wieder an strengeres physikalisches Denken gewöhnen.»[8]
Bei der so kritischen Beurteilung durch Heisenberg und Pauli und andere junge Atomphysiker war Schrödinger glücklich über den Rückhalt, den er bei Wilhelm Wien (aber auch bei Planck und Einstein) fand. «Sehr herzlichen Dank für Ihre starke Stellungnahme zugunsten

der klassischen Physik», schrieb er am 18. Juni 1926 an Wilhelm Wien:

Man fühlt sich wieder einmal voll bestärkt in der Überzeugung, daß wir hier [im Atom] höchst realen Vorgängen in Raum und Zeit gegenüberstehen und daß alles Philosophieren über «prinzipielle Unbeobachtbarkeit» doch nur unsere Unfähigkeit verschleiert, die richtigen Bilder zu erraten... Es wäre so schön, wenn man wieder klar und einfach denken dürfte anstatt mit Verboten und Geboten, Regeln und korrespondenzmäßigen Analogien.[9]

Als Max Born – anknüpfend wieder an die alte Theorie von Bohr, Kramers und Slater – das Quadrat der Wellenfunktion ψ als Wahrscheinlichkeit interpretierte, hielt Schrödinger das für eine arge Fehldeutung. Wie ist das zu verstehen? Schrödinger hatte selbst wenige Jahre zuvor eine sehr radikale statistische Interpretation erwogen. 1922 hatte er angenommen, daß das Gesetz von der Erhaltung der Energie im Mikrokosmos Atom nicht gilt und im Makrokosmos erst durch Mittelwertbildung über sehr viele Einzelprozesse zustande kommt.
Das starke gefühlsmäßige Engagement für seine neue Theorie legte Schrödinger darauf fest, die Materie als ein «wirkliches» Wellenphänomen aufzufassen. Auch die persönliche Seite spielte sicher eine ganz wichtige Rolle: Scheinbar zählen in der Physik nur die rationalen Argumente. Aber auch die Physik wird von Menschen gemacht (wie Heisenberg zu sagen pflegte).
Im Akademischen Gymnasium und an der Universität in Wien war Schrödinger von den Mitschülern und Kommilitonen als der geistig Überlegene bewundert worden; ohne Kraftanstrengung hatte er, spielend gleichsam, immer den ersten Platz eingenommen. In der Physik wurden nun die ersten Plätze von wesentlich Jüngeren besetzt. Als Schrödinger Wilhelm Wien in München seine 4. Mitteilung «Quantisierung als Eigenwertproblem» ankündigte, schrieb er:

Ich bitte diesmal nicht, wie früher, um Übergabe des Manuskriptes an das theoretische Institut vor dem Druck. Herrn Geheimrat Sommerfeld sehe ich morgen oder übermorgen hier und habe eine Kopie für ihn... Und bei den jüngeren Herren drüben – ich bin ihnen durchaus wohlgesinnt und will durchaus nichts Böses über sie sagen – aber sie scheinen mir manchmal ein bißchen rasch mit dem Wort oder Feder bei der Hand und können dann nicht bremsen.[10]

Die Kritik von den jüngeren Quantentheoretikern auf der einen Seite und das Lob der Altmeister auf der anderen haben sein Urteil in der Frage der Interpretation beeinflußt. Vielleicht ist ihm das selbst gar nicht bewußt geworden:

Ich kann Ihnen nicht ausdrücken, wie außerordentlich es mich beglückt, daß gerade Männer wie Sie und Geheimrat Planck die guten Hoffnungen teilen, die ich in den eingeschlagenen Weg setze. Es scheint ja, daß zur Zeit nicht auf allen Seiten die Überzeugung besteht, daß eine Abkehr von den grundsätzlichen Diskontinuitäten unbedingt zu begrüßen ist, wenn es damit geht. Ich aber habe immer mit Inbrunst gehofft, daß das möglich sein wird, und würde mit beiden Händen zugegriffen haben – wie ich bei Bohr-Kramers-Slater mit beiden Händen zugriff –, auch wenn der Zufall nicht gerade mir selbst den ersten (mit Rücksicht auf de Broglie muß ich richtiger sagen: den zweiten) Zipfel in die Hände gespielt hätte.[11]

Im akademischen Jahr 1925/26 amtierte Wilhelm Wien als Rektor der Ludwig-Maximilians-Universität, und in doppelter Autorität als Magnifizenz und Nobelpreisträger hat er Erwin Schrödinger für Anfang Juli 1926 zu zwei Vorträgen nach München eingeladen.
In Kopenhagen war inzwischen das Semester längst zu Ende gegangen. Heisenberg hatte noch im Juni mit dem neuen Werkzeug der Wellenmechanik das Spektrum des Heliums bestimmt. Da gab es keine prinzipiellen Schwierigkeiten, nur der Rechenaufwand war erheblich. «Warum soll man nicht auch einmal Dampfwalze fahren?»
Mit dem Manuskript im Rucksack machte Heisenberg ganz allein eine herrliche Wanderung in Norwegen, vom Gulbrandsdal über mehrere Bergketten hinweg zum Sognefjord[12]. 23 Stunden stand die Sonne am Himmel.
Über Kopenhagen fuhr Heisenberg dann nach München zu den Eltern. Hier hatte er Gelegenheit, Schrödingers Vortrag zu hören.

Ich erinnere mich deutlich daran, wie wir an den heißen Julitagen im kleinen Kolloquiumsraum des Sommerfeldschen Institutes saßen und zum ersten Male Schrödinger über seine wunderbaren Entdeckungen vortragen hörten. Die Experimental-Physiker und Theoretiker waren trotz des herrlichen Wetters vollzählig versammelt und lauschten mit der gespanntesten Aufmerksamkeit dem Vortrag, der ein neues Bild der Atom-Physik vor unseren Augen enthüllte. Als Schrödinger über die aus den Eigenschwingungen zusammengesetzten Ladungsverteilungen vorgetragen hatte, die nun als die Quelle der Strahlung gelten konnten, erhob sich spontan Wien und sprach voll Begeisterung darüber, daß nun offenbar die These der Quantensprünge durch etwas Vernünftiges ersetzt worden sei.[13]

In der Diskussion hat auch Sommerfeld die Bedeutung der Schrödingerschen Theorie betont. Was noch vor wenigen Jahren als unvorstellbar gegolten habe, sei nun bestätigt: die Wellennatur der Materie. Das sei «unter allen erstaunlichen Entdeckungen des 20. Jahrhunderts die erstaunlichste». So hat Sommerfeld dann auch später in seinem Lehrbuch geschrieben: «Die Doppelnatur des Lichtes als Lichtwelle und Lichtquant überträgt sich auf das Elektron und weiter auf alle Materie; neben ihre korpuskulare Natur stellt sich, theoretisch und experimentell als gleichberechtigt, ihre Wellennatur.»[14]
Mit Kritik an der Schrödingerschen Interpretation aber hat sich Sommerfeld zurückgehalten. «Deshalb habe ich angefangen», berichtete Heisenberg, «mit Schrödinger zu diskutieren. Ich sagte: ‹Das kann nicht stimmen, denn wenn Sie diese Annahmen machen, dann können Sie nicht einmal das Plancksche Gesetz erklären.›»[15]
Da wurde Wilhelm Wien zornig. Heisenberg fürchtete im Augenblick das Schlimmste.

Er warf mich beinahe aus dem Hörsaal. Er sagte: «Junger Mann, Sie müssen erst noch Physik lernen» ... Er war ganz außer sich. Und dann sagte er: «Es mag noch einige Probleme hinsichtlich des Planckschen Strahlungsgesetzes geben; zweifellos wird Herr Schrödinger diese Probleme lösen; wir brauchen uns darüber keine Sorgen zu machen.»[16]

«Heisenberg gehört zu den jungen Physikern, die ausschließlich auf die Theorie eingestellt sind und von den Experimenten nicht die leiseste Ahnung haben»[17], meinte Wilhelm Wien. Als ein echter Klassiker vertrat er noch die Physik in ihrer ganzen Breite. Nun aber hatte eine neue Entwicklung eingesetzt, in der die erkenntnistheoretischen Grundlagen zur Diskussion gestellt waren. Dabei kam es weniger auf die Beherrschung des ganzen Stoffes an als auf die Fähigkeit des philosophischen und mathematischen Denkens.
An der Universität München schlug der Zwischenfall einige Wellen. Vermutlich hat Wilhelm Wien selbst seinem Kollegen von der Byzantinistik berichtet. August Heisenberg war über die Erfolge seines Sohnes

in Göttingen und Kopenhagen herzlich froh gewesen; nun weckte Wien neue Zweifel: «Wir Eltern können es nicht so schnell vergessen wie er selbst, daß er noch nicht sehr lange die Kinderjahre überwunden hat, und wir verfolgen seinen Weg vielleicht mit mehr Sorge, als nötig wäre.»[18]

Da freuten den Vater Briefe wie der von Bohr, der ihm über seinen Sohn schrieb: «Ich brauche Ihnen nicht zu sagen, wie hoch ich seine wissenschaftlichen Gaben und Leistungen schätze. Trotz seiner Jugend ist es ihm ja gelungen, Hoffnungen zu verwirklichen, von denen man früher kaum [zu] träumen wagte. Für einen Wissenschaftler gibt es wohl kein größeres Glück, als dem Blühen solcher Gaben beizuwohnen und nach Vermögen zu unterstützen. Überdies macht die frische und harmonische Persönlichkeit Ihres Sohnes eine tägliche Freude, mit ihm zusammenzusein und auf [ein] gemeinsames Ziel zu arbeiten.»[19]

Gefreut hat August Heisenberg auch eine zufällig zustande gekommene Begegnung mit Geheimrat Arnold Sommerfeld in den Gängen der Ludwig-Maximilians-Universität. Sommerfeld, der einen ausländischen Gast bei sich hatte, stellte diesem den Fachvertreter der Byzantinistik mit den Worten vor: «Professor Heisenberg – der Vater von dem Sohne.»[20]

Trotz der Kritik Wilhelm Wiens und der Zweifel des Vaters war Werner Heisenberg ganz sicher, auf dem richtigen Weg zu sein. Er sei «von der Unrichtigkeit der von Schrödinger vertretenen physikalischen Interpretation der Quantenmechanik felsenfest überzeugt. Daß Schrödingers Mathematik einen großen Fortschritt bedeutet, ist aber klar»[21], schrieb er an Pascual Jordan. Und in einem Brief an Wolfgang Pauli heißt es:

> So nett Schrödinger persönlich ist, so merkwürdig find' ich seine Physik, man kommt sich, wenn man sie hört, um 26 Jahre jünger vor. Schrödinger wirft ja alles «Quantentheoretische»: nämlich lichtelektrischen Effekt, Francksche Stöße, Stern-Gerlach-Effekt usw. über Bord; dann ist es nicht schwer, eine Theorie zu machen.[22]

Auf Einladung Bohrs kam Schrödinger auch nach Kopenhagen. Am 4. Oktober 1926 sprach er im «Physikalischen Verein» über seine Wellenmechanik. Wichtiger als der öffentliche Vortrag war die persönliche Aussprache, an der auch Heisenberg und andere jüngere Mitglieder des Institutes teilnahmen.

Die Diskussionen zwischen Bohr und Schrödinger begannen schon auf dem Bahnhof in Kopenhagen und wurden jeden Tag vom frühen Morgen bis spät in die Nacht hinein fortgesetzt. Schrödinger wohnte bei Bohrs im Hause, so daß es schon aus äußeren Gründen kaum eine Unterbrechung der Gespräche geben konnte. Und obwohl Bohr sonst im Umgang mit Menschen besonders rücksichtsvoll und liebenswürdig war, kam er mir hier beinahe wie ein unerbittlicher Fanatiker vor, der nicht bereit war, seinem Gesprächspartner auch nur einen Schritt entgegenzukommen oder auch nur die geringste Unklarheit zuzulassen... So ging die Diskussion über viele Stunden des Tages und der Nacht, ohne daß es zu einer Einigung gekommen wäre. Nach einigen Tagen wurde Schrödinger krank, vielleicht als Folge der enormen Anstrengung; er mußte mit einer fiebrigen Erkältung das Bett hüten. Frau Bohr pflegte ihn und brachte Tee und Kuchen, aber Niels Bohr saß auf der Bettkante und sprach auf Schrödinger ein: «Aber Sie müssen doch einsehen, daß...» Zu einer echten Verständigung konnte es damals nicht kommen, weil ja keine der beiden Seiten eine vollständige, in sich geschlossene Deutung der Quantenmechanik anzubieten hatte. Aber wir Kopenhagener fühlten uns gegen Ende des Besuchs doch sehr sicher, daß wir auf dem richtigen Wege wären. Wir erkannten allerdings gleichzeitig, wie schwierig es sein würde, auch die besten Physiker davon zu überzeugen, daß man hier auf eine raum-zeitliche Beschreibung der Atomvorgänge wirklich verzichten müsse.[23]

Wieder zu Hause, berichtete Schrödinger an Wilhelm Wien über die Diskussionen. Weil er fand, daß Wien die besonderen Qualitäten Heisenbergs verkannte, hob er besonders dessen Rolle hervor: «Trotz aller theoretischen Streitpunkte war aber das Verhältnis zu Bohr und besonders auch zu Heisenberg, die rührend lieb, nett, fürsorglich und aufmerksam gegen mich waren, ein völlig ungetrübt freundschaftliches und herzliches»[24]:

Bohrs... Einstellung zu den Atomproblemen... ist wirklich sehr merkwürdig. Er ist vollkommen überzeugt, daß ein Verständnis im gewöhnlichen Sinne des Wortes unmöglich ist. Dabei treibt das Gespräch fast immer sofort philosophischen Fragen zu, und man weiß bald nicht mehr, ob man den Standpunkt wirklich einnimmt, den er bekämpft, und ob man wirklich den Standpunkt, den er einnimmt, bekämpfen muß. Ganz sicher ist der Standpunkt der anschaulichen Bilder, den de Broglie und ich einnehmen, noch längst nicht weit genug durchgeführt, um auch nur von den wichtigsten Tatsachen Rechenschaft zu geben. Und es ist geradezu wahrscheinlich, daß von uns da und dort ein Irrweg betreten worden ist, der verlassen werden muß.[25]

Trotz dieses Eingeständnisses vermochte Schrödinger sich nicht zu einer Revision durchzuringen. Die weitere Entwicklung, wie sie sich vor allem in Kopenhagen abspielte, hat er mit tiefer Resignation verfolgt.

Für Niels Bohr und seinen Kopenhagener Kreis war die von Schrödinger vertretene halb-klassische Interpretation eine Herausforderung. Über Monate gab es nun Diskussionen zwischen Bohr und Heisenberg über die Frage, wie das in der Matrizen- und Wellenmechanik gefundene und offenbar richtige Rechenschema erkenntnistheoretisch zu interpretieren war. Es ging darum, wie es Pauli gefordert hatte, hinter der formalen mathematischen Struktur den «physikalischen Kern bloßzulegen».

Die Gespräche zwischen Bohr und Heisenberg begannen oft erst spät am Abend in Heisenbergs Dachwohnung im Institut und dauerten dann meistens bis nach Mitternacht. In ihrem Für und Wider wurden alle bisherigen Vorschläge – von Schrödinger, von Einstein, von Born – geprüft. Oft endete die Diskussion in Verzweiflung über die Unverständlichkeit der Quantentheorie in Bohrs Wohnung bei einem Glas Portwein.[26] Heisenberg ging dann anschließend allein durch den nahen Park und stellte sich verzweifelt die Frage: «Ist es möglich, daß die Natur so verrückt ist?»

Wochen- und monatelang waren Heisenberg und Bohr in einem Zustand der äußersten intellektuellen Anspannung. Hier rangen zwei ebenbürtige Geister miteinander und gegeneinander um ein wirkliches Verständnis der neuen Theorie. «Bohr versuchte, den Dualismus zwischen Wellenbild und Korpuskularbild zum Ausgangspunkt der physikalischen Interpretation zu machen, während ich mich bemühte, ohne Anleihe bei der Wellenmechanik den Weg zu Ende zu gehen, der durch die Quantenmechanik und die Diracsche Transformationstheorie vorgezeichnet schien.»[27]

Bohr war ein starker Diskutierer; Heisenberg jedoch, nicht minder zäh als Bohr, hielt in unerbittlicher Sachlichkeit allen Einwänden stand. Als beispielhaft hatte Heisenberg schon früher Bohrs Stil im geistigen

Dirac und Heisenberg, die beiden jugendlichen Genies, in Kopenhagen. Der dreiundzwanzigjährige Dirac griff die Grundideen des acht Monate älteren Heisenberg über die neue Atomtheorie auf und gestaltete sie zu einer geschlossenen mathematischen Theorie aus. 1933 trafen sich beide wieder zur Entgegennahme des Nobelpreises.

Kampf gekennzeichnet. «Wenn wissenschaftliche Meinungsverschiedenheiten immer so ausgetragen würden, dann wäre die Physik noch wesentlich schöner!»[28] Aber nun führten die andauernden Streitgespräche doch zu einer gewissen Gereiztheit der beiden Freunde und Kontrahenten.

Heisenberg hat die (von Jordan und Dirac weiterentwickelte) Quantenmechanik für besser gehalten als die Schrödingersche Wellenmechanik, weil sie, wie er meinte, anschaulicher und allgemeiner sei und die Diskontinuitäten etwas leichter zu formulieren gestatte:

So bin ich in einen Kampf für die Matrizen und gegen die Wellen gekommen; im Eifer dieses Kampfes hab' ich Bohrs Einwände gegen meine Arbeit oft zu scharf kritisiert, und ohne es zu wissen und zu wollen, ihn persönlich dadurch verletzt.[29]

Wolfgang Pauli und Paul Ehrenfest auf «physikalischer Wallfahrt» auf der Fähre von Warnemünde nach Gedser, auf dem Weg zu Bohr. «Die Theologen haben das Glockenläuten», schrieb Bert Brecht, «die Physiker ihr Lachen.»

Mitte Februar 1927 fuhr Bohr dann («wahrscheinlich aus Ärger über meinen dauernden Widerstand») nach Norwegen zum Skifahren:

Entgegen seinen sonstigen Gewohnheiten nahm er mich nicht mit, sondern wollte allein sein. In der Zeit haben wir dann beide Arbeiten geschrieben, von denen wir hinterher einsahen, daß es ziemlich doch dasselbe war... Wir haben uns in der Diskussion gegenseitig gestört gehabt. Das ist dann so, daß die sehr klugen Einwände des anderen es eher schwerer machen, auf was zu kommen.[30]

Bei Bohr fügten sich nun die Gedanken zum «Komplementaritätsprinzip»: Wenn man sich ein Elektron als ein Teilchen vorstellt, so erfaßt man damit einen Aspekt der Wirklichkeit (aber nicht die gesamte Wirklichkeit). Ebenso ist es, wenn man vom Wellenbild ausgeht.
Zur gleichen Zeit verfaßte Heisenberg sein Manuskript «Über den anschaulichen Inhalt der quantentheoretischen Kinematik und Mechanik». Hier findet sich die berühmte Heisenbergsche «Unschärferelation».
Bohrs Komplementaritätsprinzip und Heisenbergs Unschärferelation

bildeten hinfort die beiden Säulen der «Kopenhagener Deutung der Quantentheorie». Die von Max Planck mit seinem ersten Quantenansatz von 1900 eingeleitete Entwicklung kam damit zum erfolgreichen Abschluß.

In einem Brief vom 23. Februar 1927 an Pauli legte Heisenberg auf vierzehn Seiten seinen Entwurf vor: «Ich wollte vor der Rückkehr von Bohr Paulis Meinung kennenlernen, denn ich meinte, daß Bohr über meine Interpretation ungehalten sein würde. So suchte ich Unterstützung.» Pauli reagierte enthusiastisch. Seine Antwort lautete «Morgenröte der Neuzeit. Es wird Tag in der Quantentheorie.»[31]

Nach der Heisenbergschen Unschärferelation ist es zwar möglich, den Ort eines Teilchens q mit beliebiger Genauigkeit zu messen, aber dann kann man nichts mehr über den Impuls p aussagen und umgekehrt. In einem Brief an Heisenberg hat Pauli den Sachverhalt mit den seither oft zitierten Worten ausgedrückt: «Man kann die Welt mit dem p-Auge und man kann sie mit dem q-Auge ansehen, aber wenn man beide Augen zugleich aufmachen will, dann wird man irre.»[32] Beschränkt man sich darauf, den Ort eines Teilchens nur mit einer gewissen Annäherung, mit einer sogenannten «Unschärfe» zu bestimmen, so gibt es eine korrespondierende Unschärfe der Geschwindigkeit, und das Produkt beider Unschärfen ist durch das Plancksche Wirkungsquantum bestimmt.

Als Mitte März die Gespräche zwischen Bohr und Heisenberg wieder begannen, hatten beide einen sicheren Standpunkt gewonnen, und es kam nun schnell zu einer Verständigung. «Wenn ich jetzt über diese Diskussionen damals nachdenke», schrieb Heisenberg am 31. Mai 1927, «kann ich sehr gut verstehen, daß Bohr darüber ungehalten war... Gott sei Dank verstehen wir uns jetzt alle wieder besser.»[33]

«Damals», erzählte Carl Friedrich von Weizsäcker, «strahlte aus ihm der unglaubliche Glanz soeben geschehener großer Entdeckungen»:

Meine Eltern zogen im März 1927 nach Berlin, und im April erzählte mir Heisenberg in Berlin, auf dem Weg von Kopenhagen nach München, im Taxi zwischen dem Stettiner und dem Anhalter Bahnhof, die noch nicht veröffentlichte Unbestimmtheitsrelation. «Ich glaub, ich hab das Kausalgesetz widerlegt», sagte er dazu.

Mit ihrer neuen Philosophie traten die Kopenhagener zum erstenmal an die Öffentlichkeit bei der internationalen Physikertagung in Como. «Die Kopenhagener», das waren, wie der Kongreßbericht auswies, Niels Bohr und Werner Heisenberg. Zum Gedenken an den hundertsten Todestag von Alessandro Volta versammelten sich sechzig Gelehrte, um eine Woche lang die aktuellen Probleme der Physik zu diskutieren. Nach dem gastgebenden Italien kam die stärkste Gruppe aus Deutschland.

Nach dem Ende des Ersten Weltkrieges spielten die nationalen Empfindlichkeiten in der *scientific community* noch lange eine Rolle. Auch jetzt befürchtete man auf der deutschen Seite Vorwürfe in den Festreden und Grußadressen. Max Planck, der Senior unter den deutschen Gelehrten, konnte sich aber bald beruhigen: Die Volta-Woche vom 11. bis 20. September 1927 verlief «politisch gänzlich harmlos».

Alles andere als harmlos – philosophisch betrachtet – war Bohrs großer Vortrag «Das Quantenpostulat und die neuere Entwicklung der Atomistik». Trotzdem erhob sich kein Widerspruch. Die Gedanken waren noch zu neu und ungewohnt, um in ihrer Tragweite von den unvorbereiteten Zuhörern erfaßt werden zu können. So gab es keine Opponenten, nur Sekundanten.

Zuerst möchte ich betonen [so nahm in der Diskussion Max Born das Wort], daß die Quantentheorie heute ein einheitliches Denkgebäude darstellt, in dem die ursprünglichen Formalismen vereinigt sind, die auf Heisenbergs Ideen aufgebaute Matrizentheorie und die von de Broglie und Schrödinger entwickelte Schwingungstheorie. Sodann scheint es mir wichtig, hervorzuheben, daß die neue Quantentheorie den Determinismus, der die ganze Naturforschung bisher beherrscht hat, aufgibt. Aber die Aufgabe der Kausalität im strengsten Sinne ist nur ein scheinbarer Verzicht. Denn die mechanistische Naturauffassung, wie sie bisher in Geltung war, mußte zur Vorausberechnung zukünftiger Ereignisse die Annahme machen, daß der Zustand der Welt in einem Augenblick vollständig in allen Einzelheiten bekannt sei. Aber diese Annahme ist eine Illusion. Die eigentliche Erkenntnis der Quantentheorie besteht darin, daß die Naturgesetze selbst die vollständige Fixierung des Zustandes eines abgeschlossenen Systems verbieten. Je genauer eine Koordinate gemessen wird, um so ungenauer ist der zugehörige Impuls bestimmt. Das liegt an der Wellennatur der Materie und wird in der... Ungenauigkeitsrelation von Heisenberg formuliert.[34]

Einen Monat nach der Volta-Tagung fand in Brüssel die Solvay-Konferenz statt. 1911 war auf Einladung des belgischen Großindustriellen Ernest Solvay ein kleiner Kreis der international führenden Physiker zum erstenmal zu einer Art «Krisenkonferenz» zusammengekommen.

Es ist nämlich die Grundvoraussetzung für einen Zusammentritt der Conferenz [schrieb damals Max Planck], daß der durch die Strahlungsgesetze, durch die spezifische Wärme usw. geschaffene Zustand der Theorie ein lückenhafter, für jeden wahren Theoretiker unverträglicher ist, und daß daher die Not gebietet, sich zusammenzutun und gemeinsam auf Abhilfe zu sinnen.[35]

Inzwischen waren die Tagungen zu einer regelmäßigen Einrichtung geworden. Zur fünften Konferenz 1927 hatten auch Heisenberg und Pauli eine Einladung erhalten – sie zählten nun zu den Koryphäen. Im kleinen Kreis konnten in Brüssel die grundlegenden Probleme wirklich ausdiskutiert werden, wie Heisenberg berichtete:

Hier waren Planck, Einstein, Lorentz, Bohr, de Broglie, Born, Schrödinger und – von der jüngeren Generation – Kramers, Pauli, Dirac versammelt, und die Diskussion spitzte sich bald zu einem Duell zwischen Einstein und Bohr zu über die Frage, ob die Quantentheorie in der nun gewonnenen Form schon als eine endgültige Lösung der über mehrere Jahrzehnte erörterten Schwierigkeiten angesehen werden könne. Wir trafen uns meist schon am Frühstückstisch im Hotel, und Einstein begann ein Gedankenexperiment zu beschreiben, bei dem, wie er glaubte, die inneren Widersprüche der Kopenhagener Deutung sichtbar würden. Einstein, Bohr und ich gingen dann gemeinsam vom Hotel zum Konferenzgebäude, und ich hörte die lebhaften Diskussionen zwischen den beiden, in ihrer philosophischen Haltung so verschiedenen Menschen und warf gelegentlich eine Bemerkung über die Struktur des mathematischen Formalismus dazwischen. Während der Sitzung und noch mehr während der Pausen gingen auch wir Jüngeren, insbesondere Pauli und ich, daran, das Einsteinsche Experiment zu analysieren; und während der Mittagszeit gab es weitere Diskussionen zwischen Bohr und den anderen Kopenhagenern. Meist hatte Bohr am späten Nachmittag die vollständige Analyse des Gedankenexperiments fertig und trug sie Einstein beim Abendessen vor. Einstein konnte zwar sachlich gegen die Analyse nichts einwenden, aber er war in seinem Herzen nicht überzeugt.[36]

Es war ein Kampf zwischen Titanen. Auch sonst tonangebende Physiker spielten da nur eine Statistenrolle. Seine Schüler hatten Paul Ehrenfest das Versprechen abgenommen, gleich zu berichten: «Brüssel-Solvay war fein! Alle ganz überragend BOHR. Erst ganz und gar nicht begriffen, dann Stück für Stück alle überwindend»:

Natürlich wieder arg Bohrische Beschwörungsterminologie. Unmöglich durch andere resümierbar. (Armer Lorentz als Dolmetscher zwischen den einander absolut nicht begreifenden Engländern und Franzosen... Bohr mit höflicher Verzweiflung reagierend.) Jede Nacht um ein Uhr kam Bohr zu mir noch auf's Zimmer, um bis drei mir nur noch «ein einziges Wort» zu sagen.
Herrlich war es für mich, den Zwiegesprächen zwischen Bohr und Einstein beizuwohnen. Schachspielartig. Einstein immer neue Beispiele. Gewissermaßen Perpetuum mobile zweiter Art, um die Ungenauigkeitsrelation zu durchbrechen. Bohr stets aus einer dunklen Wolke von philosophischem Rauchgewölke die Werkzeuge heraussuchend, um Beispiel nach Beispiel zu zerbrechen. Einstein wie die Teuferln in der Box: Jeden Morgen wieder frisch herausspringend. Oh das war köstlich. Aber ich bin fast rückhaltlos pro Bohr contra Einstein. Er verhält sich nun exakt gegen Bohr wie die Verteidiger der absoluten Gleichzeitigkeit sich gegen ihn verhielten.[37]

Paul Ehrenfest, ein Freund Einsteins und ebenfalls jüdischer Abstammung, konnte es wagen, Einsteins Haltung gegen die neue Quantentheorie mit der Haltung Lenards gegen die Relativitätstheorie zu vergleichen. Im Hotel, vor allen Kollegen, sagte Ehrenfest: «Einstein, ich schäme mich für dich; denn du verhältst dich jetzt hier bei der Quantentheorie genau so wie die Gegner der Relativitätstheorie bei ihren vergeblichen Versuchen, deine Relativitätstheorie zu widerlegen.»
Freilich war die Analogie nur in sehr bedingtem Maß zutreffend. Auch bei Einstein gab es rational letztlich nicht begründbare, sozusagen «eingewurzelte» oder «liebgewordene» Denkstrukturen, die der Anerkennung der neuen Theorie im Wege standen. In der menschlichen Motivation war freilich ein himmelweiter Unterschied: Einstein blieb Bohr freundschaftlich verbunden; er hat Erwin Schrödinger und Werner Heisenberg zum Nobelpreis vorgeschlagen und später sogar den Protagonisten der «Kopenhagener Schule», nämlich Wolfgang Pauli, als seinen eigentlichen geistigen Nachfolger angesehen, der in der Physik die einheitliche Theorie der Materie vollenden sollte, an der er gescheitert war.
Am 29. Oktober 1927, am letzten Tag des Kongresses, führte Einstein beim Frühstück ein neues Beispiel an für die Durchbrechung der Unschärferelation, nachdem ihm alle früheren widerlegt worden waren.

Es war das Experiment, bei dem die Farbe des Lichtquants durch Wägen der Lichtquelle vor und nach Aussendung des Quants bestimmt werden sollte:

> Da hier die Schwerkraft ins Spiel gebracht wurde, mußte man die Theorie der Gravitation, also die allgemeine Relativitätstheorie, zur Analyse heranziehen. Es war ein besonderer Triumph, daß Bohr am Abend gerade unter Benützung der Einsteinschen Formeln der allgemeinen Relativitätstheorie zeigen konnte, daß auch in diesem Experiment die Unbestimmtheitsrelationen gewahrt blieben, daß Einsteins Einwand also unberechtigt war. Damit schien auch die Kopenhagener Interpretation der Quantentheorie von nun an gesichert.[38]

Die «Kopenhagener Deutung» mit dem Bohrschen Komplementaritätsprinzip und der Heisenbergschen Unschärferelation prägte von nun an den Denkstil in den Naturwissenschaften. Der «Umsturz im Weltbild der Physik» war vollzogen. Das, was Max Planck mit seinem Quantenansatz im Jahr 1900 als wissenschaftliches Problem als erster erkannt hatte, war nun, nach der Arbeit einer ganzen Generation von Physikern, endlich geklärt. Das Ergebnis war freilich, daß einige geheiligte Prinzipien der bisherigen, der «klassischen» Physik aufgegeben werden mußten. Dazu gehörte das bis auf Leibniz zurückgehende Kontinuitätsprinzip, das heißt die Überzeugung, daß die Natur keine Sprünge mache *(natura non facit saltus)*, und dazu gehörte das damit zusammenhängende Prinzip der Determiniertheit allen physikalischen Geschehens. Der Grundsatz, daß in der Mechanik durch die Naturgesetze alles im voraus festgelegt, determiniert ist, hatte im 18. Jahrhundert seinen prägnantesten Ausdruck in der Fiktion des «Weltgeistes» von Laplace gefunden: «Ein Geist, der für einen Augenblick alle Kräfte, die die Natur beleben und die Lage aller Dinge, aus denen sie besteht, kennen würde, könnte in derselben Formel die Bewegung der größten Körper des Weltalls und die des kleinsten Atoms einschließen. Für ihn würde nichts unbestimmt sein und die Zukunft wie die Vergangenheit würde offen vor ihm liegen.»[39]

Die moderne Physik ist nicht mehr deterministisch, weil die Laplacesche Voraussetzung prinzipiell nicht mehr erfüllt werden kann: Es ist unmöglich, Ort und Geschwindigkeit eines Teilchens gleichzeitig genau anzugeben. Zum erstenmal hat das Heisenberg 1927 ganz klar formuliert

8.–15. April 1929: Erste Kopenhagener Konferenz.
Von links nach rechts: 1. Reihe: Bohr, Cramér, O. Klein, Rosseland, Kramers, Darwin, Kronig, Ehrenfest, Gamow
2. Reihe: Nordheim, Heitler, Waller, Hückel, Rosenfeld, Møller, Casimir, Goudsmit
3. Reihe: Pauli, Fues, Højendahl, Chou, Trumpy, Pihl
4. Reihe: Studenten

Mit scharfer Kritik verfolgte Pauli jede geistige Unklarheit; schon in jungen Jahren galt er als «das Gewissen der Physik». Sonderbare Geschichten hefteten sich an seinen Namen. So sollen komplizierte Meßapparaturen, die lediglich ein Blick Paulis streifte, von genau dieser Minute an falsche Werte geliefert haben. Dafür wurde der Name «Pauli-Effekt» geprägt.
Bei der ersten Kopenhagener Konferenz im April 1929, die dann Tradition wurde und die kleine internationale Gemeinde der Atomphysiker regelmäßig um Bohr vereinte, hielt Heitler einen Vortrag über homöopolare Bindung, der den Zorn Paulis erregte. Kaum hatte Heitler geendet, als Pauli zur Tafel eilte. «Bei großen Abständen», rief er, «ist die Theorie offensichtlich falsch; denn da gibt es die Van der Waalsschen Kräfte; bei kleinen Abständen ist sie ebenfalls völlig falsch.» Pauli blieb vor Heitler stehen, der in der ersten Reihe saß, und zeigte mit der Kreide auf ihn: «Und nun gibt es eine an den guten Glauben der Physiker appellierende Aussage, die behauptet, daß diese Näherung, die falsch ist in großen Abständen und falsch in kleinen, trotzdem in einem Zwischengebiet richtig sein soll!» Vor der ausgestreckten Hand Paulis zuckte Heitler zurück, mit Krach ging der Stuhl entzwei, und Heitler fiel herunter. Im gleichen Augenblick rief Gamow: «Pauli-Effekt.» Casimir, der sich wie Rosenfeld genau an die Situation erinnerte, meinteddie Situation erinnerte, meinte: «Ich möchte bloß wissen, ob Gamow den Stuhl vorher präpariert hat!»

in seiner berühmten Abhandlung «Über den anschaulichen Inhalt der quantentheoretischen Kinematik und Mechanik»:

An der scharfen Formulierung des Kausalgesetzes «Wenn wir die Gegenwart genau kennen, können wir die Zukunft berechnen», ist nicht der Nachsatz, sondern die Voraussetzung falsch. Wir können die Gegenwart in allen Bestimmungsstücken prinzipiell nicht kennenlernen. Deshalb ist alles Wahrnehmen eine Auswahl aus einer Fülle von Möglichkeiten und eine Beschränkung des zukünftig Möglichen. Da nun der statistische Charakter der Quantentheorie so eng an die Ungenauigkeit aller Wahrnehmung geknüpft ist, könnte man zu der Vermutung verleitet werden, daß sich hinter der wahrgenommenen statistischen Welt noch eine «wirkliche» Welt verberge, in der das Kausalgesetz gilt. Aber solche Spekulationen scheinen uns, das betonen wir ausdrücklich, unfruchtbar und sinnlos. Die Physik soll nur den Zusammenhang der Wahrnehmungen formal beschreiben. Vielmehr kann man den wahren Sachverhalt viel besser so charakterisieren: Weil alle Experimente den Gesetzen der Quantenmechanik... unterworfen sind, so wird durch die Quantenmechanik die Ungültigkeit des Kausalgesetzes definitiv festgestellt.[40]

Die Kopenhagener Deutung der Quantentheorie wurde weit über die Grenzen der Physik hinaus bedeutsam. Die Interpretation der Geschehensakte im Bereich des Mikrokosmos spielt eine zentrale Rolle in der Erkenntnistheorie. Sie beinhaltet eine grundsätzliche Aussage über das Wesen der physikalischen Realität und unserer wissenschaftlichen Aussagen überhaupt. Die umfassende Auseinandersetzung bis in die Jetztzeit hinein weist auf diese Bedeutung hin. Die großen grundsätzlichen Gegner der statistischen Interpretation – Albert Einstein, Max Planck, Max von Laue, Louis de Broglie und Erwin Schrödinger – konnten zwar nicht überzeugt werden; die heutige Physikergeneration aber teilt ihre Bedenken nicht. Für diese großen Physiker gilt, was einer von ihnen, Max Planck, in Erinnerung an eigene frühere Erfahrungen gesagt hatte:

Eine neue wissenschaftliche Wahrheit pflegt sich nicht in der Weise durchzusetzen, daß ihre Gegner überzeugt werden und sich als belehrt erklären, sondern vielmehr dadurch, daß die Gegner allmählich aussterben und die heranwachsende Generation von vornherein mit der Wahrheit vertraut gemacht ist.[41]

Es war eine verhältnismäßig kleine *scientific community*, die die neue Physik geschaffen hatte. Meist handelte es sich um jüngere Theoretiker aus dem Umkreis von Bohr, Sommerfeld und Born, die in engem Gedankenaustausch miteinander standen. Auch einige Experimentalphysiker gehörten zur *community*, wie James Franck in Göttingen, Friedrich Paschen in Tübingen und Leonard Ornstein in Utrecht. Insgesamt mag es sich um nicht mehr als dreihundert Wissenschaftler gehandelt haben. Victor F. Weisskopf hat deshalb später ein berühmtes, auf die Luftschlacht um England gemünztes Wort Churchills aufgegriffen und auf den Aufbau der Quantentheorie übertragen: Noch nie in der Geistesgeschichte haben so wenige so viel in so kurzer Zeit geleistet.[42]

Das Goldene Zeitalter der Physik

Mit dem Bohrschen Komplementaritätsprinzip und der Heisenbergschen Unschärferelation konnte die neue Quantentheorie nun als physikalisch verstanden gelten. Die an den Grundlagen interessierten Theoretiker wandten sich neuen – und abermals schwierigeren – Problemen zu. «Jordan soll über dem Magnetelektron trübselig geworden sein», konstatierte Heisenberg halb im Scherz und halb im Ernst: «Das traurigste Kapitel der modernen Physik ist die Diracsche Theorie.»[1] Wer sich aber nicht länger quälen wollte mit vielleicht sogar unlösbaren Problemen, für den bildeten die Anwendungen der Quantentheorie auf nunmehr gesicherter Grundlage ein weites Arbeitsgebiet. «Es war eine wirklich wundervolle Zeit», erinnerte sich Rudolf Peierls, «denn man mußte nur irgendein Problem nehmen, wo die klassische Mechanik nicht die richtige Antwort geben konnte und das niemand schon Zeit gehabt hatte zu diskutieren, und dann kam im allgemeinen die richtige Antwort heraus.»[2] Heisenberg empfand die Jahre von 1927 bis 1933 als «das Goldene Zeitalter der Atomphysik»:

> Die Tore zu dem neuerschlossenen Gebiet der Quantenmechanik der Atomhülle standen weit offen; und dem, der hier forschen und mitarbeiten, der von den Früchten des Gartens pflücken wollte, boten sich unzählige Probleme, die, früher unlösbar, mit den neuen Methoden behandelt und entschieden werden konnten... Dazu kam das Gefühl, daß die neue Physik auch in philosophischer Hinsicht der früheren an entscheidenden Stellen überlegen, daß sie... weiter und großzügiger sei.[3]

Arnold Sommerfeld hatte 1919 die sogenannte «Bibel der Atomphysik» verfaßt; dieses Werk, ‹*Atombau und Spektrallinien*›, spiegelt den Geist der Bohr-Sommerfeldschen Theorie, steht also zwischen der alten klassischen Physik und der Kopenhagener Konzeption. In seinem ersten Buch, ‹*Die physikalischen Prinzipien der Quantentheorie*› (1930),

entwickelte Heisenberg nunmehr konsequent den neuen Stil der Gesetze. In das Exemplar für Sommerfeld schrieb Heisenberg die Widmung: «Dem Verfasser der Atombibel dieser kleine Katechismus».
Die internationale Physikertagung in Como und der fünfte Solvay-Kongreß in Brüssel markierten den Beginn einer neuen wissenschaftlichen Epoche. Etwa gleichzeitig begann, was die institutionelle Verankerung der modernen Physik betrifft, ebenfalls ein neuer Abschnitt. Zu den bisherigen Zentren der Atomphysik Kopenhagen, Göttingen und München kamen nun als weitere Leipzig und Zürich hinzu.
In Leipzig waren kurz hintereinander Theodor Des Coudres und Otto Wiener gestorben, und die beiden Lehrstühle wurden mit Vertretern der modernen Richtung besetzt, mit Peter Debye und Werner Heisenberg.
Es war ein Feiertag, an dem Heisenberg Anfang Oktober 1927 zum ersten Mal sein neues «Institut für theoretische Physik» in der Linnéstraße 5 aufsuchte. Er fand den Haupteingang verschlossen. Also ging er um das Gebäude herum, kam durch eine Seitentür in den Hof und sah dort eine Frau beim Teppichklopfen, die dann lange Jahre das Faktotum im Institut war. Sie begrüßte Heisenberg im schönsten Sächsisch: «Ach goddne, *Sie* sin der neie Professor. Dann will ich Ihnen mal erzähl'n, was hier im Instidude so alles bassiert.»
In Leipzig war man die würdige Erscheinung des Amtsvorgängers, Theodor Des Coudres, gewöhnt, und die Jugendlichkeit des neuen Chefs irritierte. Wer ihn nicht kannte, hätte ihm niemals den Professor angesehen. Ordinarien waren würdige Gestalten damals.

So steht er mir noch vor Augen: ein bescheidener, fast schüchterner junger Mann, mit leicht bayerischem Akzent, mittelgroß, schlank, körperlich gewandt. Das aschblonde, etwas widerstrebende Haar glatt aus der höckerigen Stirn nach hinten gekämmt. Ein manchmal träumend denkendes Auge unter fast weißen buschigen Augenbrauen. Ein freundlicher Mund, dessen Lippen sich in den häufigen Momenten absoluter Konzentration zu zwei schmalen parallelen Strichen zusammenzogen. Kräftige, zum Klavierspiel präzis erzogene Hände. Eine einfache, anspruchslose, das Gesagte instinktiv eher herunterspielende Sprechweise.[4]

Die Hauptvorlesung hielt Heisenberg wie seinerzeit sein Lehrer Sommerfeld gewöhnlich von 9 bis 10 Uhr; an schönen Sommertagen ging er

Das ehemalige Physikalische Institut der Universität Leipzig. Links die (damals unter Leitung von Peter Debye stehende) Experimentalphysik (Linnéstraße 3), rechts das Institut für theoretische Physik (Linnéstraße 5). Im Obergeschoß war hier auch die Dienstwohnung des Direktors, in der Heisenberg (damals noch als Junggeselle) einige Jahre lebte.

oft noch vorher eine Stunde auf den Tennisplatz. Einmal mußte er, um den Anfang nicht zu versäumen, mitten im Spiel abbrechen und entschuldigte sich, daß nun sein Kolleg beginne, worauf sein Tennispartner, ein wenig gönnerhaft, meinte: Früher hätte zum Studentensein gehört, auch mal eine Vorlesung sausen zu lassen.

Offenbar hat damals eine Zeitung einen Bericht gebracht über «Deutschlands jüngsten Professor». Als Pascual Jordan einige Monate später ebenfalls einen Ruf erhielt, schrieb ihm Heisenberg: «Mit dem ‹jüngsten Professor Deutschlands› geht's also so wie mit dem ‹besten Kaffee der Welt›: es gibt immer zwanzig verschiedene Sorten.»[5]

Ein halbes Jahr nach Heisenberg wurde auch Pauli Ordinarius, an der Eidgenössischen Technischen Hochschule in Zürich. Am 24. April 1928, einen Tag vor seinem achtundzwanzigsten Geburtstag, kam

Pauli zum Amtsantritt nach Zürich. Am Hauptbahnhof erwartete ihn eine Gruppe von Kollegen; der jugendliche Tourist, der mit einem Rucksack am Rücken und einem maliziösen Lächeln ihnen entgegentrat, entsprach nicht ganz den Züricher Vorstellungen von dem «berühmten Gelehrten».[6]

Die beiden «größten Kinder» im «Kinderseminar» von Niels Bohr, Heisenberg und Pauli, waren nun beide Ordinarien. Wie die Institute in Kopenhagen, München und Göttingen durch Bohr, Sommerfeld und Born fast heilige Stätten waren, zu denen die Adepten erst nach gehöriger innerer Vorbereitung zu pilgern wagten, so erlangten nun Leipzig und Zürich durch Heisenberg und Pauli nicht minder legendären Ruhm. «Ich bewunderte Heisenberg maßlos», berichtete Felix Bloch, sein erster Doktorand, «und er war unwahrscheinlich freundlich und geduldig.»[7]

Für die jungen Physiker gab es starke Kräfte in Richtung Zürich und ebenso starke Kräfte in Richtung Leipzig. In ihrer Wissenschaft hatten sie die Bewegungen eines Teilchens unter dem gleichzeitigen Einfluß von zwei anziehenden Zentren auszurechnen gelernt – die oft sonderbar anmuteten, wenn man die Quantentheorie ins Spiel brachte. Niemand wunderte sich also, daß manch junger Kollege wie Bloch, Peierls und Beck zwischen Leipzig und Zürich hin- und heroszillierte.

Du willst also im nächsten Semester den Peierls als Assistenten haben? [schrieb Heisenberg an Pauli]. Mir ist das natürlich im Prinzip völlig recht; ich finde aber, Du mußt mir als Ersatz auch gute Physiker nach Leipzig schicken, besonders... Bloch. Ich fände sehr schön, wenn wir so eine Art Physikeraustausch zwischen Zürich und Leipzig einrichten könnten, aber er muß gegenseitig sein, sonst sitz' ich am Schluß allein da.[8]

Was als Scherz gemeint war, wurde 1933 bitterer Ernst. Viele von den glänzend begabten jungen Menschen, die Heisenberg um sich geschart hatte, verließen Deutschland, und es kamen kaum noch neue Mitarbeiter hinzu. Heisenberg erzählte einmal, in seinem ersten Seminar in Leipzig hätten zwei Studenten gesessen; in dem letzten, das Friedrich Hund und Werner Heisenberg gemeinsam abhielten, waren es wieder nur zwei.

Kopenhagen 1930. Die Forscher, die Bohr um sich sammelte, waren meist so jung, daß man vom «Kinderseminar» sprach. Bei jedem Fehler des Vortragenden sollte Heisenberg trompeten und Pauli mit der Kanone schießen. «Das haben wir dann auch getan», erzählte Heisenberg.

In der Erinnerung an die Zeit vor dem Einbruch des Nationalsozialismus erschienen Heisenberg die fünf Jahre von 1928 bis 1932 in «hellem Glanz». Ähnlich empfanden auch seine damaligen Mitarbeiter und Studenten Rudolf Peierls, Victor F. Weisskopf und Carl Friedrich von Weizsäcker.

Auf Einladung der Deutschen Physikalischen Gesellschaft trafen sich diese drei nun weltberühmten Gelehrten bei der Physikertagung in Bonn am 15. September 1976, um fast ein halbes Jahrhundert später Erinnerungen an Heisenberg auszutauschen. An dem Podiumsgespräch vor den versammelten deutschen Physikern nahmen auch der damalige Kollege Heisenbergs, Friedrich Hund, teil und der Präsident der Gesellschaft, Hans Joachim Queisser.

Für die Mitarbeiter Heisenbergs waren die Leipziger Jahre eine glanzvolle Epoche; «glanzvoll» aber nur in wissenschaftlicher Beziehung.

Politisch und wirtschaftlich war es eine Zeit der Krise. «Ich hatte einfach keine Stellung», berichtete Victor F. Weisskopf, «und ich dachte, der beste Ort zu sein, wenn man keine Stellung hat, ist so nahe wie möglich beim Heisenberg.»[9]
Was die Physiker, die Heisenberg wirklich kannten, besonders fasziniert hat, das war seine eminente physikalische Intuition.

Peierls: Ich hab eine unglaubliche Menge von ihm gelernt, obwohl man immer sehr vorsichtig sein mußte... die mathematischen Methoden von Heisenberg auf irgendein anderes Problem anzuwenden. Denn er hatte ein so gutes physikalisches Verständnis, daß er immer gewußt hat, was herauskommt, und dann die Mathematik irgendwie schon so gedreht hat, daß das auch wirklich richtig war.
Queisser: Er hat also immer die Näherungsmethode genau für den einen richtigen Fall gefunden und angewendet.
Peierls: Aber man mußte sehr vorsichtig sein, bevor man das nachmachte.
Weizsäcker: Wenn ich zu ihm kam, mit einer Rechnung, die ich gemacht hatte, hat er zuerst das Resultat angesehen und hat gesagt, das ist falsch. Und dann ging er von hinten in die Rechnung hinein und fand todsicher den Rechenfehler.
Weisskopf: Die erste Arbeit, die ich gemacht habe, die war zusammen mit Wigner über die Linienbreite, und das war, glaube ich, die erste Arbeit, wo eine Divergenz auftrat, eine Unendlichkeit... Mich hat das schrecklich aufgeregt... Dann bin ich zu Heisenberg gegangen... Da sagte er, man solle die Mathematik nicht so ernst nehmen.[10]

Beglückend empfanden damals die jungen Menschen um Heisenberg die geistig anregende und menschlich so erfreuliche Atmosphäre. Dienststunden, die eingehalten werden mußten, kannte man nicht. Man war eben im Institut und trieb Physik, oft bis spät nachts. Die Physik war ihre Leidenschaft.
Einmal in der Woche – am Dienstagnachmittag von 3 bis 5 Uhr – gab es ein Seminar mit den Doktoranden. Dazu wurde Tee gekocht, und Heisenberg besorgte immer selbst den Kuchen aus der Konditorei. Die Kuchenplatte wurde im Kreis herumgereicht, und jeder konnte zugreifen. Weil es aber Physiker waren, so wurde auch daraus ein Spiel: Jeder durfte, wenn die Platte bei ihm war, ein Stück nehmen, oder er konnte verzichten; Sieger war derjenige, der das letzte Stück herausnahm.
Nach dem Seminar fand das «Physikalische Kolloquium» statt, an dem

sich auch Peter Debye und sein Institut beteiligten. Zum Kolloquium kamen meist auswärtige Kollegen, die über ihre Arbeiten vortrugen. Carl Friedrich von Weizsäcker berichtete, daß auch das Tischtennis-Turnier nach dem Kolloquium zum festen Programm gehörte:

Eine Matrix wurde an die Tafel gezeichnet, auf der die Ergebnisse all der verschiedenen Partien aufgeschrieben wurden. Man versuchte, die Matrix an einem Abend vollständig auszufüllen, was nicht immer möglich war. Es wurde gespielt, und es wurde diskutiert, denn es waren mehr Leute da, als gleichzeitig Tischtennis spielen konnten. Es standen zwei Tische in zwei Zimmern, aber es können acht Leute gewesen sein, vielleicht mehr, so daß die Mehrzahl nicht spielen konnte. Wieder wurde Tee gekocht, Schach wurde manchmal gespielt, und die Diskussionen liefen weiter. Die Diskussion wurde schließlich durch eine Partie Tischtennis entschieden, wenn sie nicht anders entschieden werden konnte. Das war gut für Heisenberg, denn er war nicht nur der beste Physiker, sondern er war auch der beste Tischtennisspieler. So gab es niemals eine Aussicht, Heisenberg zu besiegen.[11]

Victor Weisskopf, der einige Jahre vor Weizsäcker in Leipzig war, erinnerte sich an den Japaner Yoshio Nishina, einen ausgezeichneten Physiker und ebensoguten Tischtennisspieler. Nach einer Niederlage gegen Nishina sei Heisenberg («kein guter Verlierer») für drei Tage von der Bildfläche verschwunden.[12]

An schönen Sonntagen zogen die Mitarbeiter gemeinsam hinaus in das Land. Erich Bagge erinnert sich an Wanderungen ins Erzgebirge; am Lagerfeuer wurde unbeschwert diskutiert und erzählt. Einmal fragte Heisenberg jeden danach, wie er zur Physik gekommen sei, und berichtete selbst, ohne Pathos und ganz natürlich; ein andermal schlich sich die ganze Gruppe unbemerkt über die tschechische Grenze.

In den Pfingstferien 1932 war der junge Carl Friedrich von Weizsäcker mit Heisenberg im Thüringer Wald, «und da hatte er die Idee... begonnen auszuarbeiten, daß die Kerne aus Protonen und Neutronen bestehen».[13]

Als «Elementarteilchen» kannte man zunächst nur Protonen (die Atomkerne des Wasserstoffs) und Elektronen. Alle schweren Atomkerne, so meinte man, sind aus Protonen und Elektronen aufgebaut. Aus der Heisenbergschen Unschärferelation folgt dann, daß die Elektronen sehr hohe Energie und damit sehr hohe Geschwindigkeit besitzen müssen. Für hohe (mit dem Licht vergleichbare) Geschwindigkeiten ist aber die Relativitätstheorie maßgebend. So schien es, daß die Kernphysik eine Anwendung der gesuchten «relativistischen Quantenmechanik» sein müsse. Man sah also, wie wir heute wissen, die Schwierigkeiten am falschen Platz.[14]

Anfang des Jahres 1932 entdeckte der englische Physiker James Chadwick als neues Elementarteilchen das Neutron. Es hat eine mit dem Proton vergleichbare Masse, trägt aber keine elektrische Ladung. Mitte März erfuhr Heisenberg von der Entdeckung, und schon am 6. Juni sandte er seine Abhandlung «Über den Bau der Atomkerne» an die *Zeitschrift für Physik*. Die Basis seiner Theorie bestand in der Annahme, daß die Atomkerne nicht, wie man bisher meinte, aus Protonen und Elektronen aufgebaut seien, sondern aus Protonen und Neutronen.

Es ist für uns heute ein Wunder [schrieb dazu der Physiker Günther Rasche], wie Heisenberg neben seinen relativ abstrakten Arbeiten über Quantenfeldtheorie... Zeit gefunden hat, mit der damals verworrenen Kernphysik auf dem laufenden zu bleiben und dann das Datenmaterial schlagartig zu deuten. Heisenberg betrachtete das Neutron als selbständigen Fundamentalbaustein der Kerne... Alle Schwierigkeiten, die sich aus einer eventuellen Anwesenheit von Elektronen im Kern ergeben, schob Heisenberg beiseite: das sollten diejenigen analysieren, die versuchten, die Zusammensetzung eines Neutrons... zu erklären. Es ist bezeichnend für Heisenbergs Arbeitsweise, daß er alle jene ungelösten Probleme, welche für das Ziel... unwesentlich sind, zwar kennt und auch diskutiert, aber in intuitiv richtiger Weise beiseite schiebt, um sie später wieder aufzugreifen.[15]

Für die Physiker war die Vorstellung zunächst unannehmbar, daß im Atomkern keine Elektronen vorhanden sein sollen: Bei dem radioaktiven Beta-Zerfall kamen doch ganz offensichtlich Elektronen aus dem Atomkern heraus. Der allgemeine Schluß war: Also müssen sie auch vorher im Atomkern gewesen sein.

Damals saßen wir im Sommer in einem Caféhaus [berichtete Victor F. Weisskopf], in der sogenannten IPA, das... heißt Internationale Pelzausstellung. Da gab es ein schönes Caféhaus und ein Hallenbad... Und als wir diese Elektronensituation besprachen, hat Heisenberg gesagt: «Ja, Kinder, ihr habt nicht genug Phantasie. Seht dort das Schwimmbad. Da gehen alle Leute angezogen hinein und kommen angezogen heraus. Könnt ihr davon schließen, daß sie auch drinnen angezogen schwimmen?»[16]

Unabhängig von Heisenberg hatte der sowjetische Physiker Dimitri D. Iwanenkow eine analoge Konzeption entwickelt. Es zeigte sich bald, daß Protonen und Neutronen als Kernbausteine tatsächlich die Eigenschaften der Atomkerne sehr gut verstehen ließen. Heisenbergs drei Abhandlungen «Über den Bau der Atomkerne» bildeten den Ansatz zur Theorie der Kernkräfte (das heißt der sogenannten «starken Wechselwirkungen»).

Von nun an konnte man von einer wirklichen «Kernphysik» sprechen. Fast unversehens war Heisenberg zu einem Experten auf diesem neuen Gebiet geworden. Zehn Jahre später war im Heereswaffenamt in Berlin von der «Kernphysik als Waffe» die Rede. Als dem anerkannt führenden Kernphysiker in Deutschland sollte ihm dadurch eine entscheidende Rolle im Pokerspiel um die Macht zufallen.

Damals aber, als Heisenberg seine Theorie der Kernkräfte ausarbeitete, dachte noch niemand ernsthaft an eine technische Anwendung. Unbeschwert von der Frage «Was kommt danach?» trieben die Physiker ihre Wissenschaft, naiv und glücklich wie Kinder. «Nachtwandler» hat Arthur Koestler die Gelehrten genannt, weil sie – nur ihren Sternen folgend – nicht darauf achteten, wohin der Weg führt. 1933 ging die Epoche endgültig zu Ende, die allen Physikern, die sie miterlebten, als «das Goldene Zeitalter» in Erinnerung geblieben ist. Die Machtergreifung des Nationalsozialismus vertrieb viele der größten Gelehrten aus Deutschland; den Zurückgebliebenen war es unmöglich, die Arbeit mit der gleichen Freude und Hingabe wie bisher weiterzuführen. Aber auch in den anderen Ländern war die Zeit des unbeschwerten Forschens sehr bald vorüber.

Völkerwanderung von unten

Die Machtübernahme durch den Nationalsozialismus, die große Zäsur in der politischen Geschichte Deutschlands, unterbrach auch die Entwicklung der Wissenschaft. Zugleich mit der jungen Weimarer Demokratie fand «das Goldene Zeitalter der deutschen Physik» ein gewaltsames Ende.

Mit dem Brand des Reichstagsgebäudes kündigte sich das kommende politische Unheil an; das Menetekel in der Wissenschaft war die Diffamierung Einsteins durch die Preußische Akademie der Wissenschaften. Wie das Parlament durch das Ermächtigungsgesetz, entehrte sich die «vornehmste wissenschaftliche Behörde des Staates» durch die Behandlung des «Falles Einstein».

Zur Zeit der Machtergreifung befand sich Einstein in Sicherheit außerhalb des Landes. An den Maßnahmen der neuen Regierung übte er deutliche, aber trotzdem noch maßvolle Kritik.[1] Mit grobem Geschütz antwortete die «nationale» Presse. Schon lange galt Einstein als «besonders frecher Jude»; nun war seine Stellung als hauptamtliches, ordentliches Mitglied der Akademie unhaltbar geworden.

Zwanzig Jahre zuvor hatte Planck den damals noch jungen Einstein an die Akademie geholt. Die Achtung, die beide Männer füreinander empfanden, war zur Freundschaft geworden. Bei aller Verschiedenheit – der politischen Ansicht, des Temperaments – hegten sie eine schwer bestimmbare, aber unzweifelhaft tiefgehende gegenseitige Verehrung. Es wurde Planck schwer, aber die Pflicht schien es zu gebieten: Er mußte Einstein bitten, freiwillig den Rücktritt zu vollziehen. Nur er konnte es tun, der Einstein berufen und nie einen Zweifel an seiner wissenschaftlichen Bedeutung geduldet hatte. Von München aus, auf dem Weg nach Sizilien in den Urlaub, schrieb Planck an den nun so weit entfernten Freund:

Zu meinem tiefen Bedauern hat sich die Lage noch erheblich verschärft, und ich persönlich habe schwere Sorgen in bezug auf die nächste Entwicklung der Dinge. Da lese ich heute in der Zeitung, daß Sie der deutschen Gesandtschaft in Belgien die Absicht zu erkennen gegeben hätten, ihre preußische Staatsangehörigkeit aufzugeben und damit den Austritt aus der Akademie zu vollziehen. Sollte der Inhalt dieser Nachricht zutreffen, so drängt es mich, Ihnen in aller Aufrichtigkeit zu sagen, daß mir dieser Gedanke der einzige Ausweg zu sein scheint.[2]

Tatsächlich hatte Einstein schon von sich aus auf sein Amt verzichtet: «Ich habe mir schon gedacht, daß es der Akademie lieber ist (oder wenigstens ihren besseren Mitgliedern), wenn ich meine Stellung niederlege.» Das Ziel schien erreicht: Die Trennung von dem für die neue Regierung «untragbaren» Einstein war vollzogen, und die Akademie hatte doch, wenigstens nach außen hin, ihre Würde gewahrt.
So vornehm machten es die Nazis nicht. Das Kultusministerium übermittelte den «dringenden Wunsch» nach einer öffentlichen Stellungnahme. In Abwesenheit der drei anderen Sekretare verfaßte der Rechtsgelehrte Ernst Heymann eine öffentliche Erklärung:

Die Preußische Akademie der Wissenschaften hat mit Entrüstung von den Zeitungsnachrichten über die Beteiligung Albert Einsteins an der Greuelhetze in Frankreich und Amerika Kenntnis erhalten. Sie hat sofort Rechenschaft von ihm gefordert... Die Preußische Akademie der Wissenschaften empfindet das agitatorische Auftreten Einsteins im Auslande um so schwerer, als sie und ihre Mitglieder seit alten Zeiten sich aufs engste mit dem preußischen Staate verbunden fühlt und bei aller gebotenen strengen Zurückhaltung in politischen Fragen den nationalen Gedanken stets betont und bewahrt hat. Sie hat aus diesem Grunde keinen Anlaß, den Austritt Einsteins zu bedauern.[3]

Diese Presseverlautbarung war der Beitrag der Akademie zum «Tag des Juden-Boykotts». An diesem 1. April 1933, an dem die Akademie ihre Stellungnahme zum Fall Einstein veröffentlichte, wurden von der SA in Berlin die Universität und die Technische Hochschule besetzt, jüdische Professoren und Assistenten aus ihren Institutsräumen gewiesen, beschimpft und mißhandelt. SA-Mannschaften drangen in Gerichtssäle ein und unterbrachen die jüdischen Richter. In der Stadt wurde die Bevölkerung am Betreten jüdischer Geschäfte gehindert. Bei den Willkürmaßnahmen fungierten SA und SS als «Hilfspolizei», handelten also im Auftrag und mit Zustimmung der neuen Machthaber.

Nummer 27
7. Juli 1929

Zeitbilder

Beilage zur Vossischen Zeitung

Deutschlands große Physiker.

Prof. Planck überreicht am Tage seines goldenen Doktorjubiläums die für Fortschritte auf dem Gebiet der theoretischen Physik geschaffene Planck-Medaille seinem Fachgenossen Albert Einstein.

Bei ruhiger See fallen die Unterschiede im Verhalten nur schwer ins Auge; wenn aber das Schiff in Sturm gerät, offenbaren sich der Mutige und der Feigling. In erregten Gesprächen mit den Akademie-Kollegen verurteilte Laue die «schmachvolle Verlautbarung»; er griff vor allem die Formulierung an, daß die Akademie keinen Anlaß habe, Einsteins Ausscheiden zu bedauern. Für seinen Antrag – Behandlung des Falles in einer außerordentlichen Plenarsitzung – bemühte er sich, möglichst viele Unterschriften zu gewinnen. Wie viele Ausreden mag er da gehört haben? Schließlich fanden sich zwei Kollegen, die sich ihm anschlossen.[4]

Es kam zu einem Riesenkrach in der Akademie. Laues Antrag fiel durch. Planck war noch nicht aus dem Urlaub zurück; wahrscheinlich aber hätte er nichts mehr retten können. Die Akademie billigte die Erklärung gegen Einstein und sprach Heymann den «Dank für sein sachgemäßes Handeln» aus.

Der Fall Einstein war erledigt. Laue ließ trotzdem nicht locker. Nachdem Planck wieder in Berlin war, verständigten sich die beiden Gelehrten. Als Klassensekretar gab Planck eine offizielle Erklärung zu Protokoll, in der er, in krassem Widerspruch zu dem, was in der Zeitung stand, Einsteins wissenschaftliche Leistungen auf eine Stufe mit denen Keplers und Newtons stellte. Damit hatte die Akademie gegenüber der Regierung wenigstens in einer Hinsicht den eigenen Standpunkt gewahrt.

Aber die Trennung von Einstein war doch endgültig besiegelt. Dem alten Freund schrieb Laue: «Daß ich über die Ereignisse hier sehr traurig bin, brauche ich kaum zu versichern; das Schlimmste ist die vollkommene Ohnmacht, etwas dagegen zu tun. Was Aufsehen erregt, verschlimmert die Sache nur. Mit Deinem Fortgehen von hier ist mir Berlin zum großen Teil verödet; trotz Planck, Schrödinger und manchen anderen.»

An diese Briefstelle schließt sich eine Bemerkung, die zeigt, daß Laue, der Reserveoffizier und Sohn eines zuletzt im Generalsrang stehenden Militärbeamten, in den traditionellen Ansichten des preußisch-deutschen Beamtenkorps aufgewachsen war, die auch zum «guten Ton» in der Professorenschaft gehörten. Nach den Vorstellungen des deutschen Gelehrten hatte Wissenschaft mit Politik nichts zu tun; der Wissenschaftler verstand etwas von seinem Fach, also sollte er sich um sein Fach kümmern, die Politik aber andern überlassen. Die Wissenschaft, und zumal die Physik, diese «eifersüchtige Geliebte», nahm die Kräfte des Gelehrten tatsächlich so sehr in Anspruch, daß dieser mit Recht das Gefühl haben konnte, für anderes sei keine Zeit.

Aber warum mußtest Du auch politisch hervortreten! Ich bin weit entfernt, Dir aus Deinen Anschauungen einen Vorwurf zu machen. Nur finde ich, soll der Gelehrte damit zurückhalten. Der politische Kampf fordert andere Methoden und andere Naturen als die wissenschaftliche Forschung. Der Gelehrte kommt in ihm in der Regel unter die Räder. So ist's nun auch mit Dir gegangen. Aus den Trümmern läßt sich, was war, nicht wieder zusammensetzen.[5]

Die Antwort Einsteins zeigt, daß dieser, wie früher in der Wissenschaft, nun im politischen Verständnis den Kollegen weit voraus war:

Wie Du fühlst, kann ich mir denken. Denn diese Dinge gehen weit über das Persönliche hinaus in ihrer Bedeutung. Es ist wie eine Völkerwanderung von unten, ein Zertrampeln des Feineren durch das Rohe. Deine Ansicht, daß der wissenschaftliche Mensch in den politischen, das heißt menschlichen Angelegenheiten im weiteren Sinne, schweigen soll, teile ich nicht. Du siehst ja gerade an den Verhältnissen in Deutschland, wohin solche Selbstbeschränkung führt. Es bedeutet, die Führung den Blinden und Verantwortungslosen widerstandslos überlassen. Steckt nicht Mangel an Verantwortungs-Gefühl dahinter? Wo stünden wir, wenn Leute wie Giordano Bruno, Spinoza, Voltaire, Humboldt so gedacht und gehandelt hätten? Ich bedauere kein Wort, was ich gesagt habe, und glaube dadurch den Menschen gedient zu haben. Glaubst Du, daß ich es bedauere unter solchen Umständen nicht in Eurem Lande bleiben zu können? Dies wäre mir unerträglich gewesen, selbst wenn man mich in Watte gepackt hätte. Mein Gefühl warmer Freundschaft für Dich und einige wenige andere dort bleibt bestehen.[6]

Die Vertreibung Einsteins, des «Papstes der Physik», aus Berlin und sein Umzug in die Neue Welt wurden weithin beachtet – und symbolhaft verstanden: daß nunmehr die führende Rolle, die Deutschland in der Physik innegehabt hatte, beendet und auf die Vereinigten Staaten übergegangen sei.

Die Unrechtstaten des «Dritten Reiches» folgten Schlag auf Schlag. Am 7. April 1933 wurde das «Gesetz zur Wiederherstellung des Berufsbeamtentums» erlassen. Schon die Benennung ist ein instruktives Beispiel für die nationalsozialistischen Roßtäuschermethoden. Es war keineswegs beabsichtigt, das Berufsbeamtentum «wiederherzustellen»; das gab es und brauchte nicht wiederhergestellt zu werden. In Wirklichkeit mußte das Gesetz die juristische Handhabe abgeben zur Entlassung der jüdischen und politisch mißliebigen Staatsdiener.

§ 3. Beamte, die nicht arischer Abstammung sind, sind in den Ruhestand zu versetzen…
§ 4. Beamte, die nach ihrer bisherigen politischen Betätigung nicht die Gewähr dafür bieten, daß sie jederzeit rückhaltlos für den nationalen Staat eintreten, können aus dem Dienst entlassen werden…

Das «Gesetz» war reine Willkür. Die Verbeamtung der Professoren war ja «auf Lebenszeit» erfolgt. Dieses verbriefte Recht wurde jetzt durch einen Federstrich beseitigt. Die Entlassung konnte nach Paragraph 4 erfolgen, einem Gummiparagraphen, der die weidlich benutzte Möglichkeit zur politischen Erpressung und Einschüchterung bot. Der gegen die jüdischen Beamten gerichtete Paragraph 3 traf wissenschaftlich hochqualifizierte Gelehrte, die sich häufig ihres Judentums gar nicht bewußt waren, die sich in den meisten Fällen als gute Deutsche fühlten und ebenso national dachten wie die Mehrzahl der Bürger.
Unter der wahnwitzigen Parole, Deutschland groß zu machen, wurden die Größten aus dem Lande gejagt. Nach Einstein wurden Richard Courant, Max Born, James Franck, Otto Stern und Fritz Haber vertrieben. Erwin Schrödinger legte sein Amt freiwillig nieder. Ein womöglich noch schlimmerer Verlust war der Weggang zahlreicher jüngerer Forscher, darunter Hans Bethe, Rudolf Peierls und Erwin Freundlich. Insgesamt emigrierten, hauptsächlich in die USA, etwa 150 ausgebildete Physiker und Chemiker, die später die Wissenschaft der vierziger, fünfziger und sechziger Jahre gestalteten. Die meisten dieser Forscher begründeten selbst wieder eigene wissenschaftliche Schulen, und von ihnen wurden viele weitere Hunderte von Forschern herangebildet. Der ganze Aberwitz der Vertreibung zeigt sich darin, daß eine ganze Reihe der Vertriebenen später an maßgeblicher Stelle am amerikanischen Atomenergieprojekt mitarbeitete.
Der Aderlaß für die deutsche Wissenschaft war ungeheuer. Aus einer unvollständigen Aufstellung von 1937 geht hervor, daß von 7758 Mitgliedern des Lehrkörpers der deutschen Universitäten und Technischen

Hochschulen allein bis zum Wintersemester 1934/35 1145 Professoren und Dozenten, das heißt 15 Prozent, entlassen worden waren. In der Physik lagen die Zahlen höher, so daß insgesamt, nach dem geistigen Gewicht gemessen, etwa ein Viertel der Intelligenz das Land verlassen hat. Auf die geistige Emigration folgte, teilweise ursächlich bedingt, ein scharfer Rückgang der Studentenzahlen an den deutschen Hochschulen auf die Hälfte, von 112000 im Jahr 1929 auf 56000 im Jahr 1939. Dieser Rückgang betraf nicht etwa nur die Geisteswissenschaften, sondern auch die Natur- und Ingenieurwissenschaften.

Von Laue soll ich Dir noch sagen [berichtete Heisenberg an Niels Bohr nach Kopenhagen], daß nunmehr auch Reiche aus Breslau entlassen worden ist, also mit auf die Liste derer, die Stellungen suchen, kommen soll.[7]

Heisenberg hat sich sofort, wie viele andere Kollegen, um die Unterbringung der Emigranten bemüht und dazu die Verbindungen benutzt, die er im Ausland besaß. Aber er hat auch zu den Entlassungen selbst nicht geschwiegen.
Anfang April erhielten vier Kollegen in der Leipziger Philosophischen Fakultät von dem sich besonders forsch gebärdenden Reichsstatthalter in Sachsen ihre Kündigung. Bartel Leendert van der Waerden berichtete:

Die Entlassung von vier jüdischen Wissenschaftlern an der Universität Leipzig geschah nicht auf Grund des «Gesetzes zur Wiederherstellung des Berufsbeamtentums», sondern durch einen besonderen Erlaß des Reichsstatthalters von Sachsen, Mutschmann, «aus dienstlichen Gründen»... Die Entlassenen waren der Mathematiker Friedrich Levi (Hauptassistent am Mathematischen Institut), der Archäologe Benno Landsberger (der dann nach Ankara berufen wurde und zahlreiche Ausgrabungen in der Türkei leitete) und zwei andere.
Der Historiker Berve leitete die Fakultätsversammlung. Einige Kollegen, die den Nazis nahe standen oder Angst hatten, versuchten, den Dekan zu bewegen, die Debatte zu unterbinden, aber er blieb standhaft, und die Diskussion fand statt. Einige Kollegen (auch solche, die sonst national gesinnt waren) erklärten sich beunruhigt, daß die Rechtssicherheit dahin ist, wenn Beamte ohne besondere Begründung... entlassen werden konnten. Am energischsten sprachen Heisenberg und ich. (Der Reichsstatthalter hat mir dafür durch den Rektor eine Rüge erteilen lassen.)
Am nächsten Tag, noch bevor der Dekan der Regierung berichten konnte, wußte man in Dresden schon, wer in der Fakultätssitzung sich am schärfsten

Die Vertreibung Einsteins, des «Papstes der Physik», aus seiner Stellung bei der Preußischen Akademie in Berlin und seine Übersiedlung an das Institute for Advanced Studies in Princeton wurden symbolhaft verstanden: daß die Führung, die Deutschland in der Physik bis 1933 innegehabt hatte, nun an die Vereinigten Staaten übergegangen war.

geäußert hatte. Heisenberg kam nach einigen Tagen zu mir und sagte: «Wir werden vermutlich beide entlassen. Schauen Sie sich doch nach einer Stelle im Ausland um.»[8]

Aber der Reichsstatthalter wagte diesen Schritt nicht. Die internationale Berühmtheit war Heisenbergs Schutz. Jedes Vorgehen hätte im Ausland Aufsehen erregt, und das Regime scheute Aufsehen in den ersten Monaten.

Heisenberg hat damals erwogen, ob er in die Emigration gehen solle. Doch er liebte dieses Land. Er erinnerte sich an die ersten Tage des Kriegsausbruches im August 1914 mit dem tiefen Gefühl der Verbundenheit mit allen Menschen im gleichen Schicksal, an die Wanderungen durch Deutschland, an die Gedichte Goethes, Mörikes und Eichendorffs, die er sich dabei leise aufgesagt hatte. Das alles war ein Stück von ihm selbst.

Er stellte sich die Frage, wie sich wohl sein Vater entschieden hätte. Der Vater hatte immer so herzlich Anteil genommen an all seinen Problemen, den wirklichen und den vermeintlichen, und hatte – mit Freude und Stolz – noch die großen wissenschaftlichen Erfolge und die Ernennung zum Ordinarius in Leipzig miterlebt. Aber 1930, im Alter von erst 61 Jahren, war August Heisenberg gestorben, an einer Typhusinfektion, die er sich auf der Reise zum Internationalen Byzantinistenkongreß in Athen zugezogen hatte.

So suchte Heisenberg Rat bei Max Planck, dem verehrten Oberhaupt der deutschen Gelehrten. In seinem Haus in Berlin-Grunewald fand er den Präsidenten der Kaiser-Wilhelm-Gesellschaft «zutiefst deprimiert». Planck konnte keine Hilfe geben; er war selber hilflos. Er hielt sich an das, was er schon nach der Revolution 1918 gesagt hatte: «Durchhalten und weiterarbeiten.»[9]

Auf dem Heimweg und im Zug nach Leipzig gingen mir die ausgesprochenen Gedanken unablässig im Kopf herum, und ich quälte mich mit der Frage, ob ich auswandern oder bleiben sollte. Fast beneidete ich die Freunde, denen die Lebensgrundlage in Deutschland mit Gewalt entzogen worden war und die daher wußten, daß sie unser Land verlassen mußten. Ihnen war bitter Unrecht geschehen, und sie hatten große materielle Schwierigkeiten zu überwinden, aber ihnen war wenigstens die Wahl erspart. Ich versuchte mir das Problem in immer wieder neuen Formen zu stellen, um besser zu sehen, was richtig war.[10]

Heisenberg entschied sich dafür, in Deutschland zu bleiben. Selbst vom heutigen Standpunkt – von dem aus man den verbrecherischen Charakter des Regimes und alle seine Untaten kennt – ist es nicht ganz leicht zu erkennen, ob es damals richtiger gewesen wäre, die Professur in Leipzig niederzulegen. Vielleicht hätte damals entschlossener Widerstand eine Signalwirkung gehabt und den Triumph der Nazis über die billigen Siege unterbrechen können. Dieser Auffassung widersprach Peter Paul Ewald, ein Schüler Sommerfelds, der später selbst die Emigration wählte:

Die gemeinsame Amtsniederlegung von Hund, van der Waerden und Heisenberg hätte gar nichts genützt, denn die Nazis hätten die Nachricht völlig unterdrückt. Es war die gleiche Situation, in die die Rektoren bei der Konferenz in Wiesbaden (10. April 1933) über einen gemeinsamen Protest der deutschen Rektoren gegen das «Gesetz zur Wiederherstellung des Berufsbeamtentums» gebracht wurden. Erstens hätte dies eine Gegenkundgebung der nationalsozialistischen Rektoren (zum Beispiel Göttingen!) hervorgerufen, und zweitens wären die zurückgekehrten Rektoren sofort durch stramme Parteigenossen ersetzt worden. Vermutlich haben viele Rektoren nach der Rückkehr ihr Amt niedergelegt (ich zum Beispiel), aber davon kam nichts in der Presse.[11]

Heisenberg hat eine wichtige und erfolgreiche Rolle gespielt bei der Abwehr der nationalsozialistischen Ansprüche; zum großen Teil ist es ihm zu danken, daß die theoretische Physik in Deutschland nicht auf provinzielles Niveau herabgesunken ist, sondern in altem Geist – wenn auch mit verminderten Kräften – weiterbetrieben werden konnte.
Allerdings hat Heisenberg nicht so sichtbare Zeichen gesetzt wie Max von Laue, der als *resolute champion of freedom* dem Nationalsozialismus direkt entgegengetreten ist. Für einen solchen politischen Kampf war Heisenberg nicht geschaffen, ebensowenig wie Planck; Heisenberg ging von frühester Jugend seine eigenen Wege in der Welt des Geistes, die er aus Höhen wie keiner vor ihm überblickte; in der Menschenwelt blieb er unerfahren. Fremd waren ihm die Gefühle des Neides, der Rachsucht, des Hasses – die jetzt in der «Völkerwanderung von unten» eine so maßgebende Rolle spielten –, und er vermochte das Getriebe nicht zu durchschauen. Kein Zweifel aber über seine Gesinnung:

Ich würde auch jetzt noch glauben [schrieb er nach dem Kriege], meine Pflicht sträflich versäumt zu haben, wenn ich nicht wenigstens in meinem kleinen

Kreise das Äußerste versucht hätte, eine Bresche in die Verblendung zu schlagen, in der Hoffnung, daß andere an anderen Stellen dann das gleiche tun... Ich habe niemals das leiseste Verständnis aufbringen können für die Menschen, die sich von aller Verantwortung zurückzogen und einem dann in einer ungefährlichen Tischunterhaltung versicherten: «Sie sehen, Deutschland und Europa werden zugrunde gehen, ich habe es ja immer gesagt.»[12]

Das Leipziger Institut war eine Insel der Freiheit in der braunen Flut. Durch seine menschliche Haltung und seine wissenschaftliche Autorität war er ein Fels, an dem manche Woge zerschellte.
Heisenberg hat vorausgesehen, daß sein Verbleiben in Deutschland manche Konzession erforderlich machen würde.

Am Anfang der Vorlesung mußte man die Hand erheben, um den von der nationalsozialistischen Partei geforderten Formen zu genügen... Man mußte amtliche Briefe mit «Heil Hitler» unterzeichnen. Das war schon viel unerfreulicher, aber zum Glück hatte man ja nur selten solche Briefe zu schreiben, und dann hatte dieser Gruß sowieso den Unterton, «ich will mit dir nichts zu tun haben». Man mußte an Feiern und Aufmärschen teilnehmen. Aber es würde wohl oft möglich sein, solche Verpflichtungen zu umgehen. Jeder einzelne Schritt dieser Art war vielleicht noch vertretbar. Aber man würde wohl viele Schritte gehen müssen.[13]

Was Heisenberg 1933 noch nicht voraussehen konnte, war, daß gerade durch seine Forschungen auf dem Gebiet der wissenschaftlich so faszinierenden Kernphysik die Entwicklung einer neuen Waffe, eines Machtinstrumentes bisher unvorstellbaren Ausmaßes, in den Bereich der Möglichkeit rückte. Als er selbst, zu seinem Schrecken, diese Konsequenzen erkannte, da blieb ihm nichts, als den Weg, für den er sich entschieden hatte, langsam, aber doch Schritt für Schritt weiterzugehen. Zum Glück für die Welt schlug aber hier, auf dem Gebiet der Kerntechnik, die Politik des «Dritten Reiches» auf die Machthaber selbst zurück.
In seiner am Ende des Lebens geschriebenen Autobiographie ging Heisenberg ausführlich auf die Ereignisse von 1933 ein. Danach spielte für seinen Entschluß, nicht in die Emigration zu gehen, der Besuch bei Planck in Berlin eine entscheidende Rolle. Planck berichtete dabei von seinem Gespräch mit Adolf Hitler, das am 16. Mai 1933 in der Reichskanzlei stattgefunden hatte. Als Präsident der Kaiser-Wilhelm-Gesell-

schaft fühlte sich Planck verpflichtet, auf den unermeßlichen Schaden hinzuweisen, den die Vertreibung der jüdischen Gelehrten Deutschland zufügte. «Ich habe bei Hitler keinerlei Verständnis gefunden», so soll sich (Heisenbergs Lebenserinnerungen zufolge) Planck geäußert haben: «Er ist keinerlei vernünftigem Einspruch zugänglich und wird Deutschland in eine entsetzliche Katastrophe führen.»[14]

So schildert Planck tatsächlich seinen Besuch bei Hitler – aber erst nach dem Krieg. Als Heisenberg 1969 seine Autobiographie schrieb, hatte er wahrscheinlich Plancks gedruckten späteren Bericht im Gedächtnis, aber offenbar vergessen, was Planck ihm 1933 tatsächlich erzählt hatte.

Das aber weiß heute der Historiker. Es gibt einen Brief, der von Heisenberg unter dem unmittelbaren Eindruck des Gesprächs mit Planck verfaßt worden ist. «Planck hat mit dem Haupt der Regierung gesprochen», schrieb Heisenberg am 2. Juni 1933, «und die Zusicherung erhalten, daß über die Beamtengesetze hinausgehend nichts von der Regierung unternommen werde, das unsere Wissenschaft erschweren könnte.» In diesem – an Max Born gerichteten – Brief bittet Heisenberg den alten Lehrer, der seiner jüdischen Abstammung wegen bereits außer Landes gegangen war, wieder nach Göttingen zurückzukehren. Trotz der häßlichen Dinge, die sich ereignet hätten, gebe es «unter denen, die in der neuen politischen Situation führen», auch Menschen, um derentwillen sich ein Ausharren durchaus lohne: «Es wird sich sicher im Lauf der Zeit das Häßliche vom Schönen scheiden.»[15]

In seiner Autobiographie motiviert Heisenberg sein Verbleiben in Deutschland damit, daß mit der Machtergreifung Ereignisse, unbeeinflußbar wie eine Lawine, in Gang gesetzt worden seien und daß man nach der unvermeidlichen Katastrophe sofort zur Stelle sein müsse.

In Wirklichkeit machte sich Heisenberg 1933 offenbar Hoffnungen auf eine Besserung der politischen Verhältnisse, nicht weil er «angenazit» gewesen wäre, wie Max Born später im Zorn einmal geschrieben hat, sondern weil er ein unverbesserlicher Optimist war.

Die Vertreibung der jüdischen Gelehrten war in der Selbstzerstörung der erste Schritt. Nicht minder gefährlich war die Rolle, die nun Philipp Lenard und Johannes Stark als Vertrauensleute der Partei in der Wissenschaft spielten. Als «alte Kämpfer» erlangten sie großen Einfluß.

Am 1. Mai 1933 wurde Stark zum Präsidenten der Physikalisch-Technischen Reichsanstalt eingesetzt. Im *Völkischen Beobachter* kommentierte Freund Lenard die Ernennung:

Eine entschiedene Abkehr bedeutet sie von der schon als unvermeidlich betrachteten Vorherrschaft des – am kürzesten – Einstein-mäßig zu nennenden Denkens... Nun ist Stark... obenan an so wichtiger Stelle. Viele... werden diesen hier wirksam gewordenen Entschluß des Reichsinnenministers Frick schon begriffen haben... Es war dunkel geworden in der Physik, und zwar schon von oben herab... Das hervorragendste Beispiel schädlicher Beeinflussung der Naturforschung von jüdischer Seite hat Herr Einstein geliefert mit seiner aus guten, schon vorher dagewesenen Erkenntnissen und einigen willkürlichen Zutaten mathematisch zusammengestoppelten «Theorie», die nun schon allmählich in Stücke zerfällt... Man kann hierbei selbst mit gediegener Leistung dastehenden Forschern den Vorwurf nicht ersparen, daß sie den «Relativitätsjuden» in Deutschland überhaupt erst haben festen Fuß fassen lassen... An hervorragender Stelle tätige Theoretiker hätten diese Entwicklung schon besser leiten dürfen... Jetzt hat sie Hitler geleitet.[16]

Seit der berüchtigten Naturforscherversammlung in Bad Nauheim im Jahr 1920 hatten Lenard und Stark gegen die Relativitäts- und die Quantentheorie ständig neue Angriffe gerichtet, aus denen die Physiker den Schluß zogen, daß die beiden Nobelpreisträger die physikalischen Grundgedanken der neuen Theorien nicht verstanden hatten. So kursierte über Lenard und Stark das Wort: «Was man nicht verstehen kann, sieht man drum als jüdisch an.»
Die Zeit, in der man sich über wissenschaftlich abwegige Auffassungen unbeschwert lustig machen konnte, war im Jahr 1933 vorbei. Einige der maßgebenden Begründer der modernen theoretischen Physik wie Einstein und Born hatten als Juden und «Feinde des deutschen Volkes» das Land verlassen müssen, und ihre unversöhnlichsten Gegner konnten sich mit Recht ihrer langjährigen geistigen Verbundenheit mit Adolf Hitler und den anderen «Führern» in Partei und Staat rühmen. Der Relativitätstheorie und der Quantentheorie, die zu den bedeutendsten intellektuellen Leistungen des 20. Jahrhunderts gehören, Leistungen, die zum größten Teil in Deutschland vollbracht worden waren, drohte als jüdischen Geistesprodukten die Verfremdung. Stand nun, nach dem Rückfall in die politische Barbarei, auch auf dem Gebiet der Wissenschaft ein Rückschritt ohne Beispiel bevor?

Wie es in der Physik weitergehen sollte, mußte sich bald entscheiden. Johannes Stark meldete für die Physikertagung im September ein Grundsatzreferat an und erhob zugleich Anspruch auf das Amt des ersten Vorsitzenden.

Noch aber stand der 1931 demokratisch von den Mitgliedern gewählte Max von Laue an der Spitze der Gesellschaft. «Für die Leitung der Verhandlungen auf der Physikertagung in Würzburg wünsche ich Ihnen alles Gute», schrieb Max Planck. «Wenn die Mehrheit wirklich so unvernünftig ist, Stark zum Vorsitzenden zu wählen, so wird sie es bald büßen müssen, und es hat vielleicht auch sein Gutes, wenn diese Klärung der Begriffe und die damit verbundene Erleuchtung recht frühzeitig kommt.»[17] Während sich der fünfundsiebzigjährige Planck schon mit dem «Physik-Führer Stark» abfinden wollte und sich, etwas krampfhaft, bemühte, die positiven Aspekte des scheinbar Unabwendbaren zu sehen, nahm Max von Laue die Herausforderung an. Er eröffnete den Kongreß mit einer sorgfältig vorbereiteten Rede über die genau dreihundert Jahre zurückliegende Verurteilung Galileis durch die Inquisition. Die Zuhörer verstanden, daß mit dem «Galilei», von dem er sprach, Einstein gemeint war:

> Galilei muß sich bei den ganzen Prozeßverhandlungen innerlich die Frage gestellt haben: «Was soll das alles? Ob ich, ob irgendein Mensch es nun behauptet oder nicht, ob politische, ob kirchliche Macht dafür ist oder dagegen, das ändert doch nichts an den Tatsachen! Wohl kann Macht deren Erkenntnis eine Zeitlang aufhalten, aber einmal bricht diese doch durch!» Und so ist es ja auch gekommen. Der Siegeszug der Kopernikanischen Lehre war unaufhaltsam... Auch später gab es für die Wissenschaft manchmal schlechte Zeiten... Aber bei aller Bedrückung konnten sich ihre Vertreter aufrichten an der sieghaften Gewißheit, die sich ausspricht in dem schlichten Satz: Und sie bewegt sich doch![18]

Unmittelbar danach ergriff Johannes Stark das Wort. Verärgert, mit poltrigen Sätzen, kommentierte er die Ausführungen Laues. Dann fand er zum vorbereiteten Text seiner Rede zurück, die ihn in der neuen Würde als Präsident der Reichsanstalt präsentieren sollte. Es war viel von Verantwortung die Rede: Wie nun der Führer die Verantwortung für das deutsche Volk trug, wollte er für die Physik die «Verantwortung» übernehmen. Für den Ausbau der Reichsanstalt entwickelte er gigantische Pläne. Hand in Hand damit sollte die Wissenschaft in Deutschland neu organisiert werden mit der von ihm beherrschten Reichsanstalt als Steuerungszentrum.

Zum 1. Mai dieses Jahres hat mich der Herr Reichsminister Dr. Frick an die Spitze der Physikalisch-Technischen Reichsanstalt berufen. Damit habe ich eine große Verantwortung übernommen. Die Verantwortung, die größte wissenschaftliche Anstalt des Reiches so zu fördern und so zu entwickeln, daß sie ihren großen verantwortungsvollen Aufgaben gegenüber der Wissenschaft und gegenüber der Wirtschaft gerecht zu werden vermag... Ich fühle mich an der Spitze der Physikalisch-Technischen Reichsanstalt sozusagen verantwortlich für die deutsche Physik... Man wird die Neuordnung des physikalischen Schrifttums durchführen, vielleicht nach folgenden zwei Grundsätzen. Der eine Grundsatz... lautet «Gemeinnutz geht vor Eigennutz». Der andere Grundsatz... «Und folgst du nicht willig, so brauch ich Gewalt»... Das Bewußtsein, der Sache und dem Ganzen zu dienen... das macht mich stark. Das wird mir auch die nötige Rücksichtslosigkeit und die nötige Härte geben, falls mir Schwierigkeiten entgegentreten sollten. Das sage ich ausdrücklich.[19]

Die Rede hinterließ einen verheerenden Eindruck. Auch wer von den Kollegen womöglich Sympathien für das «Führerprinzip» besaß, lehnte den Anspruch Starks ab, dieser Führer in der Wissenschaft zu sein. Stark wollte sich zum Vorsitzenden der Deutschen Physikalischen Gesellschaft wählen lassen und dann dieses Amt mit dem des Präsidenten der Physikalisch-Technischen Reichsanstalt verschmelzen; dieser Plan hatte nun keine Chance mehr. Zum neuen Vorsitzenden wurde statt dessen der Industriephysiker Karl Mey vorgeschlagen, der zugleich Vorsitzender der «Deutschen Gesellschaft für Technische Physik» war: ein geschickter Schachzug; denn die Zusammenführung von Universitäts- und Industriephysikern war ein altes Anliegen Starks. Stark zog seine Kandidatur zurück. Am 20. September 1933 wurde Mey fast einstimmig zum neuen Vorsitzenden gewählt.
Eine deutliche Absage der Physikalischen Gesellschaft an den «neuen Geist» war auch die Verleihung der erst vier Jahre zuvor gestifteten goldenen Max-Planck-Medaille. Für das Jahr 1933 wurde die höchste Auszeichnung der Gesellschaft Werner Heisenberg zugesprochen.
Heisenberg war nicht nach Würzburg gekommen. Er folgte einer Einladung nach Kopenhagen, die ihm jetzt noch mehr bedeutete als in den Jahren zuvor. Mit einer Anspielung auf die berühmte «Heisenbergsche

Unschärferelation» gratulierte Pauli: «Stern erzählte mir, Du hättest die Planck-Medaille während Deines Kopenhagener Aufenthaltes in Würzburg verliehen bekommen (wie scharf da Dein Impuls bestimmt war!).»[20]

Nach der Kopenhagener Tagung im September besuchte Heisenberg Ende Oktober in Brüssel die internationale Solvay-Konferenz. Hier erhielt er Andeutungen, daß nach der Max-Planck-Medaille eine noch größere Ehre bevorstehe. Als das Semester in Leipzig schon angefangen hatte, am 9. November, kam das Telegramm aus Stockholm.

Es war der Nobelpreis für das Jahr 1932, den Heisenberg erhielt. Gleichzeitig wurde der Physikpreis 1933 vergeben, und zwar halbiert an Erwin Schrödinger und Paul Dirac. Heisenberg fiel die Auszeichnung ungeteilt zu «für die Aufstellung der Quantenmechanik», wie es in der offiziellen Begründung hieß. Pauli aber scherzte, der wahre Anlaß sei die bei Sommerfeld gefertigte Doktorarbeit von 1923. Pauli spielte dabei auf die elf Jahre zurückliegende Verleihung des Nobelpreises an Einstein an, die nicht, wie allgemein erwartet, für die Relativitätstheorie erfolgt war, sondern – unter dem Eindruck der Lenardschen Kampagne – in einer etwas gewundenen Erläuterung für die quantentheoretischen Arbeiten, insbesondere den Photoeffekt:

Der Vergleich mit früheren Begründungen (namentlich die an Einstein) und die Durchsicht der Statuten der Nobelstiftung lassen es mich als sicher annehmen, daß Du den Preis für Deine berühmte und bis heute unwiderlegte hydrodynamische Dissertation bekommen hast. Denn diese hat ja den unmittelbaren Zusammenhang mit physikalischen Experimenten, auf den die Nobelstiftung einen so großen Wert legt. – Wie dem auch sei, ich gratuliere Dir recht herzlich![21]

Zur ungetrübten Freude blieb keine Zeit. Der neue Nobelpreisträger sollte gleich eine Rolle in der nationalsozialistischen Regie spielen. Am 11. November, dem Tag, an dem die Morgenblätter die Preisverleihung gemeldet hatten, kamen in Leipzig führende Gelehrte aus dem ganzen Reich zu einer «Wahlkundgebung der deutschen Wissenschaft» zusammen. Neben dem Philosophen Heidegger, dem Chirurgen Sauerbruch, dem Kunsthistoriker Pinder und dem Anthropologen Fischer war nun auch dem jungen Physiker, von dessen Ruhmes- und Wundertaten man soeben vernommen hatte, ein Auftritt zugedacht. Der Zufall, daß der Nobelpreis gerade jetzt nach Leipzig fiel, schien prächtig in die Inszenierung zu passen. In einem Grußwort an die Versammlung sollte Heisenberg seiner «Verbundenheit mit dem Führer» öffentlichen Ausdruck verleihen – oder wenigstens mit den anderen Zelebritäten auf dem über und über mit Hakenkreuzen geschmückten Podium in der Alberthalle sich der Menge präsentieren.

Heisenberg aber machte nicht mit; er verweigerte seine Beteiligung. Nun hatte er Gelegenheit, seine «Volksgenossen» von einer anderen Seite kennenzulernen. Stabsleiter und Gauobmann des Nationalsozialistischen Lehrerbundes Sachsen, die ihn eben noch so freundlich zur Teilnahme gebeten hatten, vergaßen alle Formen der Höflichkeit. Kollegen rückten von ihm ab; Studenten drohten, die Vorlesung zu sprengen. Heisenberg hat darüber nie berichtet; nur in dem in der Autobiographie wiedergegebenen Gespräch mit einem nationalsozialistisch gesinnten Studenten klingen die Probleme an.

Daß mit dem Nobelpreis auch eine Bürde verbunden ist, hat Heisenberg vom ersten Tag an erfahren müssen. Unter 70 Millionen Deutschen war er herausgehoben, und von seiten der nationalsozialistischen Regierung wie von seiten der ehemaligen, nun in der Emigration lebenden Kollegen wurde sein Verhalten genau beobachtet und beurteilt.

Ebenso herausgehoben war er nun natürlich als Physiker. Er zählte 32 Jahre, als er in den Aeropag des Geistes gewählt und einem Planck, einem Einstein, einem Bohr an die Seite gestellt wurde. Er gab sich Rechenschaft darüber, was alles er seinen Lehrern Sommerfeld, Born und Bohr verdankte und was seinen Freunden, allen voran Pauli. In Gesprächen und Briefen hatte er von ihnen unzählige Anregungen erhalten und verarbeitet. Wie würden sie es jetzt aufnehmen, daß sein Anteil an dem Werk, zu dem sie doch alle gemeinsam beigetragen hatten, so herausgestellt wurde?

Besonders delikat war das Verhältnis zu Born, der als Emigrant in England, auf einer kleinen Stelle in Cambridge, sich von den ehemaligen Kollegen und Schülern in Göttingen im Stich gelassen fühlte. Heisenberg schrieb dem ehemaligen Lehrer einen Brief, in dem er ausdrücklich dessen Anteil an der großen Leistung, der Begründung der «Göttinger Matrizenmechanik», würdigte:

Am 11. November 1933, an dem gleichen Tag, an dem die Zeitungen die Verleihung des Nobelpreises an Heisenberg gemeldet hatten, fand in Leipzig eine große «Wahlkundgebung der deutschen Wissenschaft» statt. Heisenberg aber verweigerte seine Beteiligung. Von diesem 11. November 1933 an begann das Kesseltreiben gegen ihn.

Die Tatsache, daß ich den Nobelpreis allein bekommen soll für eine Arbeit, die wir damals in Göttingen zusammen – Sie, Jordan und ich – gemacht haben, das betrübt mich und ich weiß nicht recht, was ich schreiben soll. Ich bin natürlich froh darüber, daß unsere gemeinsame Bemühung nun so anerkannt worden ist, und ich freue mich in der Erinnerung an die schöne Zeit gemeinsamer Arbeit. Auch denke ich, daß ja alle guten Physiker wissen, wie groß Ihr und Jordans Anteil am Bau der Quantenmechanik war ...[22]

Born ist «das Gefühl einer gewissen Ungerechtigkeit nicht losgeworden»; er hat das aber mit sich selbst abgemacht und sich nur in Briefen an seinen alten Freund Albert Einstein beklagt, daß «die Lobhudelei ganz auf Heisenberg und Schrödinger niedergegangen» sei, daß Heisenberg «die Ernte für gemeinsame Arbeit eingeheimst» habe, «soweit es äußeren Erfolg, wie Nobelpreis und solche Dinge, betrifft».[23] Wie er selbst sagte, ist er schließlich darüber hinweggekommen, weil ihm Heisenbergs Überlegenheit bewußt war.

Wie zu den Freunden schuf der Nobelpreis auch im Verhältnis zu den Feinden eine neue Lage. Am 23. November 1933 hielt Johannes Stark im Chemischen Institut der Universität Berlin einen Vortrag über «Aufgaben der Naturwissenschaft im Neuen Reich». Eine merkwürdige Rede, die stellenweise einer Schimpfkanonade glich: gegen Planck, der in der Kaiser-Wilhelm-Gesellschaft am Standpunkt festhielt, die Wissenschaft sei international, gegen Laue, der Einstein mit Galilei auf eine Stufe stellte, und gegen Heisenberg, den «wissenschaftlichen Formalisten», der gerade eben den Nobelpreis erhalten hatte. Für Stark war diese Verleihung «eine Demonstration des jüdisch beeinflußten Nobelkomitees gegen das nationalsozialistisch gesinnte Deutschland».

Neue Gelegenheit zur Agitation fand Stark bei der «Volksabstimmung» am 19. August 1934. Nach dem Tod Hindenburgs hatte Hitler das Amt des Reichspräsidenten und des Reichskanzlers auf seine Person vereinigt. Um dem abermaligen Verfassungsbruch den Schein der Legalität zu verleihen, zog das Regime alle Register der Propaganda.

Am 11. 8. erhielt ich ein Telegramm, unterzeichnet «Stark, Notgemeinschaft der Deutschen Wissenschaft» [berichtete Max von Laue]. Er forderte mich zu umgehender Antwort auf, ob ich einen Aufruf der deutschen Nobelpreisträger für die auf den 19. 8. angesetzte Volksabstimmung mitunterzeichnen wolle. Ich habe entgegnet, ich wäre gegen jede politische Kundgebung von Gelehrten. Dasselbe Telegramm hat auch Planck erhalten; er hat mit ähnlicher Begründung abgelehnt. Die anfangs gehegte Befürchtung, es handele sich bei dem Ganzen nur um eine Falle, scheint mir jetzt unbegründet, da sich leider auch andere «Intellektuelle» wie Furtwängler, Krupp v. Bohlen, Sauerbruch zu solchen Propaganda-Aufrufen hergegeben haben. Aber das schließt natürlich nicht aus, daß man denen, die sich geweigert haben, doch noch einen Strick daraus dreht. Planck jedenfalls glaubt, man wolle ihn aus dem Präsidium der Kaiser-Wilhelm-Gesellschaft auf diese Art verdrängen.

Wer außer Planck und mir jene Aufforderung erhalten hat, kann ich nur vermuten. Die «Nichtarier» werden diesem Schicksal wohl entgangen sein. Ob Heisenberg sie erhalten hat, derselbe Heisenberg, dessentwegen Stark Ende Mai die Versammlung der Eisenhüttenleute in Düsseldorf nicht besuchen wollte? Stark hat die Einladung nämlich ausdrücklich mit dem Bemerken abgelehnt, er käme nicht, weil Heisenberg zu einem Vortrag eingeladen wäre.[24]

Heisenberg hatte die Aufforderung erhalten und wie Planck und Laue seine Unterschrift verweigert.
Wenige Wochen später, am 15. September 1934, hielt Heisenberg bei der Versammlung der Deutschen Naturforscher und Ärzte, die diesmal in Hannover stattfand, einen Vortrag über die «Wandlungen in den Grundlagen der Naturwissenschaft in jüngster Zeit». Zwölf Jahre zuvor, bei der Versammlung in Leipzig, hatte der Vorstand der Gesellschaft Albert Einstein, und als dieser absagte, Max von Laue zu einem solchen Übersichtsreferat gebeten. Nun repräsentierte Heisenberg das Fach. 1922 in Leipzig waren politische Komplikationen aufgetreten, die der junge Heisenberg am Rande miterlebt hatte. 1934 stand er selbst im Mittelpunkt.
Zum Thema «Wandlungen in den Grundlagen der Naturwissenschaft» gehört die Relativitätstheorie, und Heisenberg nannte als Pioniere Einstein und Michelson. Was uns heute selbstverständlich erscheint, erregte damals Aufsehen und – Anstoß. Ein Oberstudienrat interpellierte an den Reichsleiter der NSDAP:

Wenn es schon ein Skandal ist, daß der amerikanische Jude Michelson und der niederträchtige Jude Einstein von den rasseverräterischen Schweden den Nobelpreis erhielten, so ist es noch weniger zu verstehen, wenn ein deutscher Hochschulprofessor, der schon aufgrund seiner Lehrtätigkeit der nationalsozialistischen Bewegung anzugehören hat, für diese Verbrecher eintritt wie Herr Heisenberg. Gehört ein solcher Mann auf den Lehrstuhl einer deutschen Hochschule? Nach meiner Ansicht sollte man ihm Gelegenheit geben, sich einmal gründlich mit den Lehren der Juden von der Sorte Einstein und Michelson zu befassen. Das Konzentrationslager ist zweifellos der geeignete Platz für Herrn Heisenberg... Auch dürfte eine Anklage wegen Volks- und Rasseverrats fällig sein.[25]

Alfred Rosenberg ließ antworten, «daß er grundsätzlich diese Auffassung teile»:

Der Reichsleiter der NSDAP... hat Veranlassung genommen, den Professor Heisenberg auf das Verwerfliche seiner Rede hinzuweisen, und ihm in Form eines Verweises nahegelegt, Bemerkungen dieser Art, die als Kränkung der Bewegung angesehen werden müssen, zu unterlassen. Bedauerlicherweise ist es mit Rücksicht auf das Ausland nicht möglich, dem Professor Heisenberg eine schärfere Zurechtweisung zu erteilen, oder ihn, wie das wohl wünschenswert wäre, zu maßregeln.[26]

Machtergreifung in der Wissenschaft

Die politische Machtergreifung war innerhalb weniger Monate abgeschlossen. Langsamer vollzog sich die Machtergreifung in der Wissenschaft. Der deutschen Gelehrtentradition entsprach es, die «große» Politik anderen zu überlassen, in den Angelegenheiten des eigenen Fachs aber selbst zu entscheiden. So gab es Widerstand gegen die Nationalsozialisten.

Die Schlappe bei der Würzburger Physikertagung ließ Stark keine Ruhe. Die erstrebte Führerposition in der Wissenschaft wollte er sich nun mit Hilfe seiner politischen Beziehungen aufbauen. Er beanspruchte die Aufnahme in die Preußische Akademie, wo durch die «Säuberungen» Plätze freigeworden waren. Wie im «Fall Einstein» griffen die Behörden massiv ein.

Friedrich Paschen machte sich schwere Sorgen. Nach reiflicher Überlegung der «für die Akademie bestehenden Zwangslage» erklärte er sich bereit, den Antrag auf Wahl von Stark zum ordentlichen Mitglied der Akademie zu stellen, «sobald die Regierung dies erneut fordert». Die Regierung forderte. Am 30. November 1933 unterzeichneten Max Planck und Karl Willy Wagner den von Paschen formulierten Wahlantrag. «Es gibt nach meiner Überzeugung nur diesen Weg... und es wäre taktisch falsch und sogar gefährlich, wollte man sich sträuben.»[1]

Laue hatte früher Max Planck als seinen großen akademischen Lehrer verehrt, und nun waren beide enge Freunde und beide Mitglieder der Preußischen Akademie. Ganz sicher darum, daß Planck und Laue eine Aussprache unter vier Augen miteinander führten. Wahrscheinlich vertrat Planck, ähnlich wie in Gesprächen mit Heisenberg und mit Telschow, dem späteren Generalsekretär der Kaiser-Wilhelm-Gesellschaft, die Auffassung, daß man der Regierung nachgeben müsse: «Der Nationalsozialismus ist wie ein Sturm, der über unser Land braust», so meinte er. «Wir können nichts tun, als uns beugen wie die Bäume im Wind.» Widerstand hielt Planck für sinnlos; denn die Regierung habe genügend Mittel und Wege, ihr Ziel – und dann auf eine für die Akademie schmerzhaftere Weise – zu erreichen. Diesem Standpunkt hielt Laue entgegen, daß es nicht um die Person Starks gehe, sondern um die Freiheit der Forschung. Auch wenn man unterliege, so sei es besser, überhaupt etwas getan zu haben, als kampflos die alten Ideale aufzugeben. Die Niederlage sei jedoch keineswegs schon besiegelt: Wenn man beherzt vorgehe, so könne das auch auslösend und befreiend wirken.

Kraft zur Opposition schöpfte Laue aus dem Bewußtsein, zur internationalen Gemeinschaft der Physiker zu gehören. Er hatte viele Freunde unter den ausländischen Kollegen und hielt die Verbindungen aufrecht, so gut es ging. Besonders wichtig waren ihm die Kontakte zu den Emigranten. Kamen ausländische Besucher, gab er ihnen Briefe mit an Einstein, an Ladenburg, an Schrödinger. Eigene Reisen ins Ausland benutzte er regelmäßig dazu, den Freunden ausführlich zu schreiben. Durch diesen Gedankenaustausch wußte Laue, daß er nicht allein stand mit seinem Urteil, und er lernte – was damals nicht so selbstverständlich war – die politischen Ereignisse nicht nur vom nationalen Standpunkt aus zu beurteilen.

Wichtiger noch war für Laue die Lehre des Königsberger Philosophen. Kants ‹*Kritik der reinen Vernunft*› prägte seine wissenschaftliche Weltanschauung, die ‹*Kritik der praktischen Vernunft*› seine menschliche Haltung. Der Maßstab für ihn war der kategorische Imperativ: «Handle so, daß die Maxime deines Willens jederzeit zugleich als Prinzip einer allgemeinen Gesetzgebung gelten könne.» In der Sitzung der Preußischen Akademie am 14. Dezember 1933 erhob Laue Einspruch gegen die Wahl von Johannes Stark:

Stark ist heute ein einflußreicher Mann für die Entwicklung der Physik; er will es sogar in allerhöchstem Maße sein... Benutzt nun Stark diesen angestrebten und zum Teil erreichten Einfluß zum Besten der Wissenschaft? Ich muß das vollkommen verneinen... Gegen die heutige Entwicklung in der Physik wettert er in Schriften und Vorträgen in einer wenig taktvollen, Persönliches und Sachliches, Wissenschaftliches und Politisches keineswegs trennenden Art. Aber selbst die tiefste Abneigung kann keine Rechtfertigung für die Art abgeben, mit welcher Stark über diese Dinge öffentlich spricht. Am schlimmsten aber sind zweifellos Starks Pläne über das physikalische Schrifttum. Er will einen Generalredakteur für alle in Deutschland erscheinenden physikalischen Zeitschriften eingesetzt haben, der bei jeder zum Druck eingereichten Arbeit die alleinige und endgültige Entscheidung hat, ob sie angenommen wird und in welche Zeitung sie kommt. Und dieser Generalredakteur soll an der Reichsanstalt angestellt, also Herrn Stark unterstellt sein. Nimmt man dann die geschilderte Einstellung Starks zur theoretischen Forschung hinzu, so besteht für den Fall, daß sein Plan gelingt, die größte Gefahr, daß theoretische Arbeiten in Deutschland überhaupt nicht mehr erscheinen können. Es ist somit unmittelbar die Freiheit der wissenschaftlichen Forschung bedroht.[2]

Es gab eine heftige Diskussion. Schließlich wurde die Wahl auf die nächste Sitzung vertagt. An diesem 11. Januar 1934 zogen die Antragsteller ihren Antrag zurück. Damit war die Aufnahme Starks abgelehnt.

Der Gegenschlag kam fünf Monate später. Am 23. Juni 1934 wurde Friedrich Schmidt-Ott, der Präsident der Notgemeinschaft der Deutschen Wissenschaft, aus seinem Amt entlassen. Seit der Gründung 1920 hatte er als «Freund, Patron und Haushalter der deutschen Wissenschaft» eine außerordentlich segensreiche Tätigkeit entfaltet.

Mit tiefem Bedauern habe ich von Ihrem Rücktritt vom Präsidium der Notgemeinschaft gehört. [So schrieb in alter Verbundenheit Max von Laue.] Die überwiegende Mehrzahl der deutschen Physiker teilte dies Bedauern... Unter den jetzigen Umständen noch dazu wird der Wechsel im Präsidium, fürchte ich, den Auftakt bilden zu schweren Zeiten für die deutsche Wissenschaft, und die Physik wird wohl den ersten und schwersten Stoß zu erleiden haben.[3]

So kam es auch. Zum Nachfolger Schmidt-Otts wurde ausgerechnet Johannes Stark eingesetzt. Satzungsgemäß hätte der Präsident von der Versammlung der Rektoren und Akademie-Vertreter gewählt werden müssen, weshalb der Register-Richter bei der Eintragung Schwierigkeiten machte. Laue berichtete:

Da wollte das Reichskultusministerium noch nachträglich die Zustimmung der Hochschulen und Akademien zur Ernennung Starks zum Präsidenten der Notgemeinschaft... Nun sind die Hochschullehrer durch Einführung des Führerprinzips völlig mundtot gemacht, so daß an der Zustimmung der Hochschulen, das heißt der von der Regierung eingesetzten Rektoren, nicht zu zweifeln war (die Universität München hat trotzdem dagegen gestimmt). Aber bei den Akademien gelten noch die alten Satzungen – und von den fünf reichsdeutschen Akademien haben vier gegen Stark gestimmt; von Heidelberg weiß ich nichts Näheres. Natürlich schiebt Stark mir dieses Ergebnis in die Schuhe, und er hat damit sicher nicht so ganz Unrecht.[4]

Stark war durchgefallen. Das Bürgerliche Gesetzbuch schreibt Einstimmigkeit vor, wenn Vereinswahlen durch schriftliche Umfrage stattfinden. Trotzdem stellte der Reichskultusminister Bernhard Rust rechtswidrig fest, daß Stark in seinem Amt bestätigt sei.

Der Außenseiter hatte damit eine einflußreiche Doppelposition gewonnen, als Präsident der Physikalisch-Technischen Reichsanstalt und Präsident der Deutschen Forschungsgemeinschaft, wie die bisherige Notgemeinschaft nun genannt wurde. Stark war jetzt der «Treuhänder der deutschen Forschung». Das Avancement wurde Laue sehr bald verständlich:

Ich war auf dieser Sommerreise auch in Traunstein bei Verwandten. Dort hörte ich, Stark besitze einen Hof nahe bei Traunstein und sei als guter Freund Hitlers daselbst bekannt und «geschätzt». Man wende sich gern an ihn, wenn man etwas zu Hitlers Ohren kommen lassen wolle, und das habe auch manchmal Erfolg, weil Stark als «alter Kämpfer» den persönlichen Zutritt zu Hitler habe. Das erklärt sehr vieles, was sich jetzt in der deutschen Physik abspielt; und es eröffnet keine günstigen Aussichten für die Zukunft. Nach meiner festen Überzeugung hätte weder Frick noch Rust Herrn Stark zu seinen jetzigen Ämtern verholfen, hätte nicht Hitler selbst diese Einsetzung empfohlen.[5]

Eine große, ja weltgeschichtliche Aufgabe wartete auf Stark, als er das Präsidium der Deutschen Forschungsgemeinschaft übernahm. Anfang des Jahres waren von Rudolf Schenk und Peter Debye Pläne entwickelt worden, die in Deutschland bisher vernachlässigte Kernphysik mit Hilfe der Forschungsgemeinschaft verstärkt auszubauen. Debye hatte eine Rundfrage an zwölf führende Kernphysiker gerichtet, darunter Hans Geiger, Walther Bothe und Lise Meitner, und ein gezieltes Programm ausgearbeitet. Besonders gefördert werden sollten die Isotopentrennung, insbesondere die Schwerwasserproduktion, die Teilchenbeschleunigung und die Kernzertrümmerung, also genau die Verfahren, die später für die Atombombe wichtig werden sollten. Nach den Schäden, die die brutale Entlassungsaktion der deutschen Wissenschaft zugefügt hatte, lag hier, in dieser Initiative, die letzte Chance des

Deutschen Reiches, mit einem geistigen Vorsprung in das Atomzeitalter einzutreten.

Die Aussichten standen scheinbar günstig. Die Kernphysik war früher einer der Interessenschwerpunkte von Stark gewesen. 1904 hatte er das *Jahrbuch der Radioaktivität und Elektronik* gegründet und als einziger Dozent in Göttingen Vorlesungen über «Radioaktivität» gehalten. Aus kleinen Anfängen war in drei Jahrzehnten ein ausgedehntes Wissensgebiet entstanden, das man nun, da die «Radioaktivität» schwerer Atome nur eine von vielen Eigenschaften der Atomkerne ist, «Kernphysik» nannte.

Griff Stark, ein Pionier des Faches, die Pläne von Debye und Schenk mit Enthusiasmus auf? Am Anfang des Jahrhunderts, als junger Physiker in Göttingen, hatte er die leise Verachtung der Mathematiker gegen die rein empirisch arbeitende radioaktive Forschung gespürt – und eben darum hartnäckig ihre Bedeutung betont. Nun war das Gebiet als wichtig anerkannt – jetzt war er gegen eine Förderung!

Die Pläne blieben in der Schublade. Ohne andere um Rat zu fragen, entschied Stark mit «Nein». Das war das nach dem Willen der Nationalsozialisten auch in die Wissenschaft eingeführte «Führerprinzip».

Nachdem er dem so wichtigen Schwerpunktprogramm «Kernphysik» eine Absage erteilt hatte, blieb das «Normalverfahren». Anträge aus allen Wissensgebieten (von der Mathematik und Physik angefangen bis zur Mundartforschung) liefen ein. Auch hier häuften sich die Fälle, bei denen – ohne Rücksicht auf die Befürwortung durch die sachverständigen Gutachter – er den Satz diktierte: «Präsident Stark verfügt Ablehnung.» An die Stelle der Gutachterdemokratie, der bewährten Methode, die Wissenschaft ihre Möglichkeiten selbst erkennen und wahrnehmen zu lassen, waren willkürliche Eingriffe, subjektive Zurücksetzung und ebenso subjektive Bevorzugung getreten.[6]

Gemessen an den Leistungen während der Weimarer Zeit war das Ergebnis kläglich. Trotzdem wurden natürlich nach wie vor auch wichtige Arbeiten gefördert. So ergaben sich neue interessante Eigenschaften der Atomkerne durch die Erforschung der Hyperfeinstruktur der Spektrallinien; 1935 entdeckten Hermann Schüler und Theodor Schmidt das Quadrupolmoment, eine wichtige Eigenschaft des Atomkerns. Die Versuche wurden zunächst an den Elementen ausgeführt, wie sie in der Natur vorkommen. Die gemessenen Werte bezogen sich dabei im Regelfall auf mehrere verschiedene Kernsorten, wobei man, seit den Zeiten Galileis typisch für die Physik, den Einfluß des nicht interessierenden Anteils als Nebenbedingung erklärte und subtrahierte. Anders aber als Galilei mit dem freien Fall im Vakuum begnügte man sich nicht damit, das «reine Phänomen» nur im Gedankenversuch zu verwirklichen, sondern suchte es *de facto* zu erzeugen.

Im vorliegenden Fall sind die idealen Experimente solche mit völlig gleichartigen Atomen. Schon früher war es aus rein wissenschaftlichen Gründen zu zahlreichen Versuchen gekommen, die in der Natur vorkommenden Gemische zu trennen und einzelne Kernsorten (Isotope) rein darzustellen. Gustav Hertz an der Technischen Hochschule Berlin-Charlottenburg entwickelte die Methode der sogenannten «Gasdiffusion». Gebrauch gemacht wird dabei von der Eigenschaft der Gase, durch halbporöse Wände oder Membranen je nach der Molekülmasse verschieden schnell hindurchzutreten (zu «diffundieren»). Weil die Isotope, die man trennen will, meist nur sehr geringe Massenunterschiede haben, erreicht man nur eine ganz geringe «Anreicherung» des gewünschten Isotops. Die Lösung bahnte sich 1932 an, als Gustav Hertz eine große Anzahl von Zellen in Kaskaden hintereinander anordnete.

Die Isotopentrennung bildet eine der entscheidenden technischen Voraussetzungen für die Gewinnung von Atomenergie. «Damals dienten», wie sich ein Mitarbeiter erinnerte, «die Arbeiten ausschließlich rein wissenschaftlichen Zwecken und wurden von der Leitung der Technischen Hochschule, die großen Wert auf enge Beziehungen zwischen Wissenschaft und Praxis legte, wegen ihrer offenbar zu geringen technischen Bedeutung nicht einmal besonders gefördert.»[7] Um so wichtiger war die Hilfe der Notgemeinschaft, die die Arbeiten von Hertz und seinen Mitarbeitern finanziell unterstütze.

1935 verzichtete Hertz auf seinen Lehrstuhl, weil er die Anwendung der Rassengesetze gegen sich befürchten mußte. Er wandte sich in der Industrie anderen Aufgaben zu. «Es war ein großes Glück», schrieb Heinz Barwich, «daß Professor Hertz mir noch die Stelle eines Forschungsstipendiaten anbieten konnte und ich so an der theoretischen

Heisenberg im August 1933 bei Vorträgen in Cambridge. Das Jahr brachte mit der Machtergreifung den Einbruch des Ungeistes; zugleich aber gab es in der Physik «wunderbare Fortschritte». Die Entdeckung des Positrons war für Heisenberg eine Offenbarung. «Hoffentlich finden Sie im Wintersemester von der Politik genug Ruhe, um sich über die positiven Elektronen zu freuen», schrieb er an den alten Lehrer Sommerfeld.

und experimentellen Weiterentwicklung seiner Ideen auf dem Gebiete der Isotopentrennung teilnahm.» Nach Ablauf des Stipendiums 1936 ging auch Barwich in die Industrie. Das so erfolgreich entwickelte Diffusionsverfahren wurde in Deutschland nicht weiterverfolgt, auch nicht, als sich nach der Entdeckung der Kernspaltung die Aufgabe stellte, das Isotop Uran 235 im natürlichen Gemisch anzureichern. Für die deutschen Physiker war es nach dem Kriegsende eine Überraschung, daß in den USA ausgerechnet mit der Gasdiffusionsmethode der Kernsprengstoff Uran 235 hergestellt worden war.[8]

So fiel Deutschland gegen die Vereinigten Staaten Jahr um Jahr weiter zurück. Nur in der theoretischen Physik, wo die deutsche Wissenschaft einst weit in Führung gelegen hatte, konnte man noch einigermaßen von einem Schritthalten sprechen.

Den Schlüssel zum Verständnis der Kernkräfte lieferte Heisenberg das Positron. Es handelt sich dabei um ein Elementarteilchen, das in allen Eigenschaften mit dem schon lange bekannten Elektron übereinstimmt, nur entgegengesetzte, also positive Ladung trägt. Es war Ende 1932, also einige Monate nach dem Neutron, entdeckt worden.

Ich hatte mir das Neutron als zusammengesetzt aus Proton und Elektron gedacht, wobei ein solches Gebilde, nämlich das Neutron, aus zunächst unverständlichen Gründen ebenso groß sein sollte wie das Proton. Die starken neuentdeckten Kräfte, die den Atomkern zusammenhalten, schienen sich empirisch bei der Vertauschung von Proton und Neutron nicht zu ändern. Diese Symmetrie konnte man zum Teil dadurch glaubhaft machen, daß man annahm, die Kraft komme durch den Austausch des Elektrons zwischen den beiden schweren Teilchen zustande. Aber dieses Bild hatte doch zwei bedenkliche Schönheitsfehler. Erstens war nicht so recht einzusehen, warum es nicht auch starke Kräfte zwischen einem Proton und einem Proton oder einem Neutron und einem Neutron geben sollte. Und dann war unverständlich, warum diese beiden Kräfte auch – bis auf die relativ kleinen elektrischen Beträge – empirisch gleich groß zu sein schienen. Auch hatte das Neutron empirisch so viel Ähnlichkeit mit dem Proton, daß es unvernünftig aussah, das eine als einfach, das andere als zusammengesetzt aufzufassen.
Wenn es aber das von Dirac vorhergesagte positive Elektron oder, wie man jetzt sagt, das Positron, gab, so war eine neue Lage entstanden. Dann konnte man ja auch das Proton als zusammengesetzt aus Neutron und Positron auffassen, dann war die Symmetrie zwischen Proton und Neutron auf einmal wieder voll hergestellt.[9]

Um die Kräfte zu verstehen, die den Atomkern zusammenhalten, genügt also die Annahme einer einzigen Wechselwirkung: die Kraft zwischen Proton–Proton und Neutron–Neutron ist gleich groß. Diese Aussage gilt «in erster Näherung». Die elektrische Abstoßungskraft zwischen Proton–Proton, die sehr viel schwächer ist als die «Kernkraft», kann leicht nachträglich berücksichtigt werden.
Heisenberg blieb nicht bei der Kernphysik stehen, sondern faßte darüber hinaus schon eine Theorie der Elementarteilchen ins Auge. Von der Existenz des Paares Elektron–Positron schloß er auf die symmetrische Struktur des Mikrokosmos. Das war ein wesentlicher Ansatz für die viel spätere «Einheitliche Theorie der Materie», für das, was populär die «Weltformel» genannt wird: «Hoffentlich finden Sie im Wintersemester von der Politik genug Ruhe, um sich über die positiven Elektronen zu freuen», schrieb er an den alten Lehrer Sommerfeld.[10]
Seit nunmehr drei Jahrzehnten hielt Arnold Sommerfeld an der Universität München in gewohnter Weise seine Vorlesungen. Er war einer der Aufrechten, die keine Konzessionen machten. Zeitlebens hegte er eine

besondere Verehrung für Einstein, und die ließ er sich auch von den Nationalsozialisten nicht nehmen. Im August 1934 schrieb er vom Urlaub in Italien aus an den nun so weit entfernten Freund:

Vielleicht interessiert es Sie, daß ich meine allgemeine Wintervorlesung über Elektrodynamik wie in früheren Jahren in's Vierdimensionale ausklingen ließ und mit einem Abriß der Speziellen Relativitätstheorie krönte. Die Studenten waren begeistert, weil ich selbst wieder einmal von der Schönheit und Einheitlichkeit des Systems begeistert war, nicht einer opponierte... Nicht ein einziges Mal ist die Nennung Ihres Namens beanstandet worden. Wollen Sie daraus entnehmen, daß der deutsche Student der geistigen Tyrannei längst überdrüssig ist... und daß er sich nach der freien Luft des Geistes sehnt.[11]

Zum 31. März 1935 wurde Sommerfeld emeritiert. Da er im siebenundsechzigsten Lebensjahr stand, war das durchaus legal, aber dennoch unverantwortlich.

Gerade jetzt, wo so viele gute Theoretiker aus Deutschland vertrieben sind [schrieb ihm Heisenberg], hätten wir Ihre Führung noch so lange notwendig brauchen können. Denn wenn Sie auch in Zukunft für uns Jüngere und die ganze deutsche Atomphysik nach wie vor der Lehrmeister sind, so wird es eben in Zukunft doch eine Stelle weniger geben, an der die Studenten Atomphysik lernen können. Und wieviel gerade die «Schule Sommerfeld» für unsere Wissenschaft bedeutet hat, brauche ich Ihnen nicht zu schreiben. Aber die Politik folgt eben ihren eigenen Gesetzen.[12]

Es war ganz vergeblich, daß die Fakultät betonte, Sommerfeld sei «in ungeschwächter Schaffenskraft» tätig und verdiene nach wie vor Bewunderung als Lehrer wie als Forscher. «Was ich über Ihre Emeritierung denke und den knappen Brief, der... von der Ahnungslosigkeit der zuständigen Stellen Zeugnis ablegt, will ich dem Papier lieber nicht anvertrauen», schrieb Arnold Berliner: «Man kann sich auf die Zitierung der Bibelstelle beschränken: Herr vergib ihnen usw.»[13] Im akademischen Bereich ist es oft die Berufung eines neuen Professors, an der sich die Gemüter am meisten erhitzen: In guten Zeiten geht es um die Etablierung einer neuen Forschungsrichtung, in schlechten Zeiten geht es um Politik.

Es waren schlechte Zeiten damals. Die Nachfolge Sommerfelds rückte in den Mittelpunkt des Kampfes mit der politisch protegierten Gruppe um Lenard und Stark. Der Streit zog sich hin und überschattete für Jahre das Leben Heisenbergs.

Am 13. Juli 1935 setzte die Berufungskommission, bestehend aus den Physikern Gerlach und Sommerfeld, dem Chemiker Wieland und dem Mathematiker Caratheodory, auf Platz 1 der Liste Werner Heisenberg zusammen mit Peter Debye:

> W. Heisenberg... ist unter den Schülern Sommerfelds der berühmteste und bedeutendste... Heisenbergs vielseitige Produktivität ist einzig dastehend, ebenso die anregende Kraft, die von ihm auf seine Schüler übergeht...[14]

Nach Einspruch des Ministeriums stellte die Kommission am 4. November eine neue Liste zusammen. Akademischem Brauch entsprechend, wurde abermals ein Dreiervorschlag – mit neuen Namen – formuliert. «Bevor wir der Aufforderung nachkommen, neue Vorschläge einzureichen», so hieß es im Kommissionsbericht, «möchten wir dringend bitten, die Kandidatur Heisenbergs erneut in Erwägung zu ziehen»:

> Wir wiederholen aus unserem Gutachten vom 13. VII. die Sätze: «Wir möchten dazu beitragen, Heisenberg den Arbeitsplatz zu verschaffen, den er sich wünscht. In München wird er besser als irgendwo anders für den Nachwuchs in der theoretischen Physik sorgen können und wird die begabtesten Schüler des In- und Auslandes an sich ziehen, entsprechend einer fast dreißigjährigen Tradition des zu besetzenden Lehrstuhles.» Im Sinne dieser Sätze möchten wir hinzufügen: Ein Forscher vom Range Heisenbergs wird seine für Wissenschaft und Unterricht gleich wertvollen Kräfte am besten entfalten, wenn man ihm diejenige Stelle gibt, die er selbst für seine Arbeitsrichtung am geeignetsten hält.[15]

Da die Partei die Berufung Heisenbergs kategorisch ablehnte, die Fakultät sie ebenso kategorisch forderte, blieb die Entscheidung in der Schwebe. Sommerfeld amtierte weiter als sein eigener Vertreter; er war, wie er scherzte, «gesund und wohl emeritiert in voller Tätigkeit».

So sehr Heisenberg es wünschte, nach München berufen zu werden: Schließlich wäre es ihm doch lieber gewesen, Sommerfeld hätte nie an ihn als seinen Nachfolger gedacht. Je hartnäckiger Sommerfeld und die Fakultät an Heisenberg festhielten, desto maßloser wurden die Angriffe von seiten der «Deutschen Physik».

Schließlich ging es gar nicht mehr um die Person Heisenbergs, sondern darum, akademische Freiheit und Selbstverwaltung auch dem totalitären Staat gegenüber zu verteidigen und die Vertreter der «Deutschen Physik» in ihre Schranken zu verweisen.

Die «Deutsche Physik»

Mit Adolf Hitler als Reichskanzler, Bernhard Rust als «Reichsminister für Erziehung, Wissenschaft und Volksbildung», Johannes Stark als Präsident der Deutschen Forschungsgemeinschaft und anderen «Führern» nimmt es nicht wunder, daß die Physik in Deutschland in eine «schwere Krise» geriet, wie Heisenberg konstatierte.
Das war das Ergebnis einer dreijährigen nationalsozialistischen Wissenschaftspolitik: (1) Ein Großteil der hervorragendsten Gelehrten und viele Nachwuchskräfte hatten in die Emigration gehen müssen, so daß es nun die größten Schwierigkeiten bereitete, frei werdende Stellen qualifiziert zu besetzen; (2) die im Lande gebliebenen Wissenschaftler waren in politische Querelen aller Art verwickelt und dadurch in ihrer Arbeitsfähigkeit eingeschränkt; (3) im Ministerium und in der Forschungsgemeinschaft, wo die Weichen für die zukünftige Entwicklung gestellt wurden, regierte die Ignoranz.
Der Krebsschaden für die deutsche Wissenschaft war aber die nationalsozialistische Ideologie. Der aus Pseudo-Philosophie, Ressentiments und Schlagworten nach Gesichtspunkten der politischen Demagogie zusammengesetzte Nationalsozialismus steckte voller innerer Widersprüche und bildete alles andere als ein logisch geschlossenes Gedankengebäude. Die verschwommene Lehre ließ zunächst überall die verschiedenartigsten Auffassungen zu. Es war deshalb nicht von vornherein ausgemacht, ob eine und gegebenenfalls welche Ansicht, unter Verfemung aller anderen, zur allein «wahrhaft nationalsozialistischen» erklärt werden würde. So faßten in der Malerei junge Künstler den Expressionismus als spezifisch deutsche Leistung, als künstlerische Entsprechung der nationalsozialistischen «deutschen Revolution» auf. Erst 1937 definierte der Führer persönlich das «Wesen deutscher Kunst» – und der Expressionismus verfiel als «entartet» der Verfemung.

Die Ideologie des «Dritten Reiches» auf dem Gebiet der Naturforschung nannte sich «Deutsche Physik». Unter diesem Titel legte Philipp Lenard 1936/37 vier Bände Experimentalphysik vor, aufgebaut auf seinen jahrzehntelangen Vorlesungen. Das Vorwort beginnt mit dem Kriegsruf des Verfassers:

«Deutsche Physik?» wird man fragen. – Ich hätte auch arische Physik oder Physik des nordisch gearteten Menschen sagen können, Physik der Wirklichkeits-Ergründer, der Wahrheit-Suchenden, Physik derjenigen, die Naturforschung begründet haben. – «Die Wissenschaft ist und bleibt international!» wird man mir einwenden wollen. Dem liegt aber immer ein Irrtum zugrunde. In Wirklichkeit ist die Wissenschaft, wie alles was Menschen hervorbringen, rassisch, blutmäßig bedingt.[1]

Gegen die moderne Physik (in deren Mittelpunkt die Quanten- und die Relativitätstheorie stehen) wollten Lenard und Stark eine Physik aufbauen, in der diese Theorien keine Geltung haben. Etwas Neues zu schaffen vermochten sie aber nicht. Ihre «Deutsche Physik» war die alte Physik des 19. Jahrhunderts, die sie in ihrer Jugend gelernt hatten, erweitert um einige neue Erfahrungstatsachen (die sie aber nicht erklären konnten).

Am 13. und 14. Dezember 1935 versammelten sich die Vertreter der «Deutschen Physik» in Heidelberg, im großen Hörsaal des «Physikalischen und Radiologischen Institutes», das nun auf den Namen «Philipp-Lenard-Institut» geweiht wurde. Die Festrede hielt Johannes Stark, als, wie Lenard sagte, «mir geistig nächstverwandter und lange schon befreundeter Physiker».[2] Damit war das Kesseltreiben gegen die theoretische Physik eröffnet mit dem Ziel, die Berufung Heisenbergs nach München zu verhindern:

Einstein ist heute aus Deutschland verschwunden... Aber leider haben seine deutschen Freunde und Förderer noch die Möglichkeit, in seinem Geiste weiterzuwirken. Noch steht sein Hauptförderer Planck an der Spitze der Kaiser-Wilhelm-Gesellschaft, noch darf sein Interpretor und Freund, Herr v. Laue, in der Berliner Akademie der Wissenschaften eine physikalische Gutachterrolle spielen, und der theoretische Formalist, Geist vom Geiste Einsteins, soll sogar durch eine Berufung ausgezeichnet werden.[3]

Die Polemik wurde im *Völkischen Beobachter* fortgesetzt. Mit ausführlichen Zitaten aus der Rede Starks erschien am 29. Januar 1936 ein

Arnold Sommerfeld, «gesund und wohl emeritiert in voller Tätigkeit» (Dezember 1937). «Die Politik meiner intimsten Feinde, Giovanni Fortissimo [Johannes Stark] und Leonardo da Heidelberg [Philipp Lenard], die mir Heisenberg nicht als Nachfolger gönnen wollen, zwingt mich, mein Amt weiter zu versehen und meine jetzt kleine Herde zu betreuen», schrieb Sommerfeld an den alten, nun so weit entfernten Freund Einstein: «Die Zukunft sieht trübe aus für die deutsche Physik; ich muß mich damit trösten, daß ich ihr Goldenes Zeitalter 1905–1930 tätig miterlebt habe.»

Artikel, überschrieben «Deutsche und jüdische Physik». Der Verfasser war ein Student, zweifellos von Johannes Stark inspiriert – wenn nicht überhaupt dazu beauftragt:

Auf die Sensation und Reklame der Einsteinschen Relativitätstheorie folgte die Matrizentheorie Heisenbergs und die sogenannte Wellenmechanik Schrödingers, die eine so undurchsichtig und formalistisch wie die andere. Trotz der Häufung derartiger theoretischer Literatur zu Bergen, hat sie aber keine bedeutende neue Erkenntnis gebracht. Dies konnte nicht anders sein, denn ihr Ausgangspunkt, die formalistische menschliche Meinung, war falsch... Nur ganz wenige Männer haben während der Verfallszeit des deutschen Volkes die Gefahr, die der deutschen Wissenschaft droht, gesehen und sind ihr wirksam begegnet... Wir Jungen wollen heute den Kampf fortführen für eine deutsche Physik.[4]

Heisenberg konnte nun nicht mehr schweigen. Nach diesem Aufsatz im «Kampfblatt der nationalsozialistischen Bewegung Großdeutschlands» drohte der modernen theoretischen Physik die parteioffizielle Verfemung. Zwar war diese mit Quanten- und Relativitätstheorie der sogenannten «Deutschen Physik», wissenschaftlich gesehen, unvergleichlich überlegen. Im «Dritten Reich» aber – einer Zeit, in der häufig gerade das Absurdeste und Gemeinste Wirklichkeit wurde – mußte man damit rechnen, daß die Physik Lenard-Starkscher Prägung zur weltanschaulich richtigen und deshalb einzig erlaubten Denkrichtung erklärt werden würde.

Heisenberg erzwang eine Gegendarstellung: «In einem Aufsatz ‹Deutsche und jüdische Physik›... wird... in einer Weise gegen die theoretische Physik Stellung genommen, die den meisten jüngeren Wissenschaftlern unrichtig und auf Mißverständnissen zu beruhen scheint.»[5]

In ähnlicher Weise gilt auch die Relativitätstheorie als die selbstverständliche Grundlage weiterer Forschung, weil sie sich... bis in alle Einzelheiten bewährt hat... Die Existenz eines wichtigen Elementarbausteins, des «Positrons», ist aufgrund der Relativitätstheorie und der Quantentheorie schon vor seiner experimentellen Entdeckung vorausgesagt worden... Wenn gerade uns Deutschen an der Entwicklung dieser Zusammenhänge liegt, so geschieht es in der Fortsetzung der großen Tradition der Philosophie, die Kant mit erkenntnistheoretischen Untersuchungen über die Grundlagen der Naturwissenschaft eröffnet hat. Die Weiterführung dieser Entwicklung, von der vielleicht noch die stärksten Einflüsse auf die Struktur unseres ganzen Geisteslebens ausgehen werden, ist eine der vornehmsten Aufgaben der deutschen wissenschaftlichen Jugend.[6]

Für den *Völkischen Beobachter* waren das ungewohnte Formulierungen. So setzten die Redakteure dem Aufsatz einen Vorspann voraus, in dem sie schrieben, daß «wir uns mit den in dieser Entgegnung geäußerten Ansichten in keiner Weise einverstanden erklären können». Nicht genug mit dieser Distanzierung. Eine «Stellungnahme» eines verdienten Parteigenossen wurde eingeholt, natürlich von Johannes Stark, und gleich im Anschluß abgedruckt:

Heisenberg vertritt in seinem Artikel auch heute noch die Grundeinstellung der jüdischen Physik, ja, er erwartet sogar, daß die jungen Deutschen diese Grundeinstellung sich zu eigen machen und sich Einstein und dessen Genossen zum wissenschaftlichen Vorbild nehmen... Es muß die so anmaßend auftretende Theorie in ihre Schranken zurückverwiesen werden.[7]

Mit welchen Gefühlen die Kollegen diesen «Dialog» mit Stark gelesen haben mögen, geht aus einem Brief von Gustav Mie an Heisenberg hervor: «Ich habe Ihren Artikel mit lebhafter Genugtuung gelesen. Um so bedauerlicher war allerdings die unmittelbar dahinter abgedruckte Entgleisung von J. Stark.»[8] «Entgleisung» war wohl eine zu harmlose Bezeichnung. Stark verlangte, daß in Deutschland Schluß gemacht werde mit der modernen Physik: «Es muß gefordert werden, daß die Art von Physik, für die sich Heisenberg einsetzt, nicht weiter wie bisher einen maßgebenden Einfluß nehmen darf auf die Besetzung der physikalischen Lehrstühle.»[9]
Es ging um nichts weniger als die Existenz der Physik. Jetzt machten sich auch die Kollegen Sorgen, die bisher das Gepolter von «Giovanni Fortissimo» (wie Johannes Stark in früheren Jahren scherzhaft genannt worden war) nicht allzu ernst genommen hatten.

Die Angriffe, die unlängst in der deutschen Öffentlichkeit gegen die theoretische Physik gerichtet worden sind, und die dadurch verursachte Spannung in den Kreisen der Fachkollegen haben in dem Herrn Reichswissenschaftsminister, vertreten durch Herrn Professor Mentzel, den Wunsch aufkommen lassen, im Interesse des Arbeitsfriedens an den deutschen Hochschulen eine sachgemäße und zugleich leidenschaftslose Darstellung der zur Zeit gegebenen gegenseitigen Stellung der experimentellen und theoretischen Physik zu erfahren. Der Herr Minister sieht in der Vorlage einer dieses Thema behandelnden Denkschrift, die von den meisten Physikern der deutschen Hochschulen unterzeichnet wäre, ein geeignetes Mittel zu seiner Unterrichtung, aufgrund derer er dann bereit sein wird, den zur Zeit entstandenen unerfreulichen Zustand der Spannung zu beseitigen.[10]

So schrieb Heisenberg an die Kollegen. Im Verein mit Max Wien und Hans Geiger war es ihm gelungen, den Auftrag zur Abfassung einer «Denkschrift» zu erhalten. Diese wurde – womit Rust und Mentzel wohl kaum gerechnet hatten – allen Kollegen zugesandt. «Wir bitten Sie, in Anbetracht der Wichtigkeit einer gemeinsamen Stellungnahme der deutschen Physik, die beiliegende Denkschrift, falls Sie sich mit ihren Grundgedanken einverstanden erklären können, zu unterzeichnen und bis zum 19.5.1936 an W. Heisenberg, Leipzig 027, Bozenerweg 14, zurückzusenden.»
75 Professoren unterschrieben das Memorandum. Damit hatte sich der

Großteil der deutschen Hochschulphysiker hinter Heisenberg gestellt:

Die Physik in Deutschland befindet sich zur Zeit in einer schweren Krise. Einem großen Bedarf an Physikern in Technik und Heer steht ein Mangel an geeignetem Nachwuchs gegenüber. Die Besetzung freigewordener Lehrstühle begegnet oft großen Schwierigkeiten, und die Anzahl der Physikstudierenden in den jüngsten Semestern ist viel zu gering. Diese... Gefahren werden noch vermehrt durch die genannten Angriffe... Denn sie schrecken die Studenten allgemein vom Studium der Physik ab, insbesondere aber die Physikstudenten vom Studium der theoretischen Physik... Schließlich schädigen diese Angriffe das Ansehen der deutschen Wissenschaft im Auslande erheblich, wie verschiedene Aufsätze in der Fachpresse und der Tagespresse des Auslandes beweisen.[11]

Viel Mühe und Zeit kostete die Abwehr der Angriffe. Daneben mußten die wissenschaftliche Arbeit und die Lehrtätigkeit wie gewohnt weiterlaufen. Im Semester gab es wie üblich jeden Dienstagnachmittag von drei bis fünf Uhr das «Seminar über die Struktur der Materie», das im Vorlesungsverzeichnis unter «Heisenberg mit Hund» angekündigt war, was zu manchen kleinen Scherzen Anlaß gab. Daran schloß sich von halb sechs bis sieben Uhr das Physikalische Kolloquium mit Peter Debye. Dazu kamen die Vorlesungen. Mit Friedrich Hund teilte er sich die Lehrverpflichtungen; abwechselnd übernahmen sie den Grundkurs über theoretische Physik. So blieb Heisenberg Zeit für Spezialkollegs, wie «Einführung in die Quanten- und Wellenmechanik». Im Wintersemester 1935/36 gab es so auch eine Vorlesung über die «Theorie des Atomkernes», die für ihn selbst bald große Bedeutung gewinnen sollte. Als nämlich einige Jahre später Otto Hahn und Fritz Strassmann die Entdeckung der Kernspaltung bekanntmachten und das Projekt einer Verwertung der Atomenergie ungeahnte Bedeutung gewinnen sollte, da war Heisenberg bereits mit den modernsten physikalischen Vorstellungen auf diesem Gebiet vertraut.
Im Kreis der jungen Menschen in seinem Institut, für die er verantwortlich war, konnte er die Politik vergessen, und es gab viele glückliche Stunden. Wieder und wieder aber brach die Politik in die friedliche Welt der Leipziger Physiker ein. Oft glaubte Heisenberg an der Sinnlosigkeit allen Bemühens fast verzweifeln zu müssen. Die regelmäßigen Besuche bei Niels Bohr in Dänemark waren ihm ein tiefes Aufatmen:

An die schöne Zeit in Kopenhagen denk' ich noch sehr gern, und ich danke Dir und Euch allen herzlich für Eure Gastfreundschaft. Die Beschäftigung mit der Physik ist ja in den letzten Jahren bei uns etwas sehr Einsames geworden, und es ist deshalb immer ein großes Fest, wenn wir in Deinem Kreis wieder für ein paar Tage an dem vollen Leben der Wissenschaft teilhaben können.[12]

Bei Bohr trafen sich die jungen theoretischen Physiker aus vielen Ländern der Erde, und sie bildeten eine verschworene Gemeinschaft. Noch ahnten sie nicht, daß gerade ihre herrliche Physik es war, die in dem politischen Gewitter, das über der Welt aufzog, die gefährlichsten Blitze liefern sollte. Noch arbeiteten sie alle miteinander: Bohr und Heisenberg, Victor F. Weisskopf und Carl Friedrich von Weizsäcker, Edward Teller und Otto Robert Frisch. «Wissen ist Macht», hatte schon Francis Bacon gesagt, und nirgendwo sollte sich das mehr bestätigen als auf dem Gebiet der Kernphysik. Nach Ausbruch des Zweiten Weltkrieges arbeiteten die einen – Weisskopf, Teller, Frisch – maßgeblich am «Manhattan Project», der amerikanischen Atombombenentwicklung, und die anderen – Heisenberg und Weizsäcker – im deutschen Konkurrenzunternehmen, dem sogenannten «Uran-Verein».

Mitte der dreißiger Jahre dachte noch kein Gelehrter an einen möglichen Mißbrauch. Gerade für die deutschen Physiker war die Wissenschaft das Paradies, in das sie sich retteten, um nicht in dem Sumpf des Nationalsozialismus zu versinken.

Über die Lage in Deutschland geriet Heisenberg in immer tiefere Depression. An Bohr, der eine Reise nach Japan vorhatte, schrieb er am 11. Januar 1937: «Bis zu Deiner Rückkehr kann sich der Zustand der Welt wieder sehr geändert haben, und ich wage kaum mehr für mehr als ein paar Wochen vorauszurechnen.»[13]

In diesen trüben Januartagen des Jahres 1937 hat Heisenberg bei einem Hauskonzert Elisabeth Schumacher kennengelernt. Schon im April feierte er Hochzeit in Berlin-Steglitz, wo sein Schwiegervater wohnte, der Nationalökonom Hermann Schumacher.

Heisenberg betrachtete die Zukunft nun wieder mit mehr Optimismus. Ein Anruf aus dem Reichserziehungsministerium machte ihm zur Gewißheit, daß die Berufung nach München unmittelbar bevorstehe.

Auf Betreiben von Anhängern der «Deutschen Physik» aber wurde der «Fall Heisenberg» dem Reichsdozentenführer in Berlin vorgelegt. Die-

ser lehnte am 14. Juli 1937 kategorisch «im Einvernehmen mit dem Stellvertreter des Führers eine Berufung Heisenbergs nach München unter allen Umständen ab».[14]
Gleichzeitig erfolgte ein neuer Angriff Starks von einer Vehemenz, die selbst nach Starkschen Maßstäben ungewöhnlich war. Im *Schwarzen Korps*, der Zeitschrift der SS, schmähte er Heisenberg mit den stärksten Schimpfworten, die im damaligen Nazi-Jargon zur Verfügung standen, als «Statthalter des Einsteinschen Geistes in Deutschland» und «Ossietzky der Physik». Die führenden deutschen Physiker nannte er «Weiße Juden», das heißt, «nicht Rassejuden an sich», wohl aber «Geistesjuden, Gesinnungsjuden oder Charakterjuden»:

Wie sicher sich die «Weißen Juden» in ihren Stellungen fühlen, beweist das Vorgehen des Professors für theoretische Physik in Leipzig, Professor Werner Heisenberg, der es 1936 zuwegebrachte, in ein parteiamtliches Organ einen Aufsatz einzuschmuggeln, worin er Einsteins Relativitätstheorie als «die selbstverständliche Grundlage weiterer Forschung» erklärte und «eine der vornehmsten Aufgaben der deutschen wissenschaftlichen Jugend in der Weiterentwicklung der theoretischen Begriffssysteme» sah. Zugleich versuchte er, durch eine Abstimmung der deutschen Physiker über den Wert der Theorie Eindruck bei den maßgebenden Stellen zu schinden und Kritiker seines Wirkens mundtot zu machen. Dieser Statthalter des Einsteinschen «Geistes» im neuen Deutschland wurde 1927 im Alter von 26 Jahren als Musterzögling Sommerfelds Professor in Leipzig, in einem Alter also, das ihm kaum Zeit geboten hatte, gründliche Forschungen zu betreiben. Er begann seine Tätigkeit, indem er den deutschen Assistenten seines Instituts entließ und dafür erst den Wiener Juden Beck, dann den Züricher Juden Bloch einstellte. Sein Seminar war bis 1933 vorwiegend von Juden besucht, und der engere Kreis seiner Hörer setzt sich auch heute noch aus Juden und Ausländern zusammen.[15]

In diesem Stil geht es weiter; eine ganze Zeitungsseite wird mit Injurien gefüllt:

1933 erhielt Heisenberg den Nobelpreis zugleich mit den Einstein-Jüngern Schrödinger und Dirac – eine Demonstration des jüdisch beeinflußten Nobelkomitees gegen das nationalsozialistisch gesinnte Deutschland, die der «Auszeichnung» Ossietzkys gleichzusetzen ist... Heisenberg ist nur ein Beispiel für manche andere. Sie allesamt sind Statthalter des Judentums im deutschen Geistesleben, die ebenso verschwinden müssen wie die Juden selbst.[16]

Auf den Rat seiner Mutter wandte sich Heisenberg am 21. Juli 1937 direkt an den Reichsführer SS: «Ich muß um eine grundsätzliche Entscheidung bitten»:

Wenn die Ansichten des Herrn Stark mit denen der Regierung übereinstimmen, werde ich selbstverständlich um meine Entlassung bitten. Wenn das aber nicht der Fall ist, wie mir vom Reichserziehungsministerium ausdrücklich versichert wurde, dann bitte ich Sie als Reichsführer der SS um einen wirksamen Schutz gegen solche Angriffe in der Ihnen unterstellten Zeitung.[17]

Eine Reihe von treuen Freunden unterstützte ihn. Friedrich Hund beschwerte sich beim vorgesetzten Minister Bernhard Rust:

Der Aufsatz enthält neben Beleidigungen von Planck und Sommerfeld ganz schwere Schmähungen meines Kollegen W. Heisenberg... Stark bekämpft so eine von ihm für abwegig gehaltene Forschungsrichtung der Physik, an der Planck und Heisenberg hervorragend beteiligt sind und die wir anderen Physiker als sehr wesentlich ansehen, dadurch, daß er sie für jüdisch erklärt, und dadurch, daß er an Unanständigkeit kaum zu überbietende Beleidigungen Heisenbergs unterstützt.[18]

Höchste Stellen untersuchten nun den Fall, das «Reichsministerium für Erziehung, Wissenschaft und Volksbildung» und das Büro des Reichsführers SS. Mehrfach berichtete Heisenberg an Sommerfeld nach München:

Gestern war ich in Berlin und versuchte, etwas Näheres über den Stand der Angelegenheit *Schwarzes Korps* zu erfahren. Aus Dames' Äußerungen war indirekt zu entnehmen, daß die Sache schon einige Wochen beim Reichsminister liegt, und es steht zu befürchten, daß sie noch einige Zeit dort liegen wird. Ich habe mich daraufhin beim Adjutanten von Rust gemeldet und um eine Unterredung mit dem Minister gebeten; die ist mir aber einstweilen nicht bewilligt worden. Es steht also einstweilen alles recht schlecht. Am unangenehmsten ist mir, daß ich nicht weiß, was geschehen wird; ob ich hier bleibe oder nicht. Wenn die Versetzung jetzt nicht erfolgt, ist ja auch mit Sicherheit anzunehmen, daß Stark von neuem stänkern wird. Eine gute Gelegenheit wird ihm dadurch gegeben werden, daß, wie ich läuten hörte, Born ausgebürgert werden soll, weil er sich feindlich gegen das jetzige Deutschland geäußert habe... Der erfreulichste Teil ist für uns augenblicklich der kleine Kreis der Familie: Die beiden Kleinen wachsen und gedeihen, auch meiner Frau geht es wieder vollständig gut.[19]

Anfang 1938 war das Zwillingspärchen Wolfgang und Maria geboren worden, und das Damoklesschwert hing nun über der jungen Familie. Das monatelange Warten zermürbte: «Seit meinem letzten Brief hat sich leider die Lage unserer Angelegenheit weiter verschlimmert», schrieb er an Arnold Sommerfeld:

Nun sehe ich eigentlich keine andere Möglichkeit, als um meine Entlassung zu bitten, wenn mir der Schutz meiner Ehre hier versagt wird... Daß es mir sehr schmerzlich wäre, aus Deutschland fortzugehen, wissen Sie; ich möchte es nicht tun, wenn es nicht unbedingt sein muß.[20]

Um ein Haar wäre also Heisenberg, der mit allen Fasern seines Herzens an Deutschland hing, zum Verlassen des Landes gezwungen worden. Zum drittenmal stellte sich das Problem der Emigration während seiner Vortragsreise in den Vereinigten Staaten im Juli 1939. «Warum bleiben Sie nicht in Amerika?» fragten ihn Enrico Fermi und Samuel A. Goudsmit in Ann Arbor. Er antwortete: «Ich kann nicht, denn Deutschland braucht mich.» Sechs Jahre später stellte ihm – nach dem verlorenen Krieg nun unter ganz anderen Voraussetzungen – Goudsmit die gleiche Frage, und die Antwort Heisenbergs war abermals: «Deutschland braucht mich.» Kurz vor der geplanten Rückfahrt mit dem Dampfer *Europa* im August 1939 redete ihm in New York auch George B. Pegram ernsthaft zu, die Konsequenzen zu ziehen:

Ich habe mir diese Gründe von ihm natürlich sehr sorgfältig überlegt; andererseits, ich hatte nun gerade eine junge Familie in Deutschland, ich hatte ja gerade erst geheiratet und hatte dann auch so das Gefühl, ich meine, ich war in einer Weise immer optimistischer als die Realität war, ich hatte so das Gefühl, diesen Krieg verliert Hitler nach ein bis zwei Jahren, und dann muß man in Deutschland eben wieder neu anfangen. Dann würde man in Deutschland wahrscheinlich mehr gebraucht werden.[21]

Die Frage der Nachfolge Sommerfelds blieb weiter unentschieden. Sommerfeld hielt weiter die Vorlesungen über theoretische Physik. «Die Politik meiner intimsten Feinde, Giovanni Fortissimo und Leonardo da Heidelberg, die mir Heisenberg nicht als Nachfolger gönnen wollen, zwingt mich, mein Amt weiter zu versehen und meine jetzt kleine Herde zu betreuen», schrieb er an Albert Einstein. «Die Zukunft sieht trübe aus für die deutsche Physik.»[22]

Endlich, am 21. Juli 1938, genau ein Jahr nach der Interpellation Heisenbergs, antwortete Heinrich Himmler: «Ich habe, gerade weil Sie mir durch meine Familie empfohlen wurden, Ihren Fall besonders korrekt und besonders scharf untersuchen lassen. Ich freue mich, Ihnen heute mitteilen zu können, daß ich den Angriff des *Schwarzen Korps* durch seinen Artikel nicht billige, und daß ich unterbunden habe, daß ein weiterer Angriff gegen Sie erfolgt.» Im markigen Stil des «Dritten Reiches» wurde sogar eine mündliche Aussprache «von Mann zu Mann» in Aussicht gestellt. Im Postskriptum des im ganzen erstaunlich freundlichen Briefes vom 21. Juli 1938 wurde Heisenberg aber doch noch ein Rüffel erteilt: «Ich halte es allerdings für richtig, wenn Sie in Zukunft die Anerkennung wissenschaftlicher Forschungsergebnisse von der menschlichen und politischen Haltung des Forschers klar vor Ihren Hörern trennen.»[23] Unter dem gleichen 21. Juli 1938 informierte der Reichsführer SS seinen engsten Mitarbeiter Reinhard Heydrich:

Ich bitte Sie... den ganzen Fall sowohl beim Studentenbund als auch bei der Reichsstudentenführung zu klären, da ich ebenfalls glaube, daß Heisenberg anständig ist, und wir es uns nicht leisten können, diesen Mann, der verhältnismäßig jung ist und Nachwuchs heranbringen kann, zu verlieren oder tot zu machen... Wüst soll dann versuchen, mit Heisenberg Fühlung aufzunehmen, da wir ihn für das Ahnenerbe, wenn es einmal eine totale Akademie werden soll, vielleicht brauchen können und den Mann als guten Wissenschaftler zu einer Zusammenarbeit mit unseren Leuten von der Welteislehre bringen können.[24]

Tatsächlich sollte Heisenberg bald dringend gebraucht werden, freilich nicht zu solchen Kindereien wie der «Welteislehre».

Zum Ordinarius für theoretische Physik an der Universität München aber wurde ein gewisser Wilhelm Müller ernannt. Sommerfeld, der sich in berechtigtem wissenschaftlichem Stolz den besten Nachfolger gewünscht hatte, erhielt den «denkbar schlechtesten». «Die Berufung dieses Mannes muß als völlig sinnlos angesehen werden», schrieb Ludwig Prandtl, «wenn man nicht etwa den Sinn darin sehen will, daß zerstört werden soll»:

Herr Müller bringt für die theoretische Physik nichts, aber auch rein gar nichts mit. Statt dessen hat er in polemischer Form ein Arbeitsprogramm veröffentlicht, das nur als Sabotage eines für die technische Weiterentwicklung unentbehrlichen Faches bezeichnet werden kann.[25]

Den Verlauf dieses Trauerspiels nationalsozialistischer Wissenschaftspolitik hat Heisenberg nach der Erinnerung so aufgezeichnet:

Plan der Berufung und Telefongespräch mit Dames April 1937. Angriff im *Schwarzen Korps* Juli 1937. Gegenliste von Thüring: Müller, Malsch... wohl im Sommer 1938 als offizielle Liste der Fakultät abgesandt. Rehabilitierung durch Himmler, auch Sommer 1938. Im Herbst 1938 hat dann wohl Thüring das Parteiurteil durch Hess gegen mich durchgesetzt. Daraufhin Sieg der Gegenpartei auf der ganzen Linie: Tomaschek setzt sich nach München gegen den Willen der Fakultät, wohl Frühjahr 1939. Dann Berufung Müllers Herbst 1939, Beigabe Glasers.[26]

München war nur ein Beispiel für die nationalsozialistische Wissenschaftspolitik. Auch von anderen Universitäten kamen schlechte Nachrichten:

Sauer schrieb mir, daß sein Bleiben in Königsberg zweifelhaft sei, da ihn irgend jemand... als politisch unzuverlässig verleumdet habe. Es ist wirklich schade, daß man in einer Zeit, in der die Physik so wunderbare Fortschritte macht und in der es wirklich Spaß macht, daran mitzuarbeiten, immer wieder mit diesen politischen Dingen zu tun bekommt.[27]

Zu den «wunderbaren Fortschritten» gehörte die Ende 1938 entdeckte Spaltung des Uranatoms in zwei etwa gleich große Bruchstücke; bisher hatte man immer nur eine Verwandlung in die Nachbarelemente registrieren können. Schon im Februar 1939 wurden die Entdecker Otto Hahn und Fritz Strassmann von Heisenberg nach Leipzig eingeladen, um dort im Kolloquium über die «schönen und aufregenden Uran-Untersuchungen vorzutragen».[28]
Solcherart «wunderbare Fortschritte» der Physik waren die Ursache, daß Heisenberg schon bald wieder mit «diesen politischen Dingen» zu tun bekommen sollte; diesmal aber ging es nicht um die theoretische Physik, sondern um Weltgeschichte. In vielen Instituten wurden die Hahnschen Versuche wiederholt, und es ergab sich, daß bei dem Spaltvorgang eine beträchtliche Energiemenge freigesetzt wird, und weiter, daß bei dem von Neutronen ausgelösten Prozeß selbst wieder Neutronen entstehen. Danach sollte es möglich sein, im Uran eine Kettenreaktion in Gang zu setzen, einen Prozeß, der dann als Energiequelle alles bisher Dagewesene millionenfach übertreffen mußte. Im Prinzip war

das ein Kraftwerk von phantastischer Leistungsfähigkeit oder – ein Sprengstoff von unerhörter Gewalt.

Durch ihre eigene erfolgreiche Arbeit zogen die Gelehrten die Aufmerksamkeit der ewig machthungrigen Welt auf die Physik. Die prüfenden Blicke des Heereswaffenamtes richteten sich auf das letzte, heimliche Paradies, das den deutschen Physikern im totalen Staat geblieben war: ihre wunderbare Wissenschaft.

Das Uran-Projekt

Der Kriegsausbruch überraschte Heisenberg in Urfeld am Walchensee. Hier hatte er kurz zuvor aus dem ehemaligen Besitz des Malers Lovis Corinth ein Ferienhaus erworben. «Corinths Atelier ist jetzt das Schlafzimmer», berichtete die Schwägerin, die damals gerade zu Besuch war: «Lisels beide Hausmädchen wollen fort. Der wahre Grund ist wohl, daß sie die Berge bedrücken. Es ist ihnen zu einsam, die Küche zu eng, die Kinder schreien zu viel, und es gibt viel Arbeit.»[1] Die Zwillinge waren jetzt eineinhalb, und das Jüngste, Jochen, gerade drei Monate alt.

Die Gespräche kreisten um die bevorstehenden Ereignisse. Heisenberg erinnerte sich, daß früher Lord Rutherford in seinem angelsächsischen Skeptizismus jeden Gedanken an eine technische Ausnutzung der Atomenergie als *dog's moonshine* abgetan hatte. Nach den Arbeiten von Hahn und Strassmann in Berlin und von Joliot, Halban und Kowarski in Paris rückte diese «Spinnerei» nun doch in den Bereich des Möglichen. Erst wenige Wochen zuvor hatte ihn auf seiner Amerikareise Enrico Fermi in Chicago offen darauf angesprochen.

Heisenberg war bedrückt von der Vision einer Atomexplosion. Wir wissen das aus einem Brief, den damals die Schwägerin aus Urfeld nach Berlin an ihren Mann geschrieben hat.

Ich höre, es wäre gelungen, ein Atom zu zertrümmern. Ungeheure Energien würden dabei frei. Vielleicht gelingt es in einiger Zeit eine größere Quantität von diesem Explosivstoff herzustellen, dann kann man eine Stadt wie New York in Weißglut versetzen. Da taucht also das Ende dieser Kriege auf! Wer das findet (vielleicht die Franzosen?), der kann die Welt erpressen!!! Ich bin recht froh um diese lieblichen Aussichten auf Zerstörungsmöglichkeiten.[2]

Für den gerade begonnenen Krieg hat Heisenberg aber die Anwendung von Atomenergie für ausgeschlossen gehalten. Zum ersten veranschlagte er für den Bau einer Bombe mehr Zeit, als tatsächlich notwendig war, zum zweiten unterschätzte er die Dauer des Krieges. «Es war in der Politik ein typischer Fehler von ihm», sagte Carl Friedrich von Weizsäcker, «Abläufe im Prinzip richtig, aber in zu kurzer Zeit zu erwarten.»[3]

Hat also Heisenberg schon damals eine Niederlage Deutschlands vorausgesehen? Weizsäcker berichtete, daß sein verehrter Lehrer oft gesagt habe: «Hitler hat ein Schachendspiel mit einem Turm weniger als der Gegner.»[4]

Auch seiner Autobiographie zufolge war Heisenberg schon im Sommer 1939 überzeugt, daß der Krieg mit einer Niederlage für Deutschland enden werde. Amerikanische Kollegen erinnerten sich aber daran, daß er kurz vor Kriegsausbruch gesagt hatte: Er müsse in Deutschland bleiben, um nach dem Sieg die schlimmsten Auswüchse zu verhindern.[5]

Dies scheint mir eher plausibel: Das von Weizsäcker zitierte Wort vom «Schachendspiel» ist nicht auf 1939 zu datieren, sondern auf 1942 oder 1943. Es macht ja tatsächlich keinen Sinn, schon bei Kriegsausbruch von einem «Endspiel» zu sprechen. Meiner Meinung nach ging also Heisenberg – wie wohl auch die Mehrheit der «Volksgenossen» – ursprünglich von einem deutschen Sieg aus.

Wenige Tage nach Kriegsausbruch erhielt Heisenberg den erwarteten Einberufungsbefehl:

> Wie ich diesen Marschbefehl bekam, dacht' ich natürlich zunächst, daß es bei den Gebirgsjägern war, und es hieß auch, ich muß ein paar Marschstiefel und Unterhosen mitnehmen usw. Aber dann, wie ich nachsah, dann merkte ich, daß dieser Marschbefehl lautete, ich müßte nach Berlin zum Heereswaffenamt kommen.[6]

Heisenberg fuhr sofort nach Leipzig zurück, und hier berichtete ihm sein Assistent Erich Bagge, daß das Heereswaffenamt ein Programm zur «Nutzbarmachung der Kernspaltung» erörtere, bei dem er benötigt werde. Am 26. September, vormittags 10 Uhr, begann die entscheidende Besprechung.[7] Es fängt alles so harmlos an. Oberst Erich Schumann hielt einen kleinen Vortrag. Es werde ja nun von einigen

Wissenschaftlern die Frage der Gewinnung von Atomenergie diskutiert, und deshalb sei es jetzt, da sich das Deutsche Reich im Krieg befinde, erforderlich, gegen alle Eventualitäten gewappnet zu sein. Man müsse daher prüfen, ob eine technische Verwertung der Uranspaltung möglich sei. Auch eine negative Antwort sei von Wert, weil man dann jedenfalls wisse, daß man nicht vom Ausland überrascht werden könne. Die Herren Wissenschaftler habe man hierhergebeten, damit man die besten Wege finde, diese Aufschlüsse zu gewinnen. Solches und noch mehr sagte der Oberst.
Heisenberg erinnert sich, daß jedenfalls das gesteckte Ziel defensiv formuliert war nach dem Prinzip: Wissen, um vorauszusehen, vorauszusehen, um vorzubeugen. Was war nun das konkrete Ergebnis der Sitzung?

Da wurde einfach gesagt: Also, jetzt müssen die einzelnen Physiker in ihrem Institut gewisse Experimente machen. Ich bekam zum Beispiel den Auftrag: «Überlegen Sie sich doch mal, ob Sie überhaupt glauben, daß unter den jetzt bekannten Gegebenheiten, den bekannten Eigenschaften der Uranspaltung, ob dabei eine Kettenreaktion überhaupt möglich ist, und wenn ja, dann schreiben Sie doch bitte auf, wie Sie sich das denken.[8]

Mit der Physik des Neutrons war Heisenberg gut vertraut. Gleich nach der Entdeckung des elektrisch ungeladenen Teilchens durch James Chadwick im Jahr 1932 hatte er als erster erkannt, daß die Atomkerne aus Protonen und Neutronen ohne Mitwirkung von Elektronen aufgebaut sind, und er hatte drei große Arbeiten über den «Bau der Atomkerne» veröffentlicht. Auch im Seminar und im Kolloquium in Leipzig war das Thema oft behandelt worden; sogar einschlägige Vorlesungen hatte er schon gehalten, so im Wintersemester 1935/36 über «Theorie des Atomkerns» und im Sommer 1939 über «Theorie der Neutronen». Wertvolle Aufschlüsse gab die Arbeit von Niels Bohr und John Archibald Wheeler, die kurz vor Kriegsbeginn in der *Physical Review* erschienen war. Der Vergleich eines schweren Atomkerns mit einem Wassertröpfchen erlaubte den fast sicheren Schluß, daß bei den Versuchen von Hahn und Strassmann nicht das gewöhnliche Uran 238, sondern das seltene (nur zu 0,7 Prozent vorhandene) Uran-Isotop 235 gespalten worden war.

Schon nach zwei Monaten war Heisenberg in der Lage «aufzuschreiben, wie er sich das mit der Kettenreaktion dachte»:

Die von Hahn und Strassmann entdeckten Spaltungsprozesse an Uran können nach den bisher vorliegenden Daten auch zur Energieerzeugung im Großen verwendet werden. Die sicherste Methode zur Herstellung einer hierzu geeigneten Maschine besteht in der Anreicherung des Isotops U^{235}. Je weiter die Anreicherung getrieben wird, desto kleiner kann die Maschine gebaut werden. Die Anreicherung von U^{235} ist die einzige Methode, mit der das Volumen der Maschine klein gegen 1 cbm gemacht werden kann. Sie ist ferner die einzige Methode, um Explosivstoffe herzustellen, die die Explosivkraft der bisher stärksten Explosivstoffe um mehrere Zehnerpotenzen übertreffen. Zur Energieerzeugung kann man aber auch das normale Uran ohne Anreicherung von U^{235} benutzen, wenn man Uran mit einer anderen Substanz verbindet, die die Neutronen von Uran verlangsamt.[9]

So hatte Heisenberg herausgefunden: «Ja, man kann wahrscheinlich diese Kettenreaktion machen, wenn man Neutronen abbremsen kann, ohne sie gleichzeitig wegzuabsorbieren, und wir haben dann sehr früh herausgebracht, daß es eigentlich nur zwei Substanzen gibt, die das anständig tun, das Wasser und die Kohle.»[10]
In den beiden Arbeiten über «Die Möglichkeit der technischen Energiegewinnung aus der Uranspaltung» vom 6. Dezember 1939 und 10. Februar 1940 finden sich bereits die wichtigsten Grundzüge der heute sogenannten «Reaktortheorie»: «Damals kannte man den Begriff ‹Atomreaktor› noch nicht … aber es lief nach kurzer Zeit darauf hinaus auf die Frage: Wie kann man einen Atomreaktor bauen und wie sieht der aus?»[11]
Heisenbergs Hauptinteresse galt stets den prinzipiellen Problemen der Physik. Seine Mitarbeiter haben es sehr bewundert, daß es ihm «scheinbar mühelos» möglich war, sich so rasch und umfassend einzuarbeiten.[12] Binnen kurzem war er der «faktische intellektuelle Leiter des deutschen Uran-Projektes». Seine damaligen Arbeiten waren «gute handwerkliche Physik».[13] Als nach Ende des Zweiten Weltkrieges in Deutschland eine Kerntechnik in großem Stil entstand, haben die Arbeiten an Heisenbergs Theorie angeknüpft.
Parallel zum wissenschaftlichen Fortschritt wurde auch der organisatorische Rahmen für das Uran-Projekt geschaffen. Das Heereswaffen-

amt beschlagnahmte das Kaiser-Wilhelm-Institut für Physik in Berlin-Dahlem. Der bisherige Direktor Peter Debye – der in Leipzig acht Jahre Heisenbergs Kollege gewesen war – wurde vor die Wahl gestellt, entweder seine holländische Staatsangehörigkeit oder sein Amt aufzugeben. Debye ließ sich beurlauben, um in den Vereinigten Staaten eine Gastprofessur anzunehmen, kehrte aber nicht mehr nach Deutschland zurück.

Am Institut fand eine Reihe von jüngeren Physikern Arbeitsplätze, darunter Carl Friedrich von Weizsäcker und Fritz Bopp. Die an dem Projekt beteiligten Professoren wie Paul Harteck (Hamburg) und Walther Bothe (Heidelberg) behielten aber ihre bisherigen Universitätsstellungen und kamen nur zeitweise nach Berlin.

So blieb auch Heisenberg Ordinarius in Leipzig und gab dort in gewohnter Weise seine Vorlesungen. Nachdem sich schon 1933 die Zahl der Mitarbeiter erheblich vermindert hatte, schrumpfte der Kreis nun nach Ausbruch des Krieges noch weiter.

Neuer Mitarbeiter wurde damals der junge polnische Wissenschaftler Edwin K. Gora. In Warschau hatten die Physiker auch nach dem furchtbaren Bombenangriff und nach Hitlers Siegesparade weiter ihre Wissenschaft getrieben; sie flohen erst, als sie erfuhren, daß Hitler den Befehl gegeben hatte, die polnische Intelligenz auszurotten.

Gora wandte sich an Heisenberg um Hilfe, und Heisenberg besorgte ihm für Leipzig eine Aufenthaltserlaubnis. Gora wurde als ausländischer Student eingeschrieben und erhielt eine Teilzeitbeschäftigung als Straßenbahnschaffner. Als er später von der Gestapo verhaftet wurde, erwirkte Heisenberg die Freilassung.[14]

Der Fall Gora ist erst nach dem Tode Heisenbergs bekannt geworden. Samuel A. Goudsmit hatte, in einem Nachruf in der Zeitschrift *Science News*, Heisenbergs Verhalten im «Dritten Reich» auf die Formel gebracht: *«He saved physics, he did not save physicists.»*[15]

Heisenbergs Rolle in der Verteidigung der modernen Physik gegen die ideologischen Ansprüche von Lenard und Stark wurde hier kontrastiert mit seinem Verhalten gegen die vom «Dritten Reich» verfolgten Kollegen. Und darauf meldete sich in einem Leserbrief an die Zeitschrift Edwin K. Gora: *«I am one of the physicists Heisenberg saved.»*

Neben rein theoretischen Untersuchungen, die er teils allein, teils mit Jüngeren ausführte, liefen die Arbeiten für das Uran-Projekt. Zusammen mit Robert Döpel baute er 1941 die Vorform eines Atomreaktors:

> Die Leipziger Versuche wurden dadurch besonders wichtig, daß sie schließlich zum erstenmal positive Neutronenproduktions-Koeffizienten ergaben und damit die Möglichkeit selbständig arbeitender energieliefernder Uranbrenner bewiesen.[16]

Mittlerweile war in Berlin-Dahlem zwischen den Kaiser-Wilhelm-Instituten für Physik und Biologie ein eigenes Laboratorium errichtet worden. Das Gebäude erhielt aus Gründen der Tarnung und um neugierige Besucher abzuschrecken den Namen «Virus-Haus». Das physikalische Institut in Dahlem mit dem Virus-Haus war das Herzstück des deutschen Uran-Projektes. Deshalb nannte auch der Publizist David Irving seinen Tatsachenbericht ‹*Der Traum von der deutschen Atombombe*› im englischen Original ‹*The Virushouse*›.

Nach dem Ausscheiden Debyes wirkte Kurt Diebner als kommissarischer Direktor. Die wissenschaftliche Hauptleitung des Instituts – und damit des deutschen Atomenergieprojektes – aber lag in den Händen von Werner Heisenberg. Er hatte sich nach dieser Aufgabe nicht gedrängt – zumal er weiterhin für sein Leipziger Institut verantwortlich blieb –, aber sie war ihm durch seine geistige Überlegenheit und seine Persönlichkeit gleichsam von selbst zugefallen.

Von den Kollegen aus den alliierten Ländern, und vor allem von den Emigranten, ist es Heisenberg sehr verübelt worden, daß er sich dem Uran-Projekt zur Verfügung gestellt hat. «Die meisten deutschen Wissenschaftler haben mit den Nazis gemeinsame Sache gemacht», schrieb Max Born an Einstein, «sogar Heisenberg hat mit aller Kraft für diese Verbrecher gearbeitet.»[17]

Aus welchen Motiven hat sich Heisenberg dem Projekt zur Verfügung gestellt? Darauf ist zunächst zu sagen, daß er mit einem Einberufungsbefehl zum Heereswaffenamt kommandiert worden ist. Zur Mitarbeit kam er also durch den Mechanismus des militärischen Befehls und Gehorsams. «Seit der Krieg zwischen Kulturstaaten wieder in den alten, barbarischen, totalen Kampf zwischen Völkern ausartete, ist es für keinen Angehörigen eines kriegführenden Staates leicht, sich dem Dienst für die Kriegführung ganz zu entziehen, es kommt dabei wenig darauf an, ob er… gegen die Methoden seiner Regierung Bedenken hat, oder ob er sie gar beseitigt sehen möchte», konstatierte dazu Max von Laue.[18]

Die Physiker, die da am 26. September 1939 mit ihrem Soldatenköfferchen in der Hand durch das Tor Hardenbergstraße 20 marschierten, waren mit dem Einberufungsbefehl bereits in den Dienst der Kriegführung gestellt. Verständlich, daß sie sich (den Umständen gemäß) glücklich schätzten, nicht an die Front, sondern zur Physik kommandiert zu werden. Der Pferdefuß kam erst später zum Vorschein.

Die wissenschaftliche Faszination war sicher ein ganz wesentliches Motiv, und wahrscheinlich hat auch der Kampf um die Rehabilitierung der Quantentheorie und der Relativitätstheorie eine Rolle gespielt.[19] Die Entscheidung für oder gegen die «Deutsche Physik» war ja noch immer in der Schwebe geblieben: Heisenberg sah nun eine Möglichkeit gekommen, um zu beweisen, was die moderne theoretische Physik tatsächlich leisten konnte.

Der rasche Fortschritt, den sie mit ihrem «Uran-Projekt» erzielten, wurde den deutschen Physikern aber bald unheimlich. Bisher hatten sie sich damit beruhigt, daß der eigentliche Atomsprengstoff, das Uran 235, im natürlich vorhandenen Uran nur zu 0,7 Prozent vorhanden ist und daß die Anreicherung des Isotops einen ungeheuren technischen Aufwand erfordern würde. Aber nun zeigte sich die Alternative Plutonium: «Wir waren in Deutschland wegen dem Uran 235 gar nicht beunruhigt, weil wir sagten, das ist ein Riesenaufwand, den im Krieg kein Mensch mehr leisten kann. Das ist keine Gefahr. Dagegen der Weg übers Plutonium, da sagten wir, das ist etwas, da kann man was machen. Das ist gefährlich.»[20]

Mitte 1941 verdichtete sich die Vermutung: «Atomreaktoren wird man garantiert machen können»:

Wir waren noch nicht ganz sicher, aber wir merkten, daß das so wird. Das hat insbesondere Weizsäcker und mich damals tief beunruhigt. Wir sagten, wenn man Atomreaktoren bei uns machen kann, dann kann man es erst recht in Amerika. Wenn man Atomreaktoren machen kann, dann kann man wahrscheinlich Sprengstoff machen, wenn man Sprengstoff machen kann usw. Wir sahen eigentlich vom September '41 an eine freie Straße zur Atombombe vor uns.[21]

Heisenberg fand die Vorstellung, «Hitler Atombomben in die Hand zu geben, gräßlich».[22] Lange, sorgenvolle Gespräche führte er mit Carl Friedrich von Weizsäcker. Aus dem Schüler war sehr bald ein Freund, der beste Freund geworden. Aus der Autobiographie ‹*Der Teil und das Ganze*› kennen wir Heisenbergs Bericht. Weizsäcker ergänzte:

In unseren vertraulichen Gesprächen stellten wir die Frage von Anfang an weltweit: Wird man die Entstehung von Atombomben weltweit verhindern können? Wenn nein, werden sie den dritten Weltkrieg zwischen Amerika und Rußland entscheiden oder vielleicht verhindern? Können die Physiker durch internationale Kooperation dazu beitragen, daß das Unglück vermieden wird? Wenn ja, müßten sie dazu das Machtmittel der Kenntnis, wie man Bomben macht, zu besitzen trachten? Von all diesen Fragen konnte man nicht anders als unter vier Augen reden, und die Leute, die später die Geschichte dieser Arbeiten zu schreiben suchten, konnten sich offenbar nicht vorstellen, daß man im Kriege solche Gedanken hatte, und hielten ihre nachträgliche Schilderung für lügenhafte Weißwaschungsversuche. Dabei sind das doch für einen politisch reflektierenden Physiker... die natürlichsten Gedanken von der Welt. Hätten wir auf diese Frage Antworten gewußt, so wären wir damit nach dem Kriege gewiß öffentlich hervorgetreten. Nur zu erzählen, daß man alle die Fragen, die inzwischen die Welt kennt und auch nicht löst, schon fünf Jahre früher, ebenfalls ohne Lösung, durchdacht hat, scheut man sich natürlich ein wenig. Aber ohne das Bewußtsein, daß wir eben über diese Fragen nachgedacht haben, ist unser Verhalten im Krieg und nachher nicht zu verstehen.[23]

Aus diesen Überlegungen entstand der Wunsch, sich mit Niels Bohr auszusprechen. Ebenso wie Heisenberg im Mai 1933 bei Max Planck Rat gesucht hatte, so fuhr er nun im September 1941 zu Niels Bohr nach Kopenhagen. Die Entwicklung einer Atombombe erforderte einen ungeheuren technischen Aufwand. Deshalb hatten die Physiker bis zu einem gewissen Grade die Entscheidung in der Hand, so sah er es, «ob der Bau von Atombomben versucht werden solle oder nicht».[24] Heisenberg wollte Bohrs Auffassung kennenlernen und womöglich erreichen, daß sich die Physiker auf beiden Seiten einer Atombombenentwicklung verweigerten.
Begleitet war Heisenberg von Carl Friedrich von Weizsäcker. Um mit der Reise kein Aufsehen zu erregen, hatten Heisenberg und Weizsäcker

das dortige «Deutsche Haus» veranlaßt, eine Vortragswoche über Astrophysik zu organisieren, und sie beide dazu einzuladen. Nicht bedacht dabei hatten sie, daß das deutsche Kulturinstitut von den Dänen boykottiert wurde, weil es der Verbreitung nationalsozialistischen Gedankenguts diente. Bereits die Tatsache, daß Heisenberg als Gastredner im Deutschen Haus auftrat, empfand Bohr als Taktlosigkeit.
Merkwürdigerweise besaß Heisenberg für die Stimmung in den okkupierten Ländern kein Gespür. In seiner Autobiographie berichtete der Niederländer Hendrik Casimir, daß Heisenberg (wohl 1943) zu ihm nach Eindhoven gekommen sei. Im Laufe eines politischen Gespräches habe sein Gast den Sowjetkommunismus mit dem Nationalsozialismus verglichen und schließlich gesagt: «Da wäre vielleicht doch ein Europa unter deutscher Führung das kleinere Übel.»[25] Angesichts der Vernichtungsaktionen gegen die niederländischen Juden war eine solche Behauptung für Casimir natürlich inakzeptabel.
Auch gegenüber Bohr offenbarte Heisenberg einen bemerkenswerten Mangel an psychologischem Verständnis. Er konnte sich nicht vorstellen, daß für Bohr nicht die Atombombe das schlimmste Übel war, sondern die Herrschaft des Nationalsozialismus.
Über dieses Gespräch unter vier Augen sind keine Aufzeichnungen vorhanden, und die beiden Beteiligten haben später einander widersprechende Berichte gegeben. In den über fünfzig Jahren, die seither vergangen sind, wurde von Physikern, Historikern und Publizisten versucht, den Inhalt des Gesprächs zu rekonstruieren und die Motive Heisenbergs zu deuten. Bohrs enger Mitarbeiter und jüngerer Freund Stefan Rozental sagt in seinem Buch ‹*Schicksalsjahre mit Niels Bohr*›, es sei «auf jeden Fall» falsch, «daß Heisenberg Niels Bohr veranlassen wollte, eine Art Gentleman's Agreement zwischen deutschen und alliierten Physikern zu vermitteln».[26]
Welche Absichten hat aber dann Heisenberg mit dem Gespräch verfolgt? Der russische Physiker Eugen Feinberg berichtet von einem Besuch Bohrs in Moskau 1961. Dabei habe der große dänische Physiker auch über seine Begegnung mit Heisenberg im September 1941 erzählt:

Heisenberg wollte mich [Bohr] davon überzeugen, daß Hitlers Sieg unvermeidlich sei... Die Nazis respektierten die Wissenschaft nicht, und deswegen verhalten sie sich so schlecht zu den Wissenschaftlern. Wir müssen uns zusammentun und Hitler helfen, und dann, wenn er siegt, wird sich auch seine Einstellung den Wissenschaftlern gegenüber ändern.[27]

Das Bohr von Heisenberg vorgeschlagene «Zusammentun» mit den Deutschen muß wohl als loyale Zusammenarbeit mit den deutschen Stellen in Kopenhagen verstanden werden. Böswillige Interpreten sind weitergegangen und haben daraus abgeleitet, daß Heisenberg Bohr zur Mitwirkung im deutschen «Uran-Projekt» gewinnen wollte.
Was ist meine Meinung? Zunächst: Rozental hat nicht recht. Allerdings war in der Tat Heisenbergs Vorschlag, ein Gentleman's Agreement zu treffen, unrealistisch. Niemals hätten sich die Alliierten auf eine solche Verabredung eingelassen, und niemals hätte Bohr einen diesbezüglichen Vorstoß in Großbritannien und den USA unternommen. Bohr wollte unter keinen Umständen den alliierten Kriegsanstrengungen in den Rücken fallen. Heisenberg begriff jedoch erst nach dem Krieg, wie Bohr und die alliierten Kollegen damals gedacht haben. Aus der Absurdität des Gedankens an ein «Gentleman's Agreement» darf man nicht schließen, wie es Rozental offenbar tut, daß Heisenberg ihn unmöglich gehabt haben kann. Genialität in der Physik garantiert nicht ein gutes Urteilsvermögen in menschlichen und politischen Fragen.
Heisenberg ist 1948 von einem Kollegen nach dem Gespräch mit Bohr gefragt worden. Ich halte die aus einem Abstand von nur sieben Jahren gegebene Schilderung für durchaus zuverlässig:

Als ich im Herbst 1941 Niels Bohr in Kopenhagen sprach, habe ich an ihn die Frage gerichtet, ob ein Physiker das moralische Recht habe, an Atomproblemen im Kriege zu arbeiten. Bohr fragte zurück, ob ich glaube, daß eine kriegerische Verwendung der Atomenergie möglich sei, und ich antwortete, ja, das wüßte ich. Ich habe dann meine Frage wiederholt, und Bohr antwortete zu meiner Verwunderung, daß der Kriegseinsatz der Physiker in allen Ländern unvermeidlich und daher wohl berechtigt sei. Bohr hat es offenbar für unmöglich gehalten, daß hier die Physiker aller Völker sich sozusagen gegen ihre Regierungen verbünden; er hat mir auch im vergangenen Sommer [1947] gesagt, daß er auf diesen Punkt nicht habe eingehen wollen und daß er daher meine Frage mehr als eine indirekte Information über den Stand unserer Kenntnisse aufgefaßt habe.[28]

Als sich Heisenberg entschloß, nach Kopenhagen zu fahren, mag er neben der beabsichtigten Verabredung gegen die Bombe auch noch daran gedacht haben, wie man Bohr zu einem besseren Schutz gegen mögliche Nazi-Übergriffe verhelfen könnte. Es ist deshalb durchaus möglich, daß Feinbergs Bericht den Tatsachen entspricht. Heisenberg mag seinem älteren Freund Bohr wirklich nahegelegt haben, den Kontakt mit den deutschen Gesandten zu pflegen. Bohr war nach den Kategorien der Nationalsozialisten «Halbjude» und damit stark gefährdet.

Absurd dagegen ist die Vorstellung, Heisenberg habe damals im September 1941 Niels Bohr für das deutsche Atomenergieprojekt gewinnen wollen. Damit wird unterstellt, daß Heisenberg versessen gewesen sei, eine Atombombe zu bauen. Das stimmt jedoch nicht. Nach dem Krieg wurden zehn deutsche Atomforscher, darunter Heisenberg und Weizsäcker, in England interniert. Ihre vom britischen Geheimdienst abgehörten Gespräche bestätigen, daß Heisenberg zwar einen Atomreaktor bauen wollte, aber niemals eine Atombombe.*

Über das Gespräch mit Bohr war Heisenberg tief unglücklich. Die Unterredung hatte auf einem Spaziergang am Hafen in Kopenhagen stattgefunden, und als Heisenberg zu Weizsäcker zurückkam, sagte er: «Du, ich glaube, es ist vollkommen schiefgegangen.»[29]

Heisenberg hatte früher von den vielen hervorragenden Physikern des Kopenhagener Kreises Bohr am nächsten gestanden. Er war der Lieblingsschüler in den zwanziger Jahren, als sie beide gemeinsam die moderne Atomphysik bis hin zur «Kopenhagener Deutung» schufen, und sie waren seither enge, vertraute Freunde. Früher war es fast sprichwörtlich, wie schnell einer dem anderen in den subtilsten physikalischen und philosophischen Gedanken folgen konnte. Und nun war eine Verständigung offenbar unmöglich.

Das mißglückte Gespräch zwischen den beiden engen Freunden und hervorragenden Gelehrten ist später symbolhaft verstanden worden: daß nun, durch den Einbruch des Nationalsozialismus, wie vieles andere auch, die früher so eng verschworene internationale Gemeinschaft der Physiker zerstört war. Die Physiker arbeiteten nicht mehr miteinan-

* Siehe das folgende Kapitel.

der, sondern gegeneinander. Heisenberg war der Kopf des deutschen Uran-Projektes; Bohr beriet, nach seiner abenteuerlichen Flucht aus Dänemark, die für das amerikanische Atomenergie-Vorhaben tätigen Wissenschaftler.

Wie Heisenberg später erkannte, ist er damals unter ganz falschen Voraussetzungen nach Kopenhagen gekommen. Es war eine Illusion, zu meinen, daß die Physiker überhaupt noch eine freie Entscheidung hatten. Es war eine Illusion jedenfalls, was die amerikanische Seite betraf. Die Wissenschaftler dort, insbesondere die Emigranten, waren von der Furcht getrieben, Hitler könne als erster in den Besitz der Atombombe gelangen. Eine Mitteilung von Bohr, die Deutschen würden keine Atombomben bauen («Heisenberg hat es gesagt»), hätte die Amerikaner lediglich in der Überzeugung bestärkt, Bohr sei nun einmal politisch hoffnungslos naiv. Tatsächlich hat Bohr – nach dem, wie er das Gespräch mit Heisenberg aufgefaßt hat – Ende 1943 in Amerika nur berichtet: Die Deutschen wissen, daß man Atombomben machen kann. Aber auch diese Nachricht hatte keinen Einfluß auf das Tempo des amerikanischen Atombombenprojektes. Die Entscheidung in Amerika war damals längst gefallen.[30]

In Deutschland hatten die Physiker die Entscheidung tatsächlich «bis zu einem gewissen Grade» in der Hand; dies aber nur, weil auch in diesen Kriegszeiten, als das Schicksal des «Dritten Reiches» auf dem Spiel stand, die nationalsozialistische Wissenschaftspolitik wie vom ersten Tag der Machtergreifung an von krassem Unverständnis geleitet war. Lehrstühle und wichtige Referate in den Ministerien wurden «politisch» besetzt mit dem Ergebnis, daß die neuen Männer ihren Aufgaben nicht gewachsen waren.

Der Dilettantismus war Prinzip. Über das Uran-Projekt ließ sich Hitler von seinem Fotografen informieren. Für den «größten Feldherrn» war bezeichnend, daß er nicht den direkten Weg eines Vortrages der Verantwortlichen wählte, sondern sich, wie Speer feststellte, «auf unzuverlässigen und unkompetenten Umwegen kolportagehaft unterrichtete».[31]

Fast mochte es scheinen, als habe mit dem Verbrechen am jüdischen Volk das Regime den alttestamentlichen Fluch auf sich gezogen: «Der Herr wird dich schlagen mit Wahnsinn, Blindheit und Verwirrung des

Geistes.» Als Werner Heisenberg am 26. Februar 1942 im Haus der Deutschen Forschung über die «Energiegewinnung aus der Uranspaltung» vortrug und in zwei Diapositiven die Wirkungsweise einer Kettenreaktion erläuterte – im Uranbrenner und in der Atombombe –, da fehlten Göring, Himmler, Keitel, Raeder, Bormann, obwohl sie vom Reichsforschungsrat und Heereswaffenamt eigens eingeladen waren. Nur Rust war anwesend, der schwächste aller Reichsminister. Von ihm konnten gewiß keine Impulse ausgehen.
Erst am 4. Juni 1942 wurde das Uran-Projekt einem Mann mit Entscheidungsbefugnis vorgelegt: dem bevollmächtigten Minister für Rüstungsaufgaben Albert Speer. Am Sitz der Hauptverwaltung der Kaiser-Wilhelm-Gesellschaft in Berlin-Dahlem, im Helmholtz-Saal des Harnack-Hauses, referierte Heisenberg über die militärische Bedeutung der Kernenergie. Neben Speer und seinen Fachleuten waren Staatssekretäre, Generale, Kernphysiker und Mitarbeiter der Kaiser-Wilhelm-Gesellschaft gekommen. Zwei Sekretärinnen prüften sorgfältig die Ausweise.
Zunächst sprach Professor Werner Köster, der Direktor des Kaiser-Wilhelm-Instituts für Metallforschung, über eine neue Minensonde. Dann war Heisenberg an der Reihe:

Ich habe also berichtet, daß es möglich ist, Atomreaktoren zu machen. Daß wir jetzt wissen, daß die Neutronen sich vermehren. Ich habe nicht erwähnt, daß man damit Plutonium machen kann, weil wir diese Dinge möglichst klein halten wollten.[32]

Heisenberg beschäftigte sich auch mit «Atomsprengstoff» und erörterte die Wirkungsweise einer Uranbombe. Das Wort «Bombe» rief im Saal sichtliches Aufsehen hervor. «Ich selbst hörte zum erstenmal in diesem Zusammenhang das Wort», berichtete der Generalsekretär der Kaiser-Wilhelm-Gesellschaft, Ernst Telschow. Heisenberg hatte sich schon wieder gesetzt, als von Generalfeldmarschall Milch die Frage kam: «Wie groß müßte eine Bombe sein, die eine große Stadt wie London in Trümmer legt?» Heisenberg drehte sich halb um, und etwas verlegen, wie es Telschow schien, deutete er mit den Händen die Umrisse einer kleinen Kugel an: «Etwa so groß wie eine Ananas.»[33]
Und auf weitere Fragen hat Heisenberg erwidert: «Im Prinzip kann

man schon Atombomben machen und kann auch diese Sprengstoffe gewinnen; aber alle Verfahren, die wir bisher kennen... sind so ungeheuer kostspielig, daß es vielleicht viele Jahre dauern würde und daß es eben einen ganz enormen technischen Aufwand von Milliarden brauchen würde.»[34]

Mitte des Jahres 1942 standen, in der Ausdehnung des Herrschaftsgebietes, die Achsenmächte im Zenit ihres Erfolges. Auf dem russischen Kriegsschauplatz hatte im Südabschnitt eine neue Offensive begonnen; Rommel drang in Ägypten ein. Aber die Zeit der leichten Siege war vorbei. Mit der Sowjetunion und den Vereinigten Staaten hatte das «Dritte Reich» nun überlegene Gegner. Fast schutzlos waren die deutschen Städte den alliierten Luftangriffen ausgesetzt. Erst ein paar Tage zuvor war die Kölner Innenstadt schwer verwüstet worden.

Es war das erste Mal, daß ich als junger Mann mit diesen hohen Bonzen der Kriegführung zusammenkam. Nun war ich ja schon seit langer Zeit völlig davon überzeugt, daß der Krieg verloren sei, und dachte, jetzt habe ich eine gute Gelegenheit, ich möchte doch einmal hören, was diese Herren dazu meinen. Dann war also [am Ende der Besprechung] am 4. Juni abends ein Essen... und neben mir saß der Generalfeldmarschall Milch... Wie die anderen gerade mal nicht zuhörten, fragte ich ihn: «Ja, hören Sie mal, Herr Generalfeldmarschall, wie denken Sie sich jetzt den weiteren Verlauf des Krieges? Es sieht doch sehr schlecht aus.» Er... zuckte etwas zurück, schien mir ganz weiß und sagte: «Na, hören Sie, wenn wir den Krieg verlieren, können wir alle Strychnin nehmen.»... Dann hatte er sich gefangen... und dann kam sozusagen die Schallplatte.
Wir gingen dann nach dem Essen noch rüber zu meinem Institut... Ich hatte die Gelegenheit abgepaßt und ging allein mit Speer rüber... Ich dachte, jetzt will ich mal hören, was der Speer über den Verlauf des Krieges weiß... Ich hab ihm ungefähr dieselbe Frage gestellt wie Herrn Milch. Da blieb er sofort stehen, schaute mich ganz lange an. Einfach so... sagte keinen Ton, und nach etwa zwei Minuten ging er weiter, ohne einen Ton zu sagen.[35]

In den persönlichen Gesprächen mit Speer mußte nun die Entscheidung fallen. Wohin steuerte Heisenberg? Er war Physiker, und er wollte also, daß seine Mitarbeiter wie bisher für «ihr» Uran-Projekt tätig bleiben konnten, aber nicht, daß es aus dem Bereich des wissenschaftlichen Laboratoriums hinaus in die Hektik eines Rüstungsvorhabens geriet. Aus diesem Grunde erstrebte er die Genehmigung zur Weiterarbeit, aber keine höchste Dringlichkeitsstufe.

Dringlichkeitsstufen konnte man nur anfordern, wenn man Kriegswaffen machen wollte. Diesen Weg hätten wir beschreiten können, und das haben wir ganz bewußt nicht getan, weil wir gar keine Atombomben machen wollten. Aber man kann auch dazu sagen, wir wollten es ja nicht machen, weil wir es vermutlich nicht gekonnt hätten. Wir hätten jedenfalls nach vier, fünf Jahren vielleicht etwas zuwege gebracht.[36]

Heisenberg nahm also nicht für sich in Anspruch, eine moralische Entscheidung gegen die Atombombe getroffen zu haben. Es gibt auf dem Gebiet des Gewissens, sagte Heisenberg, «keine hundertprozentige Wahrheiten, es ist alles so unendlich kompliziert und gemischt».[37]
Indizien für eine Gewissensentscheidung liegen vor: So hat Heisenberg auf der entscheidenden Sitzung am 4. Juni 1942 «nicht erwähnt, daß man Plutonium machen kann, weil wir diese Dinge möglichst klein halten wollten».[38]
Auch Erich Bagge erinnert sich, daß Heisenberg gesagt hat: «Man kann eine Atombombe machen, und die dürfte fußballgroß sein», und daß er auf die Frage «Ist das nun wirtschaftlich möglich?» erwidert hat: «‹Das ist unmöglich, das würde ein Geldvermögen kosten, Milliarden von Reichsmark kosten, und schon wegen Mangel an Personal wäre das ganz ausgeschlossen.› Auf diesem Weg hat er versucht, ein Atombombenprojekt lahmzulegen, nicht lahmzulegen, sondern nicht zu befördern.»[39]
Die Entscheidung Speers fiel in der von Heisenberg gewünschten Weise. Damit wurde das deutsche Uran-Projekt lediglich in einem bescheidenen Umfang weiterbetrieben. «Es war ein Auf-der-Stelle-Treten....»[40] – «Damit konnte das einzig erreichbare Ziel nur noch sein, einen energieerzeugenden Uranbrenner zum Betrieb von Maschinen zu bauen.»[41]
Einen Wettlauf um die Atombombe zwischen den Vereinigten Staaten und dem «Dritten Reich» hat es also nie gegeben. Heisenberg mit seinem ausgeprägten agonalen Ehrgeiz, mit seiner Freude, einen Wettkampf anzufangen (und dann auch zu gewinnen), hat sich selbst Zügel angelegt. Heisenberg war freilich viel zu sehr Physiker, um nicht doch mitunter die kluge Zurückhaltung zu verwünschen, zu der er gezwungen war. Als er von den gigantischen Anstrengungen für die Entwicklung der Flugbombe und der Rakete erfuhr, die als V 1 und V 2 jedem

Zeitgenossen zum Begriff wurden, da hat er zeitweise bedauert, daß dem deutschen Atomenergie-Projekt nicht auch die gleiche Unterstützung zuteil geworden ist.

Ähnlich empfand er nach Kriegsende. Am 6. August 1945 hörte er vom «Erfolg» seiner amerikanischen Kollegen: Also war das, was er geleistet hatte, zweitklassig. Bitter wurde ihm, daß sich die alliierten Sieger auch ihrer wissenschaftlichen Überlegenheit rühmten und das gescheiterte deutsche Uran-Projekt einen jämmerlichen Fehlschlag der deutschen Forschung nannten.[42]

In einem *Spiegel*-Interview ist Heisenberg gefragt worden, ob ihn «nicht die reine Neugier» gereizt habe, ein solches Projekt zu verwirklichen, ähnlich wie J. Robert Oppenheimer, der «Vater der amerikanischen Atombombe», einmal gesagt habe, alle Dinge, die *«technically sweet»* seien – technisch verlockend –, müßten einen Physiker reizen.

Selbstverständlich ist jeder Physiker in dieser Versuchung. Die Frage ist immer, was sozusagen die anderen Komponenten seines Gewissens dazu sagen.[43]

Der Mensch war stärker als der Physiker. Heisenberg hat der Versuchung widerstanden.

Im Rückblick kommt es uns als ein besonderer Glücksfall vor, daß die Entscheidung Speers für die Uranmaschine und gegen die Atombombe ausgefallen ist. Wie hat Heisenberg dieses von ihm bewußt ins Auge gefaßte Ziel erreicht? Man sollte denken, daß dazu eine Reihe von raffinierten politischen Schachzügen nötig gewesen wäre. Dazu wäre er nicht fähig gewesen. Was er aber konnte: die Tatsachen für sich sprechen zu lassen.

Damals fragte ich ihn: «Was aber geschieht, wenn man euch zwingt, die Atombombe zu machen?» [berichtete Elisabeth Heisenberg]. Ich erinnere mich an seine Antwort sehr genau, sehe auch noch die ganze Situation vor mir. Es war Nacht. Ich lief nervös im Wohnzimmer hin und her; er saß ruhig im Stuhl: «Wir können die Atombombe nicht machen – die Decke ist zu kurz. Unsere Wirtschaftskapazität reicht dazu nicht aus. Alle wichtigen Kriegsproduktionen müßten eingestellt und unserem Projekt zugeführt werden, um auch nur die geringste Chance zu haben… Daß das nicht im Bereich der Möglichkeit liegt, muß jedermann sofort einsehen… Zweitens existiert dieser Erlaß der Machthaber, daß kein Projekt gefördert werden darf, das zu seiner Entwicklung mehr als sechs Monate benötigt. Das ist aber für die Atombombe klarerweise der Fall. Das ermöglicht mir, mit völlig offenen Karten zu spielen.»[44]

Es war eine Wanderung zwischen Abgründen. Auf der einen Seite drohte die amerikanische Atombombe: Was wäre gewesen, wenn etwa der Krieg noch ein paar Monate länger gedauert hätte und die beiden Atombomben statt auf Hiroshima und Nagasaki auf Hamburg und Dresden niedergegangen wären? Bei jeder militärischen Niederlage wütete das Regime gegen die angeblich oder wirklich Schuldigen. Die Sachlage wäre für jeden Volksgerichtshof eindeutig gewesen.

Wie leicht auch hätte der Weg um einen verhängnisvollen Schritt in die andere Richtung gehen können: «Wir wußten, wenn wir ehrlich berichten, dann wird das (die Entwicklung einer deutschen Atombombe nämlich) eben abgeblasen.»[45] Wußten sie das wirklich? Heisenberg hatte ja selbst – in der Schilderung seines Gesprächs mit Niels Bohr – von der Alternative gesprochen. Die Physiker «konnten auch argumentieren, daß es mit äußerster Anstrengung vielleicht doch noch möglich sein werde, sie ins Spiel zu bringen».[46] Wären die deutschen Kernphysiker von der wissenschaftlichen Aufgabe so blind gewesen wie etwa die Raketenbauer in Peenemünde von der ihren oder wären sie überzeugte Nationalsozialisten gewesen, dann hätten sie so argumentiert.

Die Welt muß den deutschen Physikern dankbar sein, daß sie das nicht getan haben. Aber es hat doch alles nur an einem Haar gehangen. Es hätte ja auch sein können, daß plötzlich ein Heinrich Himmler oder Martin Bormann glaubte, «daß es mit äußerster Anstrengung doch noch möglich sein werde, deutsche Atombomben ins Spiel zu bringen».

Heisenberg hat sich damals wohl nicht klargemacht, zu welchen Taten das Regime noch fähig gewesen wäre, wenn die Mächtigen ihre letzte Rettung – begründet oder nicht – in der Atombombe gesehen hätten: «Wenn man der Regierung, also unserer eigenen Regierung, nun ganz ehrlich sagt, wie schwierig das ist, und wie groß der Aufwand ist, und wie lange es dauert, dann wird die Regierung es schon nicht machen.»[47]

Das war ein frommer Wunsch, der nur mit viel, viel Glück in Erfüllung gegangen ist (wie Heisenberg auch später eingeräumt hat[48]). Die Politik des obersten Kriegsherrn, des «größten Feldherrn aller Zeiten», orientierte sich nicht an rationalen Entscheidungskriterien. Als die Niederlage näherrückte, verlor Hitler die Beziehung zur Realität. Phantastische Projekte wollte er mit unsinnigen Forderungen durchsetzen. Von allen «Wunderwaffen» wäre ihm die Atombombe das ideale Instrument gewesen, Vergeltung zu üben.

Speer berichtete, Hitler habe einen Trickfilm gesehen, in dem ein Flugzeug sich auf die Umrisse der britischen Inseln stürzte; ein Feuerschlag folgte, und die Insel flog zerfetzt in Stücke. Hitlers Begeisterung kannte keine Grenzen mehr: «So wird es ihnen gehen», rief er hingerissen aus, «so werden wir sie vernichten!»[49] Ein Segen für uns alle, daß Hitler nicht geahnt hat, was im Kaiser-Wilhelm-Institut für Physik in Berlin-Dahlem, nur ein paar Kilometer vom «Führerbunker» entfernt, wirklich vor sich ging.

Die Ahnungslosigkeit Hitlers in Fragen der Wissenschaft war freilich kein Zufall, sondern gehörte sozusagen zum System. Er war ernsthaft davon überzeugt, daß die Juden alle Wege benutzten, auch den über Kunst und Wissenschaft, um das deutsche Volk geistig zu verderben. In Fragen der Physik galt für ihn Philipp Lenard als die große Autorität, und von ihm hatte er frühzeitig erfahren, daß es auch in der Wissenschaft die schrecklichsten «Entartungen» gab. Es ist unter diesen Verhältnissen durchaus denkbar, daß Hitler Informationen über die Chancen der Kernenergie zugegangen sind, ihm aber die Sache unglaubwürdig erschien. Eine neue Waffe als technische Anwendung der «jüdischen Physik»? Er wußte es besser: Die Juden waren die großen Lügenmeister.[50]

Nach der Konferenz vom 4. Juni 1942 wurde das deutsche Atomenergieprojekt nur noch von einigen physikalischen Instituten in bescheidenem Rahmen weiterverfolgt. Das Heereswaffenamt gab das Dahlemer Institut an die Kaiser-Wilhelm-Gesellschaft zurück.

Damit wurde die Besetzung der Direktorenstelle akut. Peter Debye, der frühere Inhaber des Amtes, hatte eine Professur in den Vereinigten Staaten angenommen, und es war ganz unwahrscheinlich, daß er zurückkehren würde. Erich Schumann, der Leiter der Abteilung Wissenschaft im Reichskriegsministerium, suchte vollendete Tatsachen zu schaffen. Früher hatte er Kurt Diebner als Direktor einsetzen wollen, jetzt war Walter Bothe sein Kandidat. Über diesen Versuch, die Physiker und die Kaiser-Wilhelm-Gesellschaft zu überfahren, hat Ernst Telschow nach Gesprächen mit Paul Harteck und Otto Hahn eine Aktennotiz angefertigt:

Bei dieser Besprechung habe Herr Schumann impulsiv gefragt, wer wohl als Nachfolger von Herrn Debye für das Institut für Physik in Frage komme: er glaube, Herr Bothe sei wohl der richtige Mann. Nach dieser Bemerkung, die wegen ihrer Plötzlichkeit alle Anwesenden überrascht hätte, sei eine Pause von zwanzig Sekunden eingetreten. Herr Schumann habe dann erklärt, er sähe, daß wohl alle Anwesenden mit dieser Berufung einverstanden seien... Nach Schluß der Sitzung hätten alle Herren Bedenken bekommen. Er – Harteck – müsse sagen, daß Herr Heisenberg nur aus Bescheidenheit sich nicht selbst in Vorschlag gebracht habe, daß er aber eigentlich der geeignete Direktor für das Institut für Physik sei... Herr Hahn schilderte die Vorgänge ungefähr in derselben Weise... Er hielt Herrn Heisenberg für geeigneter.[51]

Die Kaiser-Wilhelm-Gesellschaft setzte sich durch. Auf der Sitzung des Senats wurde Heisenberg am 24. April 1942 zum «Direktor am KWI für Physik» ernannt; nur mit Rücksicht auf Peter Debye, der formal beurlaubt war, hieß es nicht «Direktor des Instituts». Praktisch aber war er das von Anfang an. Mit Wirkung vom 1. Oktober 1942 wurde Heisenberg auch in der Mathematisch-Naturwissenschaftlichen Fakultät der Universität Berlin eine planmäßige ordentliche Professur für theoretische Physik verliehen.

Heisenberg ist aber – bedingt durch den Verlauf des Krieges – gar nicht mehr mit der Familie nach Berlin umgezogen.[52]

Mitte April 1943 evakuierte Heisenberg die Familie aus Leipzig; seine Frau und die Kinder zogen in das Haus am Walchensee. Ein halbes Jahr später mußte auch das Kaiser-Wilhelm-Institut aus Berlin verlagert werden. Aber wohin mit dem Atomreaktor? Walther Gerlach, der nach Erich Schumann und Abraham Esau die organisatorische Leitung des Uran-Projektes übernommen hatte, kannte aus seiner Tübinger Zeit von den Institutsausflügen her das idyllisch gelegene Haigerloch.[53]

Das tiefeingeschnittene Tal bot Schutz gegen Luftangriffe. Unter der Schloßkirche gab es einen weit in den Berg führenden und doch gut zugänglichen Felsenkeller: genau das, was sie suchten.[54] Hier bauten sie ihren Atommeiler. Da die emsige Tätigkeit ohnehin nicht zu verbergen war, nannten sie das Unternehmen kurzerhand «Höhlenforschungsstelle».

Das Kaiser-Wilhelm-Institut für Physik zog in das 15 Kilometer entfernte Hechingen. In einer ehemaligen Textilfabrik richteten sie ihre Arbeitsräume ein, ihre «Denkzellen». Von hier kam Heisenberg regelmäßig mit dem Fahrrad nach Haigerloch. Die drastischen Einschränkungen in der Benzin-Zuteilung (die die Benutzung eines Autos auf Notfälle beschränkte) haben ihn persönlich nicht im mindesten gestört; er hat die Fahrten vielmehr sehr geschätzt als Gelegenheit zur sportlichen Betätigung, und die herrliche Landschaft hat ihn immer wieder begeistert.[55] Aber der radfahrende Heisenberg ist doch ein Symbol für die verzweifelte wirtschaftliche Lage: Mit dem Fahrrad haben die deutschen Physiker den Weg ins Atomzeitalter finden wollen.

Ende Februar 1945 kamen endlich die letzten Lieferungen von Uran und Schwerem Wasser aus Berlin. Der Aufbau des Versuches konnte beginnen. «Die Wissenschaftler versammelten sich in der Enge ihres Höhlenlaboratoriums», so schilderte David Irving die entscheidenden Stunden:

> Der Graphitdeckel mit den Ketten der Uranwürfel wurde in das Reaktorgefäß gesenkt... Schließlich wurden anderthalb Tonnen unersetzliches Schweres Wasser langsam eingepumpt. Das Einpumpen wurde häufig unterbrochen und die Neutronenvermehrung im Innern und außen an dem Leichtmetallbehälter gemessen. Als das Schwere Wasser im Innern des Zylinders anstieg, stieg die Multiplikation an, und es schien wirklich, als ob der Meiler jetzt kritisch werden könnte.[56]

Die deutschen Physiker wußten nicht, daß Fermi mit seinem «Pile» in Chicago bereits vor mehr als zwei Jahren, am 2. Dezember 1942, erfolgreich gewesen war. So hatten sich die Männer um Heisenberg das Ziel gesetzt, die ersten zu sein mit einem «kritischen» Reaktor.

Nach dem Zusammenbruch der letzten deutschen Offensive in den Ardennen waren am 8. Februar 1945 Briten und Amerikaner zum Vorstoß in das Reichsgebiet angetreten; die sowjetischen Truppen bildeten bereits Brückenköpfe an der Oder. Das Ende konnte nur eine Frage von Wochen sein. Jetzt hatten die deutschen Physiker ihre letzte Chance.

Heisenberg dachte an das berühmte Wort von Friedrich Wilhelm III., der nach der Katastrophe von Jena und Auerstedt gesagt hatte, daß nun der Staat durch geistige Kräfte ersetzen müsse, was er an materiellen verloren habe. Aus dieser Gesinnung war 1810 die Universität Berlin gegründet worden, der Heisenberg seit zwei Jahren als Ordinarius angehörte, und aus der Niederlage war eine geistige Erneuerung Preußens hervorgegangen. Vor allem Max Planck hatte, in seiner Spitzenposition als «beständiger Sekretar» der Preußischen Akademie, nach dem unglücklichen Ausgang des Ersten Weltkrieges immer wieder an das Wort von der geistigen Erneuerung erinnert.

Es war der große Wunsch Heisenbergs, daß in dieser Zeit des totalen Zusammenbruches wenigstens der deutschen Wissenschaft ein Erfolg vergönnt sein möge: So könnte Deutschland abermals durch geistige Kräfte ersetzen, was es an materiellen verloren habe. Durch einen Erfolg in der Kernphysik wollte Heisenberg die Hoffnung auf einen geistigen Wiederaufbau des geschundenen Vaterlandes gründen.

Mit dem Einpumpen des Schweren Wassers stieg der Multiplikationsfaktor ständig an, über alle bisher erreichten Werte hinaus. Aus zehn Neutronen, die von der Quelle im Inneren injiziert wurden, wurden schließlich an der Oberfläche des Reaktors 67. Es reichte nicht.

Sie brauchten mehr Uran und mehr Schweres Wasser. Ende Februar 1945 war das nirgendwo zu beschaffen. Bald rechneten die Wissenschaftler aus, daß mit einem kugelförmigen statt einem zylindrischen Brenner der kritische Punkt wahrscheinlich erreicht worden wäre. Aber es war zu spät.

Alle Mühe mit den Versuchen war also letztlich vergeblich geblieben. Heisenbergs Trost war, daß sich seine Theorie jedenfalls als richtig erwiesen hatte. Es war gezeigt, «daß man durch Vergrößerung der Apparaturen – bei dem letzten Haigerlocher Versuch würde eine relativ geringe Vergrößerung genügen – den kritischen Punkt erreichen und damit zu einem energieliefernden Brenner kommen kann».[57]

«Mitte April zogen die letzten Reste aufgelöster deutscher Truppen durch Hechingen nach Osten. An einem Nachmittag hörten wir die ersten französischen Panzer. Im Süden waren sie wohl schon an Hechingen vorbei bis zur Kammhöhe der Rauhen Alb vorgestoßen.»[58]

Der Krieg war zu Ende. Im Luftschutzkeller feierten die Mitarbeiter Abschied. Um drei Uhr früh setzte sich Heisenberg auf sein Fahrrad.

Das Ortsschild «Gammertingen 26 km» war in der Dunkelheit nicht zu lesen, aber er kannte sein Ziel: das 270 Kilometer entfernte Urfeld. Im Gepäck einige wichtige Dokumente, eine Notverpflegung und als Tauschware einige Schachteln amerikanische Pall-Mall-Zigaretten.

Im fahlen Morgenlicht sah er die Spuren des chaotischen Rückzuges: weggeworfene Stahlhelme und Karabiner am Straßenrand, umgestürzte und ausgebrannte Wehrmachtsfahrzeuge. Es war «Führers Geburtstag», der 20. April 1945.

Die Panzergeräusche, die Heisenberg gehört hatte, stammten aber nicht von den vorrückenden französischen Verbänden, sondern vom amerikanischen 1279. Pionier-Kampfbataillon und der «Alsos»-Mission unter dem Befehl von Oberst Boris T. Pash. Die Amerikaner beeilten sich, als erste, noch vor den Franzosen, Haigerloch zu besetzen, und machten sich unverzüglich daran, den Reaktor abzubauen.

Die Sondereinheit Alsos bestand aus einem Stab von Wissenschaftlern, Offizieren und CIC-Agenten, insgesamt 240 Männern. Sie war sozusagen das «Auge» des amerikanischen Atomenergie-Projektes. Während die amerikanische Armee die Entwicklung der Atombombe mit unerhörtem Aufwand vorantrieb, observierte sie gleichzeitig den Gegner. Der Deckname *Alsos* erklärt sich dabei einfach als Transposition des Wortes *grove* (Hain) ins Griechische: Der dem Wissenschaftler J. Robert Oppenheimer, dem «Vater der amerikanischen Atombombe», noch übergeordnete General und oberste Leiter des sogenannten «Manhattan Project» hieß nämlich Leslie R. Groves.

Am 24. April besetzte die Alsos-Mission Hechingen. General Harrison, der Befehlshaber des Kampfverbandes, und die beiden Chefs von Alsos, Oberst Pash und der Physiker Goudsmit, fuhren mit ihrem Panzerspähwagen sofort zum Kaiser-Wilhelm-Institut. Mit ihren ausgezeichneten Landkarten und Luftaufnahmen war es leicht zu finden. Sie suchten als erstes das Arbeitszimmer Heisenbergs; es war leer. Bei der Durchsicht der zurückgelassenen Papiere fanden sie ein Foto, eine Gruppenaufnahme, auf der sie zu ihrer Verblüffung Samuel A. Goudsmit erkannten. Unverkennbar war es der wissenschaftliche Leiter von Alsos, der lachend den Betrachtern entgegenblickte, und neben ihm kein anderer als Werner Heisenberg. Das Bild war auf der letzten Amerikareise im Juli 1939 entstanden.

Der General empfand das Foto als «degoutant», wie Goudsmit später gern erzählte: «Er begann zu glauben, mir sei doch nicht ganz zu trauen, und ich müßte Verbindung mit dem Feinde haben. Es war nicht der richtige Augenblick, ihm von der internationalen Gemeinschaft der Physiker zu erzählen.»[59] In Wirklichkeit – so berichtet Boris T. Pash – nahm keiner dieses Foto ernst, ganz im Gegenteil. General Harrison und Oberst Pash scherzten mit Blick auf Goudsmit: *«Should we recheck his security?»* – Sollen wir ihn einer neuen Sicherheitsüberprüfung unterziehen?

Bagge, Korsching, v. Weizsäcker und Wirtz wurden gefangengenommen, und die Institutsausrüstung wurde beschlagnahmt. Am nächsten Tag rückten die Amerikaner in Tailfingen ein; das Uran und das Schwere Wasser wurden erbeutet und, noch wertvoller, die geheimen «Kernphysikalischen Forschungsberichte», woraus sich ein vollständiger Überblick über den Stand des deutschen Projektes ergab. Auch Otto Hahn und Max von Laue, die als bekannte Gegner des «Dritten Reiches» bei den Wissenschaftlern der Alsos-Mission in hohem Ansehen standen, wurden verhaftet, aber sozusagen mit allen militärischen Ehren.

Die Aktion war doch nur ein halber Erfolg. «Uns fehlte immer noch Heisenberg, unser Hauptziel unter den deutschen Physikern», berichtete Samuel A. Goudsmit.[60]

Nach seiner Abfahrt in Hechingen hatte Heisenberg mit seinem Fahrrad im Morgengrauen Gammertingen passiert und zwei Stunden später den Albabstieg erreicht. Ein Bauer warnte vor der SS. Er wich auf Nebenstrecken aus, aber er mußte über die Donau. In Riedlingen, am Ortsausgang, fiel er einem SS-Posten in die Hände. Das vom Institut ausgestellte Ausweispapier («Transport wichtiger Akten») galt hier nichts, und es hieß: Mit zum Kommandeur! Da setzte Heisenberg alles auf eine Karte und zog eine Schachtel Pall Mall heraus.[61]

Nach drei Tagen und Nächten war er zu Hause in Urfeld. Schnell rückte die Front näher; aber eine Woche blieb für die Familie:

Wir waren von jeder Lebensmitteleinfuhr abgeschnitten, inmitten noch kämpfender Truppen und SS-Verbände, außerdem wurde unser Wolfgang am kritischen Abend recht schwer krank, wir befürchteten akute Blinddarmentzündung, und wir haben den Buben in dieser Nacht bei Schneesturm und eben zerstörte Straßen hinweg in ein Militärlazarett bringen müssen. Zum Glück erwies sich dann die Operation doch als unnötig, aber Du wirst Dir denken können, daß es keine leichte Zeit war. Elisabeth hat sich fabelhaft tapfer gehalten, aber es ging erheblich über ihre Kräfte. Es war ein Segen, daß ich zu Hause sein konnte.[62]

Inzwischen waren Boris T. Pash und seine Einsatzgruppe mit den vordringenden amerikanischen Truppen über Murnau nach Kochel gekommen. Sechs Kilometer noch nach Urfeld. Auf der zum Walchensee führenden Straße stieß Pash kurz nach dem Ortsausgang auf eine kleine Aufklärungsabteilung: die vorgeschobenen Beobachter. Es war der 2. Mai 1945. «Das Wetter ist schlecht, und noch schlechter sind die Deutschen», sagte der Leutnant.[63]

Im Konvoi der gepanzerten Fahrzeuge ging es weiter; steil, in Serpentinen, führte die Straße hinauf zum Kesselberg. Schon nach wenigen Minuten standen sie vor einer gesprengten Brücke. In den bewaldeten Abhängen konnten SS-Truppen versteckt sein (eine Befürchtung, die sich bestätigte); aber das Ziel Heisenberg rechtfertigte das Risiko. Mit neunzehn Mann setzte Pash den Weg fort. Seine Schreibtischsoldaten kamen ihm vor wie «Pancho-Villa-Banditen», mit Munition in den ausgebeulten Taschen und Zeltplanen über den Schultern.[64]

Nachmittags 4.40 Uhr erreichten die Männer die Paßhöhe. Jenseits führte die Straße wenige hundert Meter hinunter zum Walchensee. Das Panorama war atemberaubend.

In Urfeld wies der Wirt des Hotels «Zur Post» den Weg. «Als ich die schwerbewaffneten Soldaten sah», berichtete Elisabeth Heisenberg, «bekam ich einen Todesschrecken, denn die SS trieb noch ihr Unwesen in der Gegend»:

Dann aber merkte ich, daß es Amerikaner waren, und war sehr erleichtert. Ich ging und öffnete die Tür. Oberst Pash trat sofort ein und fragte nach meinem Mann. Ich antwortete, er sei bei seiner Mutter unten im Ort. Ob man ihn telefonisch erreichen könne? Ich bejahte. Ich sollte ihn heraufbeordern, aber nicht sagen, was los sei, befahl er mir in barschem Ton... Mein Mann verstand augenblicklich und kam sofort.[65]

Pash teilte mit, daß er Heisenberg zum Verhör nach Heidelberg bringen müsse; dann fragte er nach den kernphysikalischen Forschungsberichten. Heisenberg übergab drei Ordner.

Plötzlich war Gewehrfeuer zu hören; Pash ließ einen Soldaten bei Heisenberg und hastete zum Hotel hinunter, wo er seine «Streitmacht» zurückgelassen hatte.
Geradezu in Scharen kamen aus den Wäldern die deutschen Soldaten, um sich gefangenzugeben. Die Amerikaner wurden nervös, weil sie die Massen nicht unter Kontrolle halten konnten und es ein leichtes war, die wenigen Bewacher zu überwältigen. Von den Gefangenen erfuhr Pash, daß wenige Kilometer entfernt siebenhundert Mann einer SS-Division Stellung bezogen hatten. Darauf entschloß er sich zum Rückzug. Heisenberg blieb in Urfeld.
In der Nacht kam die SS. Die von den Amerikanern entwaffneten Volkssturmmänner wurden als «feige Verräter» erschossen; die blutüberströmten Körper in den See geworfen.[66] Nicht auszudenken, was geschehen wäre, wenn die SS gewußt hätte, wer in dem Holzhaus nur wenige hundert Meter oberhalb des Hotels wohnte und welchen Wert er für die Amerikaner hatte. Die Berühmtheit, die ihn so oft im «Dritten Reich» geschützt hatte, hätte jetzt sein Tod sein können.
Früh im Morgengrauen – es war der 3. Mai 1945 – rückte die Einsatzgruppe Alsos unter Boris T. Pash noch einmal von Kochel aus zum Kesselberg vor. Fünf Minuten nach vier Uhr – wie er mit militärischer Präzision notierte – rollte sein Jeep über die von Pionieren reparierte Brücke:

Ein zweiter Jeep, auf den ein Maschinengewehr montiert war, folgte, danach kam ein leichter Panzer, dann ein Militärlastwagen mit einer 3,7-cm-Flak und dann der Rest der bewaffneten Fahrzeuge und Jeeps. Alsos war auf dem Weg, Urfeld zurückzuerobern.[67]

Pash errichtete seinen «Befehlsstand» im Hotel «Zur Post», sicherte die Straße nach beiden Seiten und ließ durch einen jungen Leutnant «Deutschlands Wissenschaftler Nr. 1» holen. «Heisenberg gehörte zu den führenden Physikern der Welt und war uns zur Zeit des deutschen Zusammenbruchs mehr wert als zehn deutsche Divisionen. Wäre er den Russen in die Hände gefallen, hätte er sich für sie als unschätzbar erwiesen.»[68] Das konstatierte General Groves.
Heisenberg hatte Sorge um die in Urfeld zurückbleibende Familie. Was würde geschehen, wenn sich die Amerikaner abermals aus Urfeld zu-

rückzögen und der SS berichtet würde, er habe sich aus freien Stücken den Amerikanern angeschlossen? So bat er den Leutnant, Boris T. Pash möge ihn – durch eine demonstrative Handlung – als Gefangenen abführen lassen. Also wandte sich der Oberst in scharfem Ton an Heisenberg – und hatte dabei den Eindruck, daß hinter der Türe der Wirt aufmerksam zuhörte: *«You are now prisoner of the U.S. army and treated as such!»* In einem Interview mit dem Verfasser dieses Buches legte Boris T. Pash Wert auf die Feststellung, daß er Heisenberg nur ein einziges Mal angebrüllt habe – und zudem auf dessen eigenen Wunsch.

«Heisenberg wurde zu einem Panzerwagen geführt und zwischen zwei bewaffnete amerikanische Soldaten gesetzt. Das Fahrzeug fuhr die Hauptstraße von Urfeld hinunter, ein riesiger Panzer vorweg, ein zweiter Panzer und mehrere Jeeps dahinter. Die Dorfbewohner, die an der Straße standen, erklärten, nicht einmal Stalin hätte besser eskortiert werden können.»[69]

So beschrieb David Irving die Szene. In Wirklichkeit fuhr Heisenberg im Jeep, neben ihm am Steuer Boris T. Pash und auf dem Rücksitz der Leutnant. Insgesamt waren es nur drei Jeeps, die Urfeld verließen. Für Pash war der Auftrag erfolgreich beendet. Die gepanzerten Fahrzeuge blieben in Urfeld zurück.

Heisenberg wurde zunächst nach Heidelberg gebracht, wo er Samuel A. Goudsmit «vorgeführt» wurde. Nach herzlicher Begrüßung der alten Freunde und Kollegen fragte Goudsmit in einer spontanen Eingebung: «Würden Sie nicht jetzt nach Amerika kommen wollen, um mit uns zu arbeiten?» Im Mai 1945 wäre fast jeder deutsche Wissenschaftler und Ingenieur glücklich über ein solches Angebot gewesen. Aber Heisenberg lehnte ab: «Nein, ich möchte nicht weggehen. Deutschland braucht mich.»[70]

Goudsmit wußte damals noch wenig vom amerikanischen Atomenergie-Projekt und dem bevorstehenden Erfolg; die Männer der Alsos-Mission waren darüber – Patentrezept militärischer Vorsicht – im unklaren gelassen worden. Auch wenn Heisenbergs Antwort auf die Gewissensfrage ein «Ja» gewesen wäre, hätte das Angebot nicht realisiert werden können. Die Amerikaner hatten die bis 1933 in der Physik führenden Deutschen wissenschaftlich geschlagen; ihr Stolz hätte eine

nachträgliche Mitarbeit von Heisenberg am «Manhattan Project» gar nicht zugelassen.
Während Heisenberg noch in Heidelberg verhört wurde, waren die alten Mitarbeiter bereits in Versailles. Hier wurden sie in einem abenteuerlich verwahrlosten Schloß gefangengehalten. Unter dem 9. Mai notierte Erich Bagge:

Am Nachmittag ist es schwül... Einer liest Zeitung, einer in einem Kernphysikbuch, einer schläft... Langweilig ist's zum Steinerweichen... Als wir auf unserem 60-qm-Platz im Park stehen, kommen für kurze Zeit zwei höhere englische Offiziere zu uns. Der eine, ein älterer Mann, geht auf Prof. von Laue zu und fragt: «You are the famous Prof. v. Laue?» Alles lacht. Na ja, was hätte er auch sagen sollen. 20 Uhr: Große Überraschung. Der Major kommt und berichtet: «Ein Herr Heisenberg kommt und noch ein weiterer Herr.» Wenige Minuten später erscheinen beide. Der zweite Herr war Dr. Diebner. Großes Hallo bei der Begrüßung.[71]

Zwei Tage später wurde Paul Harteck gebracht. Nun war die Gruppe vollständig. Acht Monate Internierung standen bevor. Nach den Strapazen der Kriegszeit war es «fast wie eine Erholung», erinnerte sich Heisenberg später, aber die Unsicherheit über die Zukunft und vor allem die Ungewißheit über das Schicksal der Familie lagen als eine Last auf der Seele.
Am 3. Juli wurden die zehn deutschen Kernphysiker mit einer Dakota nach England gebracht, zum Militärflughafen Huntingdon bei Cambridge. Der Landsitz Farmhall wurde ihr Aufenthalt. «Das Haus», notierte Bagge in seinem Tagebuch, «ist etwa 250 Jahre alt, ein alter Backsteinbau ohne besondere Architektonik, schlicht und einfach, aber doch gefällig. Zu ihm gehört ein großer Garten mit einer guten Rasenfläche und zwei alten gewaltigen Bäumen. Die Einrichtung im Innern ist ziemlich veraltet, aber doch freundlich und anheimelnd. Besonders froh sind wir über eine kleine englische Bibliothek.»[72] Sehr schnell entwickelte sich eine regelmäßige Tageseinteilung:

Nach dem Frühstück um 9 Uhr mit porridge und bacon treiben wir täglich auf dem Rasenplatz hinter dem Haus mit einem Rugbyball eifrig Sport. Einer fängt und wirft den andern ab. Dann fangen beide, bis keiner mehr übrigbleibt. Dieses Tag für Tag. Um 13 Uhr ist Mittagessen, um 16 Uhr wird Kaffee getrunken und um 19.45 Uhr gibt es Abendbrot. In der Zwischenzeit wird gearbeitet. Unsere Abendbeschäftigung Bridge, Skat, Halma oder auch eine Unterhaltung auf dem Zimmer.[73]

Die Wissenschaftler hausten in Farmhall wie eine sonderbar moderne Art von Mönchen. Ihre Exerzitien waren Kernphysik und Kerntechnik. Sie richteten, wie sie es von ihren Instituten gewohnt waren, sogleich ein «physikalisches Kolloquium» ein; am 10. Juli sprach Paul Harteck über «Die Paarbildung beim Stoß von Lichtquanten auf Elektronen» und am 17. Kurt Diebner über «K-Einfang».
Während die deutschen Physiker mühsam gegen die Langeweile kämpften, feierten ihre amerikanischen Kollegen einen Triumph. Am 16. Juli brachten Oppenheimer und Mitarbeiter in der Wüste von New Mexico die erste Atombombe zur Explosion. Der Versuch markierte, wie es in einem späteren Bericht des amerikanischen Kriegsministeriums hieß, den «Übertritt der Menschheit in ein neues Zeitalter»:

Zur festgesetzten Zeit erschien ein blendender Lichtblitz, der das ganze Gelände heller als das hellste Tageslicht erleuchtete... Dann kam ein erschütterndes, andauerndes Krachen und eine schwere Druckwelle... Unmittelbar hiernach kochte eine riesenhafte, vielfarbige, wogende Wolke empor bis zu einer Höhe von über 40000 Fuß.[74]

Davon drang zunächst nichts in die Öffentlichkeit. Hinter den Kulissen aber fielen Entscheidungen von weittragender Bedeutung. Im Pazifik war immer noch Krieg, wenn auch die endgültige Niederlage Japans nur noch eine Frage der Zeit sein konnte. James Franck, der 1933 Göttingen hatte verlassen müssen und für den wie für viele andere Emigranten die Vereinigten Staaten zur neuen Heimat geworden war, verfaßte den «Franck-Report». Eindringlich warnten die sieben Unterzeichner vor einem Einsatz der Atombombe gegen Japan. Sie hatten als erste verstanden, was es heißt, daß nun die Schwelle zum Zeitalter des Atoms überschritten war:

Wiederholt hat man den Wissenschaftlern den Vorwurf gemacht, die Nationen mit neuen Waffen zu ihrer wechselseitigen Vernichtung versorgt zu haben, anstatt zu ihrem Wohlergehen beizutragen. Es stimmt zweifellos, daß zum Beispiel die Erfindung des Fliegens der Menschheit mehr Unglück als Freude und Gewinn gebracht hat. In der Vergangenheit jedoch konnten die Wissenschaftler jede unmittelbare Verantwortung für den Gebrauch, den die Menschheit von ihren uneigennützigen Entdeckungen machte, ablehnen. Jetzt aber sind wir gezwungen, einen aktiven Standpunkt einzunehmen, weil die Erfolge, die wir auf dem Gebiet der Kernenergie errungen haben, mit unendlich viel größeren Gefahren verbunden sind als bei den Erfindungen der Vergangenheit. Wir alle, die wir den augenblicklichen Stand der Kernphysik kennen, leben ständig mit der Vision einer jähen Zerstörung vor Augen, einer Zerstörung unseres eigenen Landes, einer Pearl-Harbor-Katastrophe, die sich in tausendfacher Vergrößerung in jeder Großstadt unseres Landes wiederholen könnte.[75]

Aber die Würfel waren schon gefallen. Am 6. August 1945 explodierte eine Atombombe über der japanischen Stadt Hiroshima.

In das neue Zeitalter

Um 18 Uhr kam die erste Nachricht über den Rundfunk.

Präsident Truman hat eine ungeheure Errungenschaft durch alliierte Wissenschaftler bekanntgegeben: Die Atombombe ist hergestellt. Eine ist bereits auf einen japanischen Militärstützpunkt abgeworfen worfen. Sie enthält allein so viel Explosivkraft wie zweitausend unserer Zehntonnenbomben. Der Präsident hat auch angekündigt, daß die Ausnutzung der Atomenergie von außerordentlicher Bedeutung für die Friedenszeit sein wird.[1]

Mit einer Flasche Gin in der Hand klopfte der britische Major an das Zimmer Hahns. Otto Hahn wollte es nicht glauben, aber der Offizier beteuerte, dies sei eine amtliche Nachricht des Präsidenten der Vereinigten Staaten. «Ich verliere fast wieder etwas die Nerven bei dem Gedanken an das neue große Elend», beschrieb Hahn seine Empfindungen, «bin aber andererseits sehr froh, daß nicht wir Deutschen, sondern die alliierten Anglo-Amerikaner dieses neue Kriegsmittel gemacht und angewandt haben.»[2]
Nach einem Glas Gin beruhigte er sich, und mit dem Major ging er in den Speisesaal hinunter, wo die anderen Physiker zum Abendessen Platz genommen hatten. Für einen Augenblick saßen alle stumm, entsetzt, ungläubig; dann brach es aus ihnen hervor. Darauf hatte der CIC gewartet. Ohne daß die deutschen Physiker etwas ahnten, war vom britischen Geheimdienst eine Abhöranlage installiert worden:

Hahn: Wenn die Amerikaner eine Uranbombe haben, dann sind Sie alle zweitklassig. Armer Heisenberg.
Heisenberg: Haben sie im Zusammenhang mit der Atombombe das Wort «Uran» gebraucht?
Wirtz: Nein.
Heisenberg: Dann hat sie mit Atomen nichts zu tun. Aber das Äquivalent von 20000 Tonnen hochexplosivem Sprengstoff ist ungeheuer... Ich kann mir nur

denken, daß irgendein Dilettant in Amerika weiß, sie hat das Äquivalent von 20000 Tonnen hochexplosivem Sprengstoff, und in Wirklichkeit funktioniert sie überhaupt nicht.
Hahn: Auf jeden Fall, Heisenberg, sind Sie eben zweitklassig, und Sie können einpacken.
Heisenberg: Ganz Ihrer Meinung... ich bin bereit zu glauben, daß es eine Bombe unter hohem Druck ist, aber ich glaube nicht, daß sie etwas mit Uran zu tun hat, sondern daß es ein chemisches Zeug ist, wodurch sie die Sprengkraft ungeheuer gesteigert haben.[3]

47 Jahre blieben die Abhörprotokolle «top secret», und Journalisten und Historiker mußten sich mit den wenigen Fragmenten begnügen, die zwischenzeitlich bekannt wurden. Besonders kühn kombiniert hatte Wolfgang Menge in seinem im April 1991 erstmalig ausgestrahlten zweiteiligen Fernsehfilm «Ende der Unschuld».

Jetzt endlich sind die Abhörprotokolle freigegeben, und nun wissen wir es definitiv: Die so oft geschmähten deutschen Atomforscher müssen sich nicht verstecken. Sie waren weder politisch naive Technokraten noch blinde Patrioten. Tatsächlich hatten sie nur einen Reaktor bauen wollen, aber niemals eine Atombombe.

Das belegen eindeutig die Gespräche. Werner Heisenberg, der «Kopf» des Unternehmens, wußte zwar über das Prinzip der Kettenreaktion Bescheid, die in der Bombe (anders als im Reaktor) mit *schnellen* Neutronen abläuft, aber er war sich nicht ganz sicher, wieviel Kernsprengstoff (reines Uran 235) letztlich dazu nötig ist, «50, 500 oder 5000 Kilogramm». Die sogenannte «kritische Masse», die man mindestens braucht, damit überhaupt eine Explosion stattfinden kann, ist aber die wichtigste Kenngröße einer Bombe und entscheidend für den industriellen und zeitlichen Aufwand.

«Wenn dein Ziel wirklich eine Bombe gewesen wäre», sagte Carl Friedrich von Weizsäcker zu seinem Freund Heisenberg, «hätten wir uns mehr auf die Isotopentrennung beim Uran konzentriert und weniger auf das Schwere Wasser.» Dieses nämlich wird nur im Reaktor gebraucht als sogenannter Moderator.

Worüber staunt man am meisten, wenn man heute, ein halbes Jahrhundert später, die Protokolle der Gespräche liest? Vielleicht über die Tatsache, daß Werner Heisenberg die Amerikaner weit unterschätzt und ihnen die Entwicklung der Atombombe gar nicht zugetraut hat.

Dabei war ihm, wie er seinen Kollegen erzählte, schon im Jahr zuvor von einem Beamten des Auswärtigen Amtes in Berlin eröffnet worden, die Amerikaner hätten die Zerstörung Dresdens durch eine Atombombe angekündigt, wenn die Deutschen nicht kapitulierten. «Damals wurde ich gefragt, ob das möglich ist, und mit völliger Überzeugung sagte ich: ‹Nein.›»

An dieser Stelle entsetzt man sich noch heute. Was hätte noch alles geschehen können, wenn der Krieg in Europa ein halbes Jahr länger gedauert hätte?

Aus Heisenbergs anfänglichen Zweifeln, ob es wirklich eine Atombombe war, die die Zerstörung Hiroshimas bewirkt hatte, schlossen die Amerikaner auf eine besondere Arroganz der Deutschen: «Sie waren von der Überlegenheit der deutschen Wissenschaft überzeugt und glaubten, dort, wo sie gescheitert waren, könne ein anderer noch viel weniger Erfolg haben.»[4]

So schrieb Samuel Goudsmit in seinem Tatsachenbericht 1947. Ganz fair war dieses Urteil nicht. Als nämlich die deutschen Atomforscher Ende April 1945 von den Alliierten gefangengenommen wurden und die ersten Verhöre stattfanden, hatte gerade Goudsmit bei ihnen den Eindruck erweckt, auf der alliierten Seite wären die Forscher während des Krieges nur mit ganz konkreten Entwicklungsaufgaben befaßt gewesen wie der Vervollkommnung des Radar.

Viele, auch widersprüchliche Gefühle bewegten die deutschen Atomforscher an diesem 6. August 1945. Einerseits waren sie erleichtert, daß nicht Deutschland die neue wissenschaftliche Waffe entwickelt und eingesetzt hatte. Andererseits waren sie aber auch von der Leistung ihrer amerikanischen Kollegen beeindruckt und empfanden eine Art Beschämung, daß nicht sie den großen wissenschaftlichen Erfolg errungen hatten.

Immer wieder kamen sie auf die Frage zurück, auf welchem Wege wohl die Amerikaner den eigentlichen Sprengstoff, das Uran 235, erzeugt hatten. Sie kannten eine Reihe von Verfahren, die aber alle einen ungeheuren technischen Aufwand erforderten: «Wenn sie es mit Massen-Spektrographen getan haben, kann man uns keinen Vorwurf machen», meinte Paul Harteck. «Aber wenn sie einen Trick gefunden haben, das würde mich ärgern.»

Noch stärker empfand Walther Gerlach die wissenschaftliche Deklassierung. Er ärgerte sich maßlos über eine Bemerkung von Horst Korsching. Die Amerikaner, hatte der gesagt, seien fähig zu einer wirklichen Zusammenarbeit in größtem Maßstab: «Das wäre in Deutschland unmöglich gewesen. Da sagte jeder, der andere sei inkompetent.»
Wütend verließ Gerlach den Aufenthaltsraum und ging in sein Zimmer, wo man ihn schluchzen hörte. Der britische Major kommentierte: «Er schien sich wie ein besiegter General zu fühlen, dem nichts bleibt, als sich zu erschießen.» Einige Kollegen folgten Gerlach, um ihn zu trösten. Dieser erklärte ihnen, was ihn vor allem bedrückte: «Wenn wir nach Deutschland zurückkommen, wird es uns schlecht ergehen. Wir werden als diejenigen betrachtet, die alles sabotiert haben. Sie können sicher sein: Viele Leute in Deutschland werden uns die Schuld [an der Niederlage] geben. Bitte lassen Sie mich allein.»[5]
Gerlach war 56 Jahre alt und erlebte nun zum zweitenmal eine verheerende Niederlage Deutschlands. Er erinnerte sich an das Ende des Ersten Weltkrieges, als sich die Menschen mit der Niederlage nicht abfinden konnten und Sündenböcke suchten. Erich Ludendorff hatte damals die Legende vom «Dolchstoß» der Heimat gegen die kämpfende Truppe geprägt. Jetzt, im Jahr 1945, herrschte jedoch eine andere Stimmung unter den Deutschen. Jeder, der überlebt hatte, war dankbar, daß der Krieg endlich zu Ende war, und keiner verschwendete einen Gedanken an verpaßte Chancen.
«Ich danke Gott auf den Knien, daß wir keine Atombombe gebaut haben», sagte Otto Hahn, und dann fragte er Gerlach: «Sind Sie außer sich, weil wir keine Bombe gebaut haben oder weil die Amerikaner besser waren?» Es stellte sich heraus, daß Gerlach den Erfolg der Alliierten als Schlappe für die deutsche Wissenschaft ansah, für die letztlich er die Verantwortung trug als der organisatorische Leiter des deutschen «Uran-Projektes», als der «Bevollmächtigte des Reichsmarschalls für Kernphysik», wie es offiziell geheißen hatte: «Sagen Sie, Harteck, ist es nicht schade, daß es die anderen geschafft haben?»
Der Physiko-Chemiker Paul Harteck aber meinte: «Wenn wir weitergekommen wären, hätte uns der ‹Secret Service› umgebracht. Wir sollten froh sein, daß wir noch leben. Laßt uns diesen Abend in diesem Geiste feiern.» Und Kurt Diebner ergänzte boshaft: «Professor Ger-

lach wäre SS-Obergruppenführer geworden und säße in Luxemburg als Kriegsverbrecher.»

Auf Spannungen in der Gruppe weisen auch Bemerkungen von Harteck und Gerlach hin. Diese beiden experimentell arbeitenden Forscher sahen in der wissenschaftlichen Leitung des Projektes durch Heisenberg eine Belastung, da dieser für sie als «extremer Theoretiker» galt. «Die Theorie wurde als das Wichtigste betrachtet und die Experimente als Nebensache», klagte Harteck: «Und dann wurden fast unverständliche Formeln hingeschrieben.»

In den Gesprächen der zehn Atomforscher klingt immer wieder das Bedauern durch, daß sie nicht weitergekommen waren, und immer wieder machten sie sich klar: Es war besser so. «Man stelle sich doch nur vor», so Weizsäcker, «wir hätten London mit einer Uranbombe zerstört!»

Weizsäcker erklärte den Rückstand mit der fehlenden Motivation: «Ich glaube, es ist uns nicht gelungen, weil alle Physiker aus Prinzip gar nicht wollten. Wenn wir alle gewollt hätten, daß Deutschland den Krieg gewinnt, hätte es uns gelingen können.» Daran ist viel Wahres. Die Einstellung der Wissenschaftler ist ein entscheidender Faktor. Man denke nur an den Ersten Weltkrieg. Die deutschen Chemiker mit Fritz Haber an der Spitze waren überzeugte Patrioten, und auf ihre Initiative kam es am 22. April 1915 zur Einführung der ersten wissenschaftlichen Waffe, der Kriegführung mit Giftgasen.

Heisenberg ging auch auf einen anderen Faktor ein, der entscheidend war für das Scheitern des deutschen Uran-Projektes: «Die Beziehungen zwischen dem Wissenschaftler und dem Staat waren derart, daß einerseits wir nicht hundertprozentig entschlossen waren und daß andererseits der Staat uns kein Vertrauen entgegenbrachte. Selbst wenn wir gewollt hätten, wäre es nicht leicht geworden, die Sache durchzukriegen.»[6]

Das stimmt. Hitler hatte es von Anfang an auf einen Eroberungskrieg angelegt, wozu er aber auch die Wissenschaft hätte mobilisieren müssen. Aus der Wissenschaft nämlich gehen ständig technische Innovationen hervor, die in bestimmten Situationen kriegsentscheidend sein können. Ebenso ist es möglich, schon vorhandene Waffen und Verfahren mit Hilfe der Wissenschaft zu größerer Wirkung zu bringen. Nach der Machtergreifung 1933 wurde jedoch durch die Vertreibung der jüdischen Gelehrten die Wissenschaft, und insbesondere die Physik, schwer geschädigt. Dazu kam noch als Krebsgeschwür die nationalsozialistische Ideologie.

Hitler selbst hatte im *Völkischen Beobachter* konstatiert, daß die Juden nicht nur die Kunst, sondern auch die Wissenschaft «zur planmäßigen Vergiftung unserer Volksseele» benutzten. Zwar ist es nie zu einer Festlegung auf oberster Ebene gekommen, welche Teile der modernen Physik als «jüdisch» und «entartet» zu gelten hatten, was aber nur dazu führte, daß viele Dienststellen der Partei alles Neue in der Physik mit dem größten Mißtrauen verfolgten. Selbst wenn die deutschen Physiker alle wild entschlossen gewesen wären, hätte es die größten Schwierigkeiten gemacht, die für eine Waffenentwicklung nötigen höchsten Prioritäten zu erhalten.

Warum aber hat keiner der nationalsozialistischen Funktionäre den «obersten Feldherrn» auf diese Chance aufmerksam gemacht? Als Albert Speer am 4. Juni 1942 auf der Konferenz in Berlin von dem Projekt erfuhr, war es längst zu spät für einen Erfolg. Und vorher? Die wenigen Nationalsozialisten, die die Bedeutung der Sache begriffen hatten, fürchteten, bei Hitler zu große Erwartungen zu wecken. Zwei von ihnen – Erich Schumann und Abraham Esau – gaben unabhängig voneinander den Physikern den Rat, nach oben niemals etwas von einer Atombombe verlauten zu lassen. Wenn eine solche Meldung an Hitler gelange, würden sie sich alle «in einem umzäunten Bereich» wiederfinden. Was es sonst nicht mehr gebe, hätten sie hier im Überfluß: «Aber wehe, wenn die Bombe nicht in einem Jahr fertig ist!»

So gab es in Deutschland eine Allianz gegen die Bombe. Heisenberg war erleichtert, daß er nicht gezwungen wurde, gegen sein Gewissen zu handeln. Ihm schauderte bei dem Gedanken, Hitler könne in den Besitz der Atombombe kommen. «Heisenberg hat die Herstellung von Atombomben nie unter die Pflichten gerechnet, zu denen er als ‹loyaler Staatsbürger› (besser vielleicht ‹als Angehöriger seines Volkes›) verbunden war», sagte dazu Carl Friedrich von Weizsäcker.[7]

Anders war es für Heisenberg mit dem Atomreaktor. Er hat es als ein Versagen der deutschen Wissenschaft angesehen, daß es 1945 nicht mehr gelungen ist, den kritischen Punkt der Neutronenvermehrung zu erreichen, bei dem die Kettenreaktion sich selbst unterhält. Die letzte Ursache für diesen Fehlschlag hat er mit Recht in dem Antagonismus zwischen Staat und Wissenschaft gesehen. So etwas sollte nach dem Willen Heisenbergs nie mehr möglich sein. Wissenschaftspolitisches Hauptziel beim Wiederaufbau Deutschlands wurde deshalb für ihn eine enge und vertrauensvolle Zusammenarbeit zwischen der Regierung und den führenden Gelehrten. Dieses Programm hat Heisenberg aber erst einige Monate später formuliert. Am 6. August 1945 gab es aktuellere Sorgen.

An diesem Abend hat keiner der zehn Physiker schnell Schlaf finden können. Als sich Max von Laue schließlich nach den langen Diskussionen um ein Uhr zurückzog, sagte er: «Als ich jung war, wollte ich Physik treiben und Weltgeschichte erleben. Die Physik habe ich getrieben, und daß ich Weltgeschichte miterlebt habe, wahrhaftig, das kann ich jetzt in meinen alten Tagen wohl sagen.» Laue sollte aber noch keine Ruhe finden. Er klopfte bei Bagge an die Tür und sagte: «Wir müssen etwas unternehmen, ich habe große Sorgen um Otto Hahn. Diese Nachrichten haben ihn entsetzlich erschüttert, und ich befürchte das Schlimmste.» Laue, Bagge und andere blieben noch lange wach, bis sie hörten, daß Otto Hahn doch eingeschlafen war.[8]

Die Welt war eine andere geworden. Seit dem 6. August 1945 mußte die Menschheit «mit der Bombe leben».

Die Geschichte der Atombombe – der Bau in den Vereinigten Staaten und der aufgegebene Versuch in Deutschland – hat immer wieder die Zeitgenossen fasziniert. Sein ganzes Leben lang war Heisenberg mit Fragen konfrontiert, oft bohrenden, mißtrauischen Fragen.

Den ersten sehr kritischen Bericht über den «Fehlschlag der deutschen Forschung» hat Samuel A. Goudsmit mit seinem Buch ‹*Alsos*› 1947 gegeben. Heisenberg hat mehrfach dazu Stellung genommen:

Die Thesen von Goudsmit lauten, wenn ich sie etwas vergröbere und vereinfache:

1. Die deutschen Physiker sind moralisch nicht besser und gewissenhafter als die amerikanischen.
2. Daher haben sie auch Atombomben konstruieren wollen.

Da tatsächlich ein ernsthafter Versuch zur Herstellung von Atombomben in Deutschland nicht gemacht worden ist, kann dies liegen

a) an der Unfähigkeit der deutschen Physiker,
b) an dem unzureichenden Rüstungspotential.
Meine eigene Ansicht zu diesen Thesen ist, daß ich zunächst der ersten These voll und ohne Vorbehalt zustimme. Trotzdem halte ich die zweite These für vollständig falsch. Denn schon das Wort «daher» am Anfang der These 2 ist reiner Unsinn. Die äußeren und inneren Bedingungen für einen Physiker in Deutschland während des Krieges waren so verschieden von denen, unter denen ein amerikanischer Physiker oder ein deutscher Emigrant in Amerika stand, daß auch bei gleicher moralischer Qualität die Entscheidungen entgegengesetzt ausfallen mußten...
Für einen amerikanischen Physiker und insbesondere für einen deutschen Emigranten in Amerika mußte die Frage der Niederwerfung des Hitler-Regimes mit Recht als eine Frage von Leben oder Tod erscheinen. Für den Fall, daß sich die Herstellung der Atombombe als leicht erwiesen hätte, mußte unbedingt mit der Möglichkeit gerechnet werden, daß Hitler in den Besitz der Atombombe kommen und sie benützen würde...
Die deutschen Physiker umgekehrt konnten weder den Sieg des Hitler-Regimes, unter dem sie vielfach zu leiden hatten, noch eine totale und vernichtende Niederlage Deutschlands wünschen. Ich glaube also, die These 2 müßte etwa durch folgende These ersetzt werden:
«Die deutschen Physiker hatten nicht den Wunsch, Atombomben herzustellen, und waren froh, daß ihnen die Entscheidung über die Atombomben-Herstellung durch die äußeren Umstände erspart wurde. Dabei spielte... *social conscience* eine erhebliche Rolle, aber sicher auch andere Motive, unter denen der reine Selbsterhaltungstrieb nicht das unwichtigste war. Über das relative Gewicht der verschiedenen Motive wird man wohl nie eine objektive Aussage machen können: aber es wäre ungerecht, wenn man das Motiv *social conscience* völlig negieren wollte.»[9]

In seinem Nachruf auf Heisenberg im *Yearbook of the American Philosophical Society* räumte Samuel A. Goudsmit ein, daß er in seinem unmittelbar nach Kriegsende verfaßten Buch vielleicht zu scharf geurteilt habe: «Meine Übertreibungen müssen Heisenberg sehr verletzt haben. Er betrachtete sie als Vorwurf gegen die deutsche Physik, seine Physik. Obwohl er mich nie öffentlich angegriffen hat, wurde durch die Äußerung anderer bekannt, daß ich einen Freund verloren hatte.»[10]
Goudsmit hatte auch die Behauptung aufgestellt, die deutschen Kernphysiker hätten das Prinzip der Atombombe nicht gekannt. In seinem historischen Bericht, der in der deutschen Übersetzung erst 1965 erschienen ist, hat auch der amerikanische General Groves noch einmal die alte Legende wiederholt. Demgegenüber betont Heisenberg die

Tatsache, «daß wir über die Kettenreaktion mit schnellen Neutronen durchaus Bescheid wußten»:

Im übrigen lege ich auf diese Tatsachen nicht etwa deshalb Wert, weil ich die Ergebnisse unserer Arbeit für besondere wissenschaftliche Leistungen hielte, auf die wir stolz sein müßten; ich glaube vielmehr im Gegenteil, daß diese ganze Entwicklung nach der Hahnschen Entdeckung und der Bohr-Wheelerschen Arbeit praktisch zwangsläufig war. Die große Leistung der amerikanischen und englischen Physiker sehe ich vor allem in der ungeheuren Effektivität der technischen Durchführung, in dem planvollen Einsatz größter Mittel, die nur von dem riesigen Industriepotential Amerikas bereitgestellt werden konnten.[11]

Durch die Zerstörung Hiroshimas war das am besten gehütete militärische Geheimnis der Vereinigten Staaten im wahrsten Sinne des Wortes der Menschheit «schlagartig» bekanntgeworden. Die Internierung in Farmhall hatte ihren Zweck erfüllt; seit dem 6. August 1945 war sie sinnlos geworden. Aber vieles Sinnlose geschieht. Immer wieder schöpften die deutschen Physiker neue Hoffnung auf baldige Freilassung, und immer wieder wurden sie enttäuscht

Die erzwungene Muße nutzten sie, so gut es ging. Weizsäcker war fast glücklich, endlich einmal nach fünf Jahren völlig ungestört das arbeiten zu können, was er selbst wollte. «Wissenschaftlich war die Zeit unserer Gefangenschaft sehr ergiebig», stellte auch Heisenberg fest.[12] Er führte seine schon im Krieg begonnenen Ansätze über «Die beobachtbaren Größen in der Theorie der Elementarteilchen» fort. Die Lösung des Problems sah er damals in der sogenannten «Streu-Matrix-Theorie»; erst Jahre später hat es sich dann herausgestellt, daß dieser Rahmen noch zu eng ist. «Ich habe [weiter] eine Theorie der Supraleitung gemacht... und, im Anschluß an eine Weizsäckersche Arbeit, eine Arbeit über Turbulenztheorie (!) – On revient toujours...»[13] Man kehrt immer zu seiner ersten Liebe zurück. So schrieb er, in Anspielung an seine seinerzeitige bei Sommerfeld angefertigte Doktorarbeit über Turbulenz, an den früheren Lehrer.

In dem ersten Brief, den sie nach Hause schicken durften, berichtete auch Otto Hahn von dem (relativen) Wohlbefinden: «Ich habe ein großes Zimmer für mich allein, gegenüber ist unser Bad, mit kaltem und heißem Wasser. Essen sehr nahrhaft; der tägliche mehrfache Bohnenkaffee hat schon lange seine Sensation verloren. Rauchwaren beliebig.

Wir haben Bücher in drei Sprachen, täglich neue Zeitungen... Einige von uns arbeiten theoretisch; ich nicht. Dafür lerne ich auf der Schreibmaschine schreiben...»[14]

Der Sommer verging, der Herbst. In den langen Monaten entwickelte sich bei den Physikern so etwas wie ein Gefängnis-Koller. «Am normalsten von allen ist immer noch Herr Hahn», notierte einmal Erich Bagge, «obwohl ich das Gefühl habe, daß es bei ihm unter der Decke schon gehörig glimmt.» Da ihnen auf die Frage nach ihrem rechtlichen Status der englische Major Rittner erwiderte, sie seien *detained under His Majesty's pleasure*, nannten sie sich die «Detaineden», die Festgehaltenen.

Besuche von britischen Kollegen zeigten, daß sie nicht vergessen waren. Am 20. August kam Charles Darwin, am 9. September Blackett. Zweimal trafen Hahn, Heisenberg und Laue in der Royal Institution in London mit führenden britischen Gelehrten zusammen.

Der Hausherr [Sir Henry Dale] empfing uns Punkt fünf Uhr nachmittags am Eingang und geleitete uns die Treppe hinauf zu seiner Privatwohnung, wo es die übliche englische Bewirtung gab. Wir trafen dort einige wenige namhafte Mitglieder der Royal Society, nicht nur Physiker, und berieten mit ihnen über die Fortführung der Forschung in der britischen Besatzungszone. Die Hausfrau war, um das uns umgebende Geheimnis wenigstens formell zu wahren, nicht zugelassen, die Hausangestellten erst recht nicht. Punkt sieben Uhr verabschiedete sich der Hausherr von uns Deutschen, weil kein längeres Zusammensein erlaubt war, brachte uns wieder an die Haustüre, vor der schon das Auto wartete, das uns nach Huntingdon zurückbrachte.[15]

Es ging um den Termin der Freilassung, um den zukünftigen Wohn- und Arbeitsort und, eng verbunden mit diesen persönlichen Problemen, um den Wiederaufbau der Wissenschaft. Max von Laue wurde zur Röntgen-Feier der Royal Society eingeladen, die im November 1945 in London stattfinden sollte.

Ich nahm diese Einladung staunend an, äußerte allerdings meine Zweifel, ob die Militärbehörde, die uns ja in Geheimhaft hielt, mein Erscheinen erlauben würde. Diese Zweifel waren durchaus gerechtfertigt; ich bekam diese Erlaubnis nicht. Die Militärbehörde konnte ja konsequenterweise nicht zustimmen. Aber man bedenke, was es bedeutete: Genau ein halbes Jahr nach dem Abschluß der fürchterlichsten Kämpfe, die es je gegeben hat, ehrte die Royal Society einen Gelehrten aus dem soeben bekämpften Volke durch eine Festsitzung zur Erinnerung an seine Leistung und lud dazu einen anderen aus diesem Volke ein. Ich glaube nicht, daß irgendeine andere wissenschaftliche Korporation sich einer ähnlichen Tat rühmen kann.[16]

Eine frohe Neuigkeit gab es am 16. November: Als die Physiker nach dem Frühstück in ihrem «Salon» saßen, Rimskij-Korssakow hörten und die neuesten Zeitungen durchblätterten, sagte Heisenberg plötzlich: «Herr Hahn, da lesen Sie mal» und reichte ihm den *Daily Telegraph*. «Ich hab jetzt gar keine Zeit», erwiderte Hahn zerstreut. «Das ist aber sehr wichtig für Sie, da steht nämlich drin, daß Sie den Nobelpreis für 1944 erhalten sollen.»[17] Zweifellos wollte die Schwedische Akademie der Wissenschaften mit dem Nobelpreis für die Entdeckung der Uranspaltung ihre Hoffnung auf eine friedliche Anwendung der Kernenergie zum Nutzen der Menschheit zum Ausdruck bringen.
Am Abend inszenierten sie ein ausgelassenes Fest, bei dem Max von Laue auf seinen Freund Otto Hahn gemünzt Fontanes Gedicht zitierte: «Gaben, wer hätte sie nicht? Talente, Spielzeug für Kinder. Erst der Ernst macht den Mann, erst der Fleiß das Genie.» Der bescheidene Otto Hahn genierte sich: «Den Fleiß gebe ich zu, aber die Genialität durchaus nicht.»
Es war klar, daß ihr Senior nicht die Erlaubnis erhalten würde, nach Stockholm zu reisen, um den Preis selbst in Empfang zu nehmen. Deshalb dichtete Carl Friedrich von Weizsäcker einen Limerick:

«Es war ein Kollegium in Schweden,
das verlieh seinen Preis nicht an jeden.
Doch kriegt man ihn mal,
so ist's auch noch fatal,
denn man kommt nicht von Farmhall nach Schweden.»

Am Abend des 23. Dezember 1945 erfuhren sie, daß das Ende der Internierung unmittelbar bevorstand. So wurde Weihnachten für sie wirklich zum Fest der Freude.
Aus den Protokollen geht hervor, daß sich, alles in allem, die Deutschen den Respekt ihrer Bewacher erworben hatten. In seinem Bericht notierte der britische Hauptmann über Karl Wirtz: «Seine ruhige Nach-

denklichkeit machte auf mich einen sehr tiefen Eindruck. Verglichen mit ihm benehmen wir uns wie hysterische Kinder.» Und über Heisenberg heißt es lapidar: «A fine type.»[18]

Am 3. Januar wurden die «Detaineden» zum Flugplatz gebracht. Acht Monate waren sie interniert gewesen, davon sechs Monate in Farmhall. Ein britisches Gesetz untersagt es, einen Menschen, gleich welcher Nationalität, länger als ein halbes Jahr in Gewahrsam zu halten, ohne die Haftgründe mitzuteilen. Die Darlegung der Haftgründe aber wollten die britischen Behörden vermeiden, und deshalb gab es am letzten Tag noch einige Aufregung.

Am 3. Januar war schlechtes Wetter. Eine Verschiebung des Startes auf den nächsten Tag war unmöglich. Also sollte zur Entlastung des Flugzeugs das Gepäck zurückbleiben. Heisenberg aber weigerte sich, unter diesen Bedingungen an Bord zu gehen. Schließlich startete das Flugzeug mit dem ganzen Gepäck.[19]

Nach einem vorübergehenden Aufenthalt in dem Dorf Alswede bei Minden siedelten sieben von den zehn Wissenschaftlern, darunter Heisenberg, Hahn und Laue, nach Göttingen über. Von Göttingen aus begann der Wiederaufbau der deutschen Wissenschaft.

Die Max-Planck-Gesellschaft

Der freventlich ausgerufene «totale Krieg» endete mit der totalen Niederlage. Die Macht des Handelns lag allein bei den Alliierten. Von dem amerikanischen Finanzminister Henry Morgenthau war im September 1944 eine Denkschrift vorgelegt worden, die die Umwandlung des Deutschen Reiches in ein Agrarland vorsah. Zwar galt dieser «Morgenthau-Plan» nur vorläufig und vorübergehend als Grundlage der alliierten Nachkriegspolitik; seine Grundgedanken blieben aber dennoch zunächst offizielle Richtlinie.
«Die ganze Situation ist ja so trostlos. Vielleicht gerade weil mir selbst nichts passiert und in all diesen Jahren nichts abgegangen ist – mir und den meinen –, vielleicht gerade darum deprimiert mich dieses Ende; ich habe mehr Zeit darüber nachzudenken gehabt», schrieb der nach Irland emigrierte Erwin Schrödinger:

Sehnlichster Wunsch, das tiefverhaßte Régime vernichtet zu sehen – jahrelang schwebender Wunsch – endlich erfüllt – und nun? . . Wie oft hab ich mir in all diesen Jahren anhören müssen (und Sie auch, wenn Sie's riskiert haben, das Radio aufzudrehen), der Krieg gegen die Nazibande, nicht gegen das deutsche Volk. Ja – prost Mahlzeit. – Eine Zeitlang hat man sich jetzt anhören müssen: Die Deutschen sollen eine ackerbautreibende Nation werden. Ausgezeichnete Idee. Man lebt so viel glücklicher. Man wird bloß zuerst fünf Sechstel von ihnen umbringen müssen. Es ist ja toll.[1]

In den Vereinigten Staaten gab es gleich von Anfang an eine starke Opposition gegen den harten Kurs. «Aber einstweilen bewegt sich die amerikanische Politik wohl noch auf der Linie: keine Wissenschaft und Technik in Deutschland», kommentierte Heisenberg:

Die Wissenschaftler drüben haben demgegenüber die umgekehrte These vertreten: Internationale Zusammenarbeit der Wissenschaftler, Stützung der deutschen Wissenschaft als Gegengewicht gegen die Verrohung und Proletarisierung, aktives Eingreifen zur Ordnung Europas.[2]

Nach dem Ende des Ersten Weltkrieges hatte noch auf Jahre der Chauvinismus die Beziehungen zwischen den Gelehrten vergiftet. In diesem häßlichen nationalen Kulturkampf waren die Physiker kaum gemäßigter gewesen als Historiker, Nationalökonomen und Literaten. «Ich bin sehr glücklich zu sehen», schrieb Heisenberg, «daß die Physiker auf der Welt diesmal die Probe bestanden haben»:

Ich habe keinen drüben [in England] getroffen, der von der Geisteskrankheit des Nationalismus betroffen gewesen wäre; alle waren genau so nett zu uns, wie vor dem Krieg, auch die jüdischen Kollegen. Die Physiker in Amerika haben den Kampf gegen die Nationalisten mit der äußersten Schärfe aufgenommen. Als ein amerikanischer General das Zyklotron des Nishina in Tokio gesprengt hatte, veröffentlichten vierhundert Atomphysiker in den USA, darunter wahrscheinlich Oppenheimer, ein Statement: Der betreffende General müsse als *war criminal* vors Kriegsgericht gestellt werden, da seine Handlung als sinnlose Zerstörung von Kulturgut die Amerikaner auf eine Ebene mit den Nazis stellte.[3]

Während in den Vereinigten Staaten die Diskussion über die richtige Politik Deutschland gegenüber noch andauerte, hatte sich Großbritannien bereits entschieden:

Die Engländer haben sich eine Labour-Regierung gegeben, die offenbar politisch wieder genau so klug ist, wie alle früheren englischen Regierungen. Ihre Stellung zu Deutschland war maßvoll und vernünftig; sie sind sich klar darüber, daß die 70 Millionen Menschen hier irgendwie leben müssen, und sie denken nach darüber, wie das gemacht werden kann... Die englischen Politiker haben beschlossen, die Wissenschaft in Deutschland zu unterstützen, wenigstens innerhalb gewisser Grenzen... Die englischen Physiker bemühen sich in jeder Weise, für uns vernünftige Arbeitsmöglichkeiten zu schaffen.[4]

Als Teil der «Economic Subcommission» der Britischen Militärregierung konstituierte sich die Abteilung «Research Branch». Direktor war Brigadier Frank Spedding, der später als Wirtschaftsattaché in Bonn wirkte. Ihm war Oberst Blount beigegeben. Während sich Spedding mit allgemeinen politischen und organisatorischen Aufgaben beschäftigte und oft beim Alliierten Kontrollrat in Berlin zu tun hatte, fiel Blount die konkrete Wiederaufbauarbeit in der britischen Zone zu.

Blount hatte noch vor Einbruch des Nationalsozialismus in Deutschland studiert und hier sein Doktorexamen gemacht. Er sollte sich als ein verläßlicher Freund in einer für die deutsche Wissenschaft kritischen Phase erweisen. Blount besaß ein Büro bei der britischen Militärregierung in Bad Oeynhausen (später in Minden), aber die meiste Zeit arbeitete er in Göttingen.

Die alte, nur wenig zerstörte Universitätsstadt war eine Zuflucht für viele Gelehrte. Hier hatten sie die vertraute, für immer entschwunden geglaubte akademische Atmosphäre – oder wenigstens einen Abglanz – wiedergefunden.

In den letzten Kriegsmonaten hatte Ernst Telschow auch die Generalverwaltung der Kaiser-Wilhelm-Gesellschaft nach Göttingen verlegt. Die Bilanz nach dem Zusammenbruch war niederschmetternd: der Großteil der Gebäude zerstört, viele Mitglieder waren tot oder verschollen, die Gehaltszahlungen gefährdet, die Verbindungen zu vielen Instituten abgerissen. Der Präsident der Gesellschaft, Generaldirektor Albert Vögler, hatte nach dem Einmarsch amerikanischer Truppen, als er verhaftet und zum Verhör geführt wurde, seinem Leben selbst ein Ende gesetzt.

Die entscheidende Wende bahnte sich auf eine sehr merkwürdige und unerwartete Weise an, durch ein Husarenstück eines amerikanischen Astrophysikers. In Göttingen war im Auftrag der Alsos-Mission Gerard P. Kuiper tätig, um Aufschluß zu gewinnen über die Kriegstätigkeit der Göttinger Physiker. Da erfuhr Kuiper, daß der nunmehr siebenundachtzigjährige Max Planck mit seiner Frau Marga in dem 150 Kilometer entfernten Rogätz an der Elbe lebte. Das Gebiet auf der westlichen Seite der Elbe war von amerikanischen Truppen besetzt, sollte aber binnen kurzem der sowjetischen Besatzungsmacht übergeben werden. Von Robert Pohl und anderen Kollegen wurde Kuiper bestürmt, wenn irgend möglich, Planck nach Göttingen zu holen. Er könne hier bei seiner Nichte Hildegard Seidel Unterkunft finden. Am 16. Mai 1945 fuhr Kuiper mit seinem kleinen Auto nach Rogätz; am Steuer saß ein junger Offizier.

Als ich am Gutshof [Rogätz] ankam, fand ich diesen von dem Kommandeur und dem Stab eines amerikanischen Panzerregimentes besetzt... Ich ging zu dem nahegelegenen Bauernhaus, in dem Prof. Planck untergebracht war, er lag angezogen auf seinem Bett. Ich stellte mich vor und fragte nach seiner Gesundheit. Er erklärte mir, daß er an Arthrose leide und Schmerzen habe. Er dankte für meinen Besuch und sagte, er hätte nur noch einen einzigen Wunsch, noch ein-

mal seine Familie und Freunde in Göttingen zu sehen. Obwohl es vollständig der amerikanischen Besatzungspolitik widersprach, Deutsche aus dem Gebiet zu evakuieren, das demnächst von den Russen besetzt werden sollte, beschloß ich, im Falle von Prof. Planck diese Regelung zu ignorieren. Sollte ich angehalten werden, so wollte ich meine Entscheidung damit rechtfertigen, daß es sich um «die Rettung eines sehr wichtigen Wissenschaftlers handle, der ohne ausreichende medizinische Versorgung sei».
Ich sagte Prof. Planck, wenn er innerhalb einer Stunde fertig sein könnte, würde ich ihn und seine Frau nach Göttingen bringen... Mein Fahrer und ich kamen eine Stunde später wieder und ich setzte Prof. Planck auf den Vordersitz neben den Fahrer, weil sein Rücken und seine Beine steif waren. Mit Frau Planck saß ich hinten. Die gute Melkerfamilie, bei denen die Plancks gewohnt hatten, füllten jeden freien Kubikzentimeter zwischen unseren Füßen mit Karotten, Kartoffeln und anderen Nahrungsmitteln... Ich wäre in eine etwas peinliche Lage gekommen, wenn uns die Militärpolizei gestoppt hätte... Aber alles ging gut.[5]

Verschwitzt, aber über das ganze Gesicht strahlend tauchte Kuiper spät am Abend bei der Nichte Plancks in der Merkelstraße 12 auf: «Wir haben Ihnen Herrn Geheimrat Planck mitgebracht; er ist draußen im Auto.» Das Tagebuch Hildegard Seidels vermerkt: «Herzliche Begrüßung und Freude. Plancks schlafen bei uns.»[6]
Kuiper fuhr, um die Erfolgsmeldung zu überbringen, weiter zu Robert Pohl. «Ich hielt Kuiper fest», berichtete dieser, «holte meine beste Flasche Rheinwein aus ihrem Versteck, um ihm herzlich zu danken und noch lange mit ihm zu sprechen. Am nächsten Tag erfolgreiche Bemühungen um Lebensmittelkarten, Zigarren usw.»[7]
Max Planck, der einzige von den früheren Präsidenten der Kaiser-Wilhelm-Gesellschaft, der noch am Leben war, stand nun in Göttingen zur Verfügung. Das war ein Lichtblick für die Gesellschaft. Auf Bitten Telschows erklärte sich Planck bereit, nochmals interimistisch das Amt des Präsidenten zu übernehmen. Damit hatte die Gesellschaft, die schon zerbrochen schien, wieder ein anerkanntes Oberhaupt.
Das wichtigste war nun, den Kontakt zu den Instituten wiederherzustellen. In der britischen Zone war dies relativ leicht; Reisen in die amerikanische und französische Zone aber bereiteten heute unvorstellbare Probleme. «Doch dies war die Gelegenheit, nach der ich gesucht hatte», berichtete Oberst Blount, «die Gelegenheit, etwas Positives zu tun, um die Entwicklung friedlicher Wissenschaft zu ermutigen»:

«Erfolg, Ehren, Anerkennung, innere Befriedigung im Bewußtsein größter Leistung – und doch vom bittersten Unglück verfolgt sein ganzes Leben lang, immer ärger, immer ärger, genau wie im Buch Hiob», schrieb ein Kollege über Max Planck. Im Abstand weniger Jahre waren ihm die Frau, der älteste Sohn und die beiden Zwillingstöchter entrissen worden. Er behielt, außer seiner zweiten Frau Marga, nur das einzige Kind aus der zweiten Ehe, den Sohn Hermann, der mehr Sorgen als Freude bereitete.
Im Juli 1946 nahm Planck als einziger geladener Deutscher an der Newton-Feier der Royal-Society in London teil. Der Achtundachtzigjährige galt als Repräsentant des anderen, besseren Deutschland. So wurde im Kreis der britischen Gelehrten die Idee geboren, anstelle der alten «Kaiser-Wilhelm-Gesellschaft» eine neue «Max-Planck-Gesellschaft» aufzubauen.

Oft waren Papiere erforderlich, um es Telschow zu ermöglichen, die Zonengrenzbeamten zu überzeugen und die Militärpolizei zufriedenzustellen. Solche Beamte sind sehr beeindruckt von abgestempelten Dokumenten. Warum, ich weiß es nicht, denn solche Stempel sind sehr leicht zu fälschen. Den Briten liegt diese Art nicht, und mich hatte man mit keinem Stempel ausgestattet. Die, die in meinem Büro herumlagen, gehörten noch der vorangegangenen Ära und trugen das Hakenkreuz. Sie schienen nicht recht geeignet. So ließ ich nach unserem Familienwappen, einem von Sonnenstrahlen umgebenen Auge, einen Stempel anfertigen und versah ihn mit den Worten «Office of Colonel Blount». Das Ganze in einem kräftigen Grün sah ganz schrecklich aus, verkörperte nicht die geringste Autorität, wurde jedoch überall akzeptiert.[8]

Anfang August 1945 begab sich Telschow auf abenteuerliche Odyssee zu den Instituten. Den Direktoren legte er einen Brief Plancks vor:

Es ist für mich eine besondere Freude, daß Herr Dr. Telschow durch einen Auftrag der Militär-Regierung die Möglichkeit hat, die Direktoren aller Kaiser-Wilhelm-Institute in der westlichen Zone zu besuchen und mir nach seiner Reise zu berichten. Ich hoffe, daß es gelingen wird, die Kaiser-Wilhelm-Gesellschaft und ihre Institute auch durch diese besonders schwierige Zeit hindurchzuführen. Mein Bestreben ist es, sie in ihrer Gesamtheit zu erhalten und damit auch für das einzelne Institut die besten Arbeitsmöglichkeiten zu schaffen, denn gerade in ihrer gemeinschaftlichen Arbeit liegt die Stärke der Kaiser-Wilhelm-Gesellschaft.[9]

Nach der Rückkehr der «Detaineden» übernahmen nun Jüngere die Arbeit. Präsident der Kaiser-Wilhelm-Gesellschaft wurde Otto Hahn. In seinem Tagebuch notierte er am 1. April 1946:

Kurze Besprechung mit Col. Blount über KWG-Sachen. In der KWG erwartet mich schöner Blumenkorb, weil ich ab heute Präsident bin. Ich gehe um halb 12 zu Planck, um ihm zu melden, daß ich ihn ab heute ablöse. Er liegt zu Bett; sieht sehr elend aus. Aber er ist offenbar erfreut, daß das «Provisorium» vorüber ist.[10]

Etwa zur gleichen Zeit schlug der amerikanische Militärgouverneur in der Viererkontrollkommission die Auflösung der Kaiser-Wilhelm-Gesellschaft vor. Sowjets und Franzosen stimmten zu, während der britische Vertreter opponierte. Damals war es in der Kontrollkommission noch üblich, daß bei Übereinstimmung von drei Mächten die vierte sich nicht entgegenstellte. So wurde nach einiger Zeit auch die britische Zustimmung erteilt.

«Dies war ein harter Schlag», berichtete Blount, «und es sah so aus, als ob sechs Monate fruchtbarer Arbeit verlorengehen würden.» Doch mahlten die Mühlen des Interalliierten Kontrollrates langsam:

Im Laufe des Sommers wurde ich nach Berlin gerufen, um an dem ersten Treffen des Komitees teilzunehmen, das das Gesetz zur Auflösung der KWG entwerfen sollte. Wir trafen uns um 10.00 Uhr morgens. Unsere erste wichtige Aufgabe bestand darin, dem Gesetz einen Namen zu geben. Wir hatten zwei Alternativen zur Auswahl: entweder *«Law to dissolve the Kaiser-Wilhelm-Gesellschaft (Emperor William Society)»* oder *«Law to dissolve the Emperor William Society (Kaiser-Wilhelm-Gesellschaft)»*. Ich gab sofort einer der Versionen den Vorzug, heute weiß ich nicht mehr welcher, sagte aber gleichzeitig, ich könne jede akzeptieren... Es folgte eine Diskussion.
Gegen 13.00 Uhr dachten wir, eine Einigung erreicht zu haben, aber in dem Augenblick erklärte der russische Vertreter, ein junger Major, der während der ganzen Sitzung vor Furcht geschwitzt hatte, ein falsches Wort von sich zu geben... er müsse klarmachen, daß er zu nichts seine Zustimmung gegeben habe, sondern diese beiden Alternativen seinen Vorgesetzten vorlegen werde... Ich ging beruhigt weg. Die Formulierung des Gesetzes würde lange brauchen.[11]

So gab es Zeit, über Gegenmaßnahmen zu beraten. Hahn, Heisenberg, Laue, Planck – und natürlich auch die anderen Göttinger Kollegen – wollten unter allen Umständen die Gesellschaft erhalten. Am 5. Juli 1946 wandte sich Heisenberg an Niels Bohr um Hilfe:

Neben der Zukunft des Kaiser-Wilhelm-Instituts für Physik liegt mir natürlich allgemein auch die Zukunft der Kaiser-Wilhelm-Gesellschaft am Herzen... Es besteht eine erhebliche Gefahr, daß die alliierten Behörden die Gesellschaft in einzelne Teile zerschlagen wollen, wobei je ein Teil an jede der vier Besatzungsmächte kommen soll... Es scheint mir aber sehr erwünscht, daß der Name Kaiser-Wilhelm-Gesellschaft bleibt und daß ein gewisser Zusammenhalt zwischen den Instituten, auch der verschiedenen Zonen zugelassen wird. Wir wären Dir sehr dankbar, wenn Du Deinen Einfluß bei englischen, französischen und amerikanischen Kollegen in dieser Richtung geltend machen könntest. Die englischen Behörden wollen in Göttingen ein gewisses Zentrum der Kaiser-Wilhelm-Gesellschaft schaffen und unterstützen uns in der freundlichsten Weise.[12]

Im Juli 1946 feierte die Royal Society – durch den Krieg um einige Jahre verspätet – den dreihundertsten Geburtstag von Isaac Newton. Aus der ganzen Welt kamen Gelehrte nach London. Als einzigen Deutschen hatte die Gesellschaft Max Planck eingeladen, ihr ältestes auswärtiges Mitglied.

Planck war 87 Jahre alt und litt schwer an Arthrose. Erst Mitte Mai war er nach sechswöchiger Behandlung aus dem Krankenhaus entlassen worden. Nur mühsam konnte er sich am Stock bewegen. «Gottlob hat mein Mann jetzt nach der langen Kur... wenig Schmerzen», berichtete Marga Planck. «Aber er ist sehr schwerfällig, und leider wird auch sein Gedächtnis sehr schlecht. Unter diesen Umständen ist die Reise nach England ein großes Risiko, aber er will es durchaus. Er macht sich die Schwierigkeiten und Strapazen nicht klar, aber mir ist angst und bang, daß er geistig versagt.»[13]

Oberst Blount stellte sich selbst als Begleiter zur Verfügung. Eine britische Militärmaschine brachte Max Planck, seine Frau und Oberst Blount nach London. Blount trug mehrere Briefe bei sich, von Heisenberg an Bohr, von Hahn an Henry Dale und andere.

Auch in den Gesprächen am Rand der Feierlichkeiten ging es um das Schicksal der Kaiser-Wilhelm-Gesellschaft. Durch einen glücklichen Umstand war auch Max von Laue in London:

> Was ich im Juli 1946 in London erlebte, gereichte der Royal Society und allen ihr nahestehenden Gelehrtenkreisen zum Ruhm. Da fand zunächst eine internationale Kristallographentagung statt... Ich... konnte ausnahmslos die Beobachtung machen, daß man als Deutscher (denn den wollte und konnte ich wahrlich nicht verheimlichen) keinerlei Kränkung durch die Bevölkerung zu befürchten habe. Häufig mußte ich mich nach Straßen oder Verkehrsmitteln erkundigen; die Antworten waren stets freundlich...
>
> Zeitlich folgte dem Kongreß unmittelbar die Newton-Feier der Royal Society... Mich nahm ein unverheiratetes Mitglied der Royal Society, das infolge eines Versehens auch für seine nicht-existierende Frau eine Einladung bekommen hatte, auf diese Karte hin mit zu dem... Geselligkeitsabend in den Festräumen der Royal Society.[14]

Max von Laue konnte natürlich eine viel aktivere Rolle spielen als der siebenundachtzigjährige Planck. Durch seine bekanntermaßen mutige Haltung gegenüber dem nationalsozialistischen Regime besaß Laue viele Sympathien. Für Laue und Planck war die Kaiser-Wilhelm-Gesellschaft eine Forschungsorganisation, die Großes in der Wissenschaft geleistet hatte und auch in den Zeiten der Tyrannei ihren Idealen treu geblieben war. Für die Ausländer aber und die Emigranten war der Name «Kaiser Wilhelm» unerträglich. Die Bezeichnung zeigte nach

ihrer Meinung die verhängnisvolle Verflechtung von Wissenschaft und nationaler Machtpolitik – und sie waren entschlossen, *diese* Tradition endgültig abzuschneiden.
In den Gesprächen mit Lise Meitner zeigte Planck mehr Verständnis für die Gründe, die eine Änderung des Namens erforderlich machten; aber schließlich sah auch Laue die Notwendigkeit ein.

Planck has grown very old [berichtete Lise Meitner]*; it was grieving to see him. Even his intellectual vigour sometimes deserts him. But when he was at his best – and he often was – and I had him to myself, one could discuss everything with him. And I was happy to see that his human and personal qualities were wonderful as ever.*[15]

Planck galt als der Repräsentant des anderen, besseren Deutschland. Fast alle Kollegen wußten von seinem persönlichen Schicksal: «Erfolg, Ehren, Anerkennung, innere Befriedigung im Bewußtsein größter Leistung – und doch vom bittersten Unglück verfolgt sein ganzes Leben lang, immer ärger, immer ärger, genau wie im Buch Hiob.» Im Abstand weniger Jahre waren ihm die Frau, der älteste Sohn und die beiden Zwillingstöchter entrissen worden. Es blieb ihm, außer seiner zweiten Frau Marga, nur das einzige Kind aus der zweiten Ehe, der Sohn Hermann, der viele Sorgen bereitete. Der Lieblingssohn Erwin, das einzige ihm aus der ersten Ehe verbliebene Kind, der Stolz des Vaters, der bis 1933 als Staatssekretär im Reichskanzleramt gewirkt hatte, war nach den Ereignissen des 20. Juli hingerichtet worden und Planck, wie er in einem erschütternden Brief schrieb, damit seines «nächsten und besten Freundes beraubt».
Die Anwesenheit Plancks bei der Newton-Feier, wo niemand ihm die Verehrung versagte, sollte die Entscheidung bringen.
Nach dem Newton-Kongreß blieb Oberst Blount noch einige Tage in London. Am Abend im Hause von Sir Henry Dale zogen beide Männer das Resümee aus den Argumenten und Gegenargumenten:

«Es ist nur der Name, gegen den sie etwas haben», sagte Dale. «Allein die Worte ‹Kaiser Wilhelm› beschwören ein Bild von rasselnden Säbeln und maritimer Expansion. Nennen Sie es die ‹Max-Planck-Gesellschaft› und jedermann wird zufrieden sein.» … Dieser Rat enthielt einen Fingerzeig zu der richtigen Lösung.[16]

Bei seiner Rückkehr nach Göttingen überbrachte Blount Briefe von Dale und Hill an Otto Hahn. «Freundliche Antworten», notierte Hahn in seinem Tagebuch, «aber keine Hoffnung auf Beibehaltung des Namens. Das gleiche meinen Lise Meitner, Bohr, Bjerknes bei Gesprächen mit Laue und Planck. Wir beschließen, in der britischen Zone einen Nachfolger zu gründen, die Max-Planck-Gesellschaft.»
Konnte es in dieser Lage eine bessere Bezeichnung geben als «Max-Planck-Gesellschaft»? Wie es seinem uneitlen Wesen entsprach, erteilte Planck ohne sich zu zieren die Erlaubnis. Das war der letzte große Dienst, den Max Planck der Gesellschaft leistete.

Es lag innerhalb unserer Macht [konstatierte Blount], die Gründung einer MPG mit ähnlichen Zielen wie die der zum Tode verurteilten KWG in der britischen Zone zu gestatten und zu ermutigen. Ich sah keinen Grund, warum nicht – wiederum in der britischen Zone – alles, was der KWG gehört hatte, der MPG übertragen werden sollte, vorausgesetzt, dies geschehe vor ihrer Auflösung.[17]

Am 11. September 1946 wurde in Bad Driburg die «Max-Planck-Gesellschaft zur Förderung der Wissenschaften in der britischen Zone» offiziell gegründet. Die Institute in der amerikanischen Zone ebenfalls wieder unter das gemeinsame Dach zu bringen scheiterte zunächst. Erst ein Besuch von Otto Hahn bei General Clay, dem Oberkommandierenden der US-Streitkräfte in Frankfurt, am 4. August 1947 brachte den Umschwung.

Während ich im Vorzimmer beim Adjutanten des Generals blieb [berichtete Telschow], führte Professor Hahn im Nebenzimmer die Unterhaltung. Sie war außerordentlich lebhaft, und man hörte beide Herren sehr erregt sprechen. Professor Hahn bekam, wie er zu sagen pflegte, seinen «Blutrausch»... und machte dem General Clay klar, daß die Kaiser-Wilhelm-Gesellschaft niemals eine nazistische Organisation gewesen wäre. Es gelang ihm... damit die Anerkennung der Gesellschaft für die amerikanische Zone zu erreichen.[18]

Am 26. und 27. Februar 1948 kam es dann in Göttingen zur Gründung der Max-Planck-Gesellschaft ohne den einschränkenden Zusatz «in der britischen Zone».
Der seit 1. April 1946 als Präsident der Kaiser-Wilhelm-Gesellschaft amtierende Otto Hahn wirkte weiter als Präsident der Max-Planck-Gesellschaft. Auch hierin kam zum Ausdruck, daß die deutschen Ge-

lehrten die neue Gesellschaft als Fortsetzung der guten wissenschaftlichen Tradition betrachteten.

Sichtlich war Otto Hahn gern Präsident. Daß ihm das Amt auch eine Bürde war, ist erst nachträglich bekanntgeworden. Sein Enkel hat die Briefe veröffentlicht, die Otto Hahn damals an seine Frau Edith geschrieben hat:

> Wenn ich die Leichtigkeit und Vielseitigkeit von Leuten wie Weizsäcker, Heisenberg, selbst Laue sehe, dann bin ich immer wieder verstört über den so kleinen Bereich meines Wissens. Dabei spiele ich «Präsident», der doch gerade in der Lage sein müßte, über Themen allgemeinen Inhalts vor größerem Kreise sprechen ... zu können. Wie könnte ich über Leibniz, Newton oder über Naturphilosophie oder dergleichen vortragen? Das können die anderen alle. Die lesen die Arbeiten u. U. noch im lateinischen Urtext![19]

Mochte Otto Hahn, was «Bildung» betraf, wirklich oder nur vermeintlich hinter seinen Kollegen zurückbleiben: Dafür besaß er exemplarisch das, was man die «höchste Tugend des Naturforschers» genannt hat: die Bereitschaft, das eigene Denken dem Richterspruch der Erfahrung zu unterwerfen.

Die «Sauberkeit des Denkens» ermöglichte, wie es sein Freund Walther Gerlach gesagt hat, die «Sauberkeit des experimentellen Arbeitens» und damit große, epochemachende Entdeckungen. Mit der «Sauberkeit des Denkens» hingen eng zusammen die Offenheit und Ehrlichkeit des Charakters. Das zählte, wie überall, auch in der Gelehrtenrepublik.

Der Deutsche Forschungsrat

Im Juni 1946 meldete die *Neue Zeitung*, daß Heisenberg seinen «Lehrstuhl an der Universität Göttingen wieder eingenommen habe». Darauf konnten sich die alten Freunde in München keinen Reim machen; denn Heisenberg hatte sich zwar 1924 in Göttingen habilitiert, war aber hier nie Professor geworden:

Die Nachricht... ist natürlich reiner Unsinn. An der Universität hier habe ich noch keinerlei Stellung, halte natürlich auch keine Vorlesung und werde vielleicht im Winter Honrorarprofessor werden. Dagegen bin ich theoretisch Direktor eines K. W. Instituts für Physik, von dem wenigstens das Gebäude und vier Mitarbeiter vorhanden sind; arbeiten können wir noch nicht, da wir noch keine Werkstatt und erst ganz wenige Instrumente haben. Mein Hechinger Institut soll nicht hierher kommen, das Berliner Institut ist... restlos ausgeplündert worden... Da inzwischen auch mein Münchner Haus beschlagnahmt worden ist, rechne ich halb und halb mit der Möglichkeit, daß wir noch Jahre lang in Urfeld wohnen werden.[1]

Die schlimme Zeit, in der er von seiner Frau und den sechs Kindern getrennt war, ging aber doch bald zu Ende. «Ich hatte das Glück», schrieb er, «für meine Familie ein Haus in unmittelbarer Nachbarschaft der Wohnung Plancks mieten zu können, so daß Planck mich nicht selten vor dem Gartenzaun ansprach und auch gelegentlich abends zur Kammermusik in unser Haus herüberkam.»[2]
Nun brach der alte Optimismus wieder durch:

In jenen Jahren mußte natürlich viel Mühe und Kraft für die Befriedigung der primitivsten Lebensbedürfnisse oder im Institut für die Beschaffung einfachster Ausrüstungsgegenstände aufgewendet werden. Aber es war eine glückliche Zeit. Es hieß nicht mehr, wie in den zwölf Jahren vorher, daß dies oder jenes noch möglich sei, sondern es hieß, daß es schon wieder möglich sei, und man konnte fast in jedem Monat in der wissenschaftlichen Arbeit oder im privaten Leben die Verbesserungen und Erleichterungen spüren, die man durch vertrauensvolle und freudige Zusammenarbeit errungen hatte. Die vielfache Unterstützung, die uns dabei von den Vertretern der Besatzungsmacht gewährt wurde, erleichterte die Arbeit nicht nur materiell; sie gab uns auch die Möglichkeit, uns wieder als Teil einer größeren Gemeinschaft zu fühlen, die mit gutem Willen eine neue Welt aufbauen wollte, eine Welt, die sich an vernünftigen Zukunftsbildern und nicht an der Trauer über die zerstörte Vergangenheit orientiert.[3]

Anfang 1947 versuchte Arnold Sommerfeld erneut, seinen Meisterschüler als Nachfolger für München zu gewinnen. Der von den Nationalsozialisten oktroyierte Wilhelm Müller hatte den Lehrstuhl 1945 wieder aufgeben müssen, und der nun achtundsiebzigjährige Sommerfeld las die theoretische Physik wie in alten Zeiten. Obwohl Heisenberg nun längst in der Welt berühmter war als sein ehemaliger Lehrer und ihn in der Bedeutung seiner Entdeckungen weit übertraf, empfand er den Wunsch Sommerfelds als Ehre und als Verpflichtung.
Auf einen Brief aus München, in dem die Chance für eine Besetzung des Lehrstuhles durch Heisenberg wie auch eine mögliche Berufung von Carl Friedrich von Weizsäcker erörtert wurde, antwortete Heisenberg:

Ob einer von uns Göttingern nach München gelassen wird, solange Gerlach nicht kommen darf, ist mehr als zweifelhaft. Außerdem wäre der Weggang von einem von uns aus Göttingen ein schwerer Schlag für den ganzen Göttinger KWG-Plan... So sagt mir mein Verstand zwar, ich solle einstweilen hier bleiben... Aber mein Herz sagt etwas ganz anderes, und zaubert vor mein geistiges Auge den blauen Himmel von den bayerischen Vorbergen, die Erinnerungen an meine Studienzeit bei Ihnen und an den ganzen Glanz des früheren München. Dann kommt der Verstand wieder und erinnert mich an alle Ruinen in München, an die Tatsache, daß mein Münchener Haus beschlagnahmt ist und daß ich hier sehr gut wohne. Aber das Herz gibt nicht nach und erinnert an die Segelbootfahrten auf dem Starnberger See, an den Pulverschnee vor der Untersberger Skihütte und die Luft im Frühling, wenn der Föhn von den Bergen weht.[4]

Heisenberg empfand dem alten Lehrer gegenüber Loyalität, noch mehr aber fühlte er sich der Max-Planck-Gesellschaft verpflichtet und zugehörig. Diese Bindungen waren es wohl letztlich, die ihn veranlaßten, erneut und diesmal freiwillig auf alle Pläne über eine Berufung nach München, sein geliebtes München, auf den Sommerfeldschen Lehrstuhl für theoretische Physik zu verzichten. Ein Grund für die Absage war sicher auch, daß gerade von Göttingen aus der Wiederaufbau der deutschen Forschung erfolgreich in die Wege geleitet wurde und daß ihm dabei eine entscheidende Rolle zufiel.

Auf Anregung von Colonel Bertie K. Blount hatte sich bereits am 1. Januar 1946 der «Deutsche Wissenschaftliche Rat» konstituiert. Dieser «German Scientific Advisory Council» sollte die britische Militärregierung «in allen wissenschaftlichen Fragen beraten» und auch «von sich aus Wünsche und Anregungen an die Militärregierung weiterleiten». An der Gründungssitzung waren neben Blount die vier deutschen Professoren Correns, Eucken, Rein und Windaus beteiligt, außerdem von der Kaiser-Wilhelm-Gesellschaft der Generalsekretär Ernst Telschow und die Chefsekretärin Erika Bollmann.

Nach der Rückkehr aus der Internierung gehörten auch Otto Hahn und Werner Heisenberg zu dem kleinen, aber wichtigen Gremium. Den Vorsitz führte Adolf Windaus. Regelmäßig alle zwei bis drei Monate versammelte sich der «Deutsche Wissenschaftliche Rat».

Da ging es um die Bestandsaufnahme der deutschen Forschung 1939–1945 in einem großen Sammelwerk, das später als *FIAT-Review of German Science* herauskam, und die Gründung einer Medizinischen Forschungs- und Prüfungsanstalt. Eine der größten Leistungen war die Wiedererrichtung der in Berlin völlig zerstörten Physikalisch-Technischen Reichsanstalt. Dazu stellten die Besatzungsbehörden das große Gelände der ehemaligen «Luftfahrt-Forschungsanstalt Hermann Göring» mit den unzerstörten Gebäuden zur Verfügung. «Dr. Fraser sprach Prof. Heisenberg seinen besonderen Dank aus, daß er, und durch ihn die Deutsche Physikalische Gesellschaft in der britischen Zone, so schnell ... reagiert hat», heißt es im Protokoll einer Sitzung.[5]

Die loyale, ja geradezu freundschaftliche Zusammenarbeit mit den britischen Offizieren und Wissenschaftlern hatte für Heisenberg im Dezember 1947 eine Vortragseinladung nach Cambridge, Edinburgh und Bristol zur Folge.

Der Empfang durch die Kollegen war sehr herzlich; von einer bewußten Deutschfeindlichkeit war höchstens bei den jüdischen Kollegen gelegentlich im Unterton etwas zu spüren. Ich muß aber besonders Borns hervorheben, die ganz reizend gastfreundlich waren, ganz so wie in der alten Zeit. Am meisten hat mich aber die Reaktion der englischen Studenten gefreut; in Cambridge waren mehrere hundert in den doch reichlich theoretischen Vortrag über «Theorie der Elementarteilchen» gekommen und brachten Ovationen, die ganz ausdrücklich sagen wollten: Wir wissen zwar, daß Du Deutscher bist, aber gerade deshalb wollen wir Dir besonders zeigen, daß wir Dich gern hören.[6]

«He went through Cambridge like a tidal wave», kommentierte ein Engländer.[7]

Bereits 1947 wurde im «Wissenschaftlichen Beirat» in Göttingen (wie man nun das deutsche Beratungsgremium nannte) die Schaffung einer neuen «Notgemeinschaft der Deutschen Wissenschaft» diskutiert. Die 1920 in Berlin gegründete «Notgemeinschaft» hatte sich als Selbsthilfe- und Selbstverwaltungsorganisation der deutschen Wissenschaft außerordentlich bewährt. Sie sollte damals in einer für die deutsche Wissenschaft kritischen Zeit dafür sorgen, daß trotz finanzieller Bedrängnis ausreichende Mittel für die wirklich wichtigen Forschungsprojekte zur Verfügung stehen. Alle Argumente, die 1920 für die Gründung gesprochen hatten, galten – und mit noch mehr Berechtigung – auch 1947.

Bei der 8. Zusammenkunft des «Wissenschaftlichen Beirats» am 6. Januar 1948 kam es zu einem folgenreichen Beschluß: Der Beirat wollte sich selbst zuerst zu einem «autoritativen zonalen Forschungsrat» erweitern, und es sollte dann Aufgabe dieses Forschungsrates sein, als eine Aufgabe unter anderen, die neue Notgemeinschaft zu gründen. In diesem Beschluß war die künftige Dualität zwischen dem Forschungsrat und der Notgemeinschaft bereits angelegt, die später zu sehr heftigen Auseinandersetzungen führen sollte.

In der Sitzung vom 16. Februar 1948 erläuterte Ronald Fraser das englische Beispiel, in dem man drei Räte nebeneinander habe, nämlich «Agricultural Research Council», «Medical Research Council» und «Scientific and Industrial Research Council»:

Prof. Windaus war der Meinung, man sollte nicht zu nahe an einem fremden Muster bleiben, sondern einen Weiterbau in der alten deutschen Tradition machen. Dr. Fraser betont in Antwort darauf, man sollte unter keinen Umständen eine «Chinese Copy» machen, sondern vielmehr etwas, das organisch aus dem Heimatboden wächst.[8]

Der Forschungsrat sollte das «höchste wissenschaftliche Organ» zunächst in der britischen Zone und später, wie man hoffte, auch in der Bi- und Trizone sein. Wie bisher der «German Scientific Advisory Council» erfolgreich mit der britischen Militärregierung zusammengearbeitet hatte, so sollte das neue Gremium der legitimierte Gesprächspartner für die künftige Bundesregierung sein. Nachdem die Machthaber des «Dritten Reiches» in ihrem völligen Unverständnis für das wahre Wesen der Wissenschaft den größten Schaden angerichtet hatten, sollte künftig der demokratische Staat eine vernünftige Wissenschaftspolitik betreiben zum Nutzen aller. Es ist, wie Heisenberg argumentierte, Mitte des 20. Jahrhunderts die Wissenschaft, die weitgehend das Schicksal einer Industrienation bestimmt:

Das Leben jedes Einzelnen hängt in unserer Zeit in einem früher nie gekannten Maß von Wissenschaft und Technik ab. Die glücklichen Folgen dieser Entwicklung kommen uns durch die moderne Medizin, durch die Bequemlichkeit der Technik, bessere Kleidung und Ernährung zugute; ihre Gefahren sind uns durch die Anwendung wissenschaftlicher Methoden in der Kriegstechnik oder in der politischen Propaganda vor Augen geführt worden. In den Ländern mit alter demokratischer Tradition hat man aus dieser Sachlage die Folgerung gezogen, daß die Wissenschaft einen Teil der Verantwortung im öffentlichen Leben in aller Form selbst übernehmen muß; man hat daher als Vertretung der Wissenschaft etwa einen «National Research Council» oder verwandte Einrichtungen gebildet, die die Verbindung zwischen der Wissenschaft und der staatlichen Verwaltung herstellen sollen.[9]

Die entsprechende deutsche Institution sollte der «Deutsche Forschungsrat» werden, ein kleiner Kreis von Gelehrten, jeder einzelne dabei legitimiert durch seine wissenschaftliche Leistung und sein menschliches Vorbild. Eine von dem Physiologen Hermann Rein – im Einvernehmen mit Max Planck, Adolf Windaus, Otto Hahn und Werner Heisenberg – an 52 führende Forscher versandte Umfrage ergab eine erste Liste. Am 9. März 1949 wurde dann von der Max-Planck-Gesellschaft und den drei Akademien der «Deutsche Forschungsrat» offiziell gegründet. Fünfzehn hervorragende Wissenschaftler bildeten den «DFR»; an die Spitze trat als Präsident Werner Heisenberg; Vizepräsident wurde Hermann Rein.

Mit großen Hoffnungen und viel Elan begann Heisenberg seine neue

Tätigkeit. Aber es stand von Anfang an die Arbeit unter einem schlechten Vorzeichen: Zwei Monate vor dem Forschungsrat, am 11. Januar 1949, war die alte «Notgemeinschaft der Deutschen Wissenschaft», die in den zwanziger Jahren eine so segensreiche Tätigkeit entfaltet hatte, neu gegründet worden.

Notgemeinschaft und Forschungsrat hatten das nämliche Hauptziel: im Zusammenwirken mit Staat und Industrie den materiellen und geistigen Wiederaufbau der deutschen Wissenschaft zu erreichen. Das Aufgabengebiet, wie es beide Organisationen in ihren Satzungen für sich definiert hatten, stimmte zum großen Teil, aber nicht vollständig überein, und entsprechend waren auch die Vorstellungen über den Weg ähnlich, wichen aber doch in einigen Punkten voneinander ab. So war es fast unausbleiblich, daß es zu Reibereien kam. Als Exponent des Forschungsrates geriet Heisenberg – ganz wider eigenen Willen – mitten in die Auseinandersetzungen.

Die Notgemeinschaft plädierte entschieden für die Reinhaltung der Wissenschaft von politischen Einflüssen. Bei einer allzu engen Verbindung mit dem Staat sah die Notgemeinschaft für politisierende Nichtskönner unerwünschte Möglichkeiten, auf die Wissenschaft Einfluß zu nehmen, wie während des «Dritten Reiches» in der Person von Johannes Stark erlebte Tatsache; sie sah weiter eine große Gefahr – im Fall des Mißbrauchs der Staatsmacht – in einer ideologischen Verfälschung wissenschaftlicher Ergebnisse, wie mit der «Deutschen Physik» geschehen.

Heisenberg dagegen war überzeugt, daß Wissenschaft und Staat ihre Aufgaben in enger Partnerschaft lösen müßten. Auch bei ihm waren es die im «Dritten Reich» gesammelten Erfahrungen, die den Standpunkt begründeten: Sein Schlüsselerlebnis war der durch das gegenseitige Mißtrauen zwischen Staat und Wissenschaft verursachte Fehlschlag der deutschen Reaktorentwicklung. Bei der Rolle, die die Forschung im modernen Industriestaat spielt – die Kernphysik ist dafür nur ein Beispiel –, lassen sich Mitte des 20. Jahrhunderts weder Politik noch Wissenschaft unabhängig voneinander betreiben. Die Trennung von Wissenschaft und Politik kann deshalb nur eine Illusion sein, eine gefährliche Flucht aus der Verantwortung:

Der Gedanke, zwar eine starke Unterstützung der wissenschaftlichen Forschung durch die Öffentlichkeit zu erstreben, aber sonst für eine weitgehende Trennung der beiden Bereiche zu plädieren, schien mir nicht mehr in unsere Zeit zu passen.[10]

In den Bemühungen der Notgemeinschaft glaubte er ein stark restauratives Element zu spüren und meinte, «daß die Notgemeinschaft wieder einem Denken Vorschub leisten könne, das sich gegen die harte wirkliche Welt in einem Elfenbeinturm abschließt und liebgewordenen Träumen nachhängt».[11]

So prinzipiell These und Antithese auch gemeint waren: Notgemeinschaft und Forschungsrat waren gleichermaßen auf staatliche Finanzquellen angewiesen, wenn sie ihre Aufgabe – Förderung der wissenschaftlichen Forschung – erfüllen wollten. Daraus ergab sich, daß die Notgemeinschaft nicht minder als der Forschungsrat um gute Beziehungen zu den zuständigen Ressorts bemüht war. Während sich die Notgemeinschaft an die Kultusministerien der Länder hielt, setzte der Forschungsrat auf den Bund.

Heisenberg war der Auffassung, daß sich die deutsche Bundesregierung der wissenschaftlichen Forschung in Deutschland annehmen müsse. Der Staat hatte zwar auch früher schon in Zeiten finanzieller Bedrängnis helfend eingegriffen; traditionell war aber doch die Pflege der Wissenschaft Sache der Länder. Bei den Beratungen über das neue Grundgesetz plädierte Heisenberg für eine starke Stellung der staatlichen Zentralgewalt auf dem Gebiet der Forschungspolitik.[12] Nach Grundgesetz-Artikel 74 Ziffer 13 hat der Bund «in diesem Bereiche das Gesetzgebungsrecht». Diese wichtige Bestimmung ging auf einen Vorstoß Heisenbergs beim Parlamentarischen Rat zurück.[13]

Der Deutsche Forschungsrat verfaßte eine Denkschrift «Über die Betreuung der wissenschaftlichen Forschung im Rahmen der Deutschen Bundesregierung»:

Die Empfehlungen dieser Denkschrift lassen sich dahin zusammenfassen, daß zunächst die folgenden Schritte... getan werden sollen: 1. Die Errichtung einer Dienststelle für Forschung beim Amt des Bundeskanzlers. 2. Die Bildung eines Ausschusses für Forschungsangelegenheiten beim Bundesrat. 3. Die formelle Anerkennung des Forschungsrates als Beratungsinstanz in Forschungsangelegenheiten beim Amt des Bundeskanzlers.[14]

Die Denkschrift trägt das Datum des 1. September 1949. Sie wollte die Gunst der ersten Stunde nutzen: Am 7. September versammelte sich erstmalig der Bundestag; am 12. wurde Theodor Heuss zum Bundespräsidenten, am 15. Konrad Adenauer zum Bundeskanzler gewählt:

In einer ersten Aussprache mit dem Deutschen Forschungsrat am 12. Dezember 1949 hat der Bundeskanzler von sich aus die Grundgedanken entwickelt, von denen der DFR für seine Tätigkeit ausgehen wollte. Der Bundeskanzler sah im DFR ein ideelles Gegengewicht gegen die drohende Nivellierung auch in der Wissenschaft und hielt eine Selbstverwaltung der Forschung, die auf die Autorität der wissenschaftlichen Leistung gegründet sei, für das wünschenswerte Ziel.[15]

Hier ist ein weiterer Unterschied zur Notgemeinschaft angedeutet: Diese vertrat eher das demokratische Prinzip (Selbstverwaltung der Wissenschaft), der Forschungsrat eher das aristokratische (Selbstverwaltung, auf die Autorität der wissenschaftlichen Leistung gegründet). Dem Forschungsrat wurde deshalb der Vorwurf der Überheblichkeit gemacht; aber in Wirklichkeit waren in beiden Institutionen die Auffassungen einander doch sehr verwandt, es ging immer nur um Nuancen. Gerade eben die Gleichartigkeit der Bestrebungen war es, die zur Rivalität führte.

In einer wichtigen Phase des Wiederaufbaues redete die Wissenschaft mit zwei Zungen. Die Gelehrten waren sich einig, daß der unerträgliche Zustand beendet werden müsse. Aber, es konnte nicht anders sein, Notgemeinschaft und Forschungsrat empfahlen verschiedene Wege zur Lösung. Die Notgemeinschaft schlug einen sofortigen Zusammenschluß vor, der Forschungsrat plädierte für Abgrenzung der Aufgaben.

Vertreter von Notgemeinschaft und Forschungsrat trafen sich immer wieder zu neuen Sitzungen. Die Aussprache steigerte sich zu heftigen Vorwürfen gegen Heisenberg. Seinem «DFR» und damit ihm als Präsidenten wurde «Überheblichkeit» vorgeworfen. Heisenberg aber hielt «dickköpfig» (wie es einer seiner Freunde sagte) an seinen wissenschaftspolitischen Leitlinien fest.

In dem Bewußtsein, nun nicht mehr im «Dritten Reich» zu leben, sondern in einem Staat, dessen politischer Führung er vertraute, hat Heisenberg wohl nicht gesehen, daß oft tausenderlei Rücksichten die beste

Lösung verhindern. Seine Hoffnung, das als richtig Erkannte auch tatsächlich verwirklichen zu können, gründete sich auf den Bundeskanzler.[16]

Heisenberg und Adenauer trafen mehrfach zu Besprechungen zusammen, die mitunter in einen privaten Gedankenaustausch einmündeten. Zwischen beiden so verschiedenen Männern entwickelte sich ein besonderes Vertrauensverhältnis. Als die Frage der Atombewaffnung der Bundeswehr akut wurde und die Physiker in der politischen Auseinandersetzung als Fachleute eine Schlüsselstellung gewannen, hat sich Adenauer auf dieses Vertrauensverhältnis mit Erfolg berufen und Heisenberg damit lange zur Rücksicht auf die Politik des Kanzlers verpflichtet. Umgekehrt hat Adenauer sicher nicht die gleiche Loyalität bewiesen. Mehrfach hat er in Grundfragen der deutschen Wissenschaftspolitik Zusagen nicht eingehalten, wenn es der «Primat der Politik» geboten erscheinen ließ.

Adenauer hatte in Aussicht gestellt, die in der Denkschrift vom 1. September 1949 formulierten Wünsche des Forschungsrates zu erfüllen und insbesondere einen namhaften Betrag als Sondermittel des Bundes zur Förderung der wissenschaftlichen Forschung bereitzustellen. Früher jedoch hatte die Wissenschaft, sofern sie überhaupt Reichsangelegenheit war, zum Ressort des Innenministeriums gehört. Deshalb opponierte jetzt das Bundesinnenministerium gegen die Pläne, die Dienststelle für Forschung im Bundeskanzleramt zu errichten. Der Kompetenzstreit führte zu einer grotesken Situation. Der Forschungsrat hoffte nach den Zusagen Adenauers, bald über viele Millionen für gezielte Förderungsmaßnahmen zu verfügen. Der Geschäftsführer aber hatte nicht einmal das Geld für einen bescheidenen Bürobetrieb. Hellmut Eickemeyer mußte «mehrmals mit Beträgen in Höhe von einigen tausend DM in Kostenvorlage treten, den DFR also vorfinanzieren».[17]

Zu diesen Schwierigkeiten kam die offene Animosität der Kultusminister gegen den Forschungsrat. Die Länder fürchteten um ihre Kulturhoheit. Nun plädierte auch der Stifterverband, hinter dem die deutsche Industrie stand, wie die Notgemeinschaft schon lange, für eine «Vollfusion» zwischen Notgemeinschaft und Forschungsrat, um den Dualismus endlich zu beseitigen.

Des Kampfes müde, stimmte auch Heisenberg dem Vorschlag zu. Die

Göttingen 1951. Links der Präsident der MPG Otto Hahn, rechts der Generalsekretär Ernst Telschow. Die Max-Planck-Gesellschaft war die geistige Heimat Heisenbergs; ihretwillen hatte er sogar 1947 eine Berufung nach München zum Nachfolger seines akademischen Lehrers Arnold Sommerfeld ausgeschlagen.

«Fusion» zwischen dem kleinen Gremium Forschungsrat und der großen Organisation Notgemeinschaft konnte aber nichts anderes bedeuten, als daß diese in leicht veränderter Gestalt weiterbestand, der «Deutsche Forschungsrat» aber aufhörte zu existieren.

Während der monatelang sich hinschleppenden Verhandlungen kam die früher so sehnlich wie vergeblich erwartete offizielle Anerkennung des Forschungsrates durch die Bundesregierung. Adenauer stellte ein eigenes Gesetz zur Förderung der wissenschaftlichen Forschung in Aussicht und empfahl, «die Pläne über den Zusammenschluß der Notgemeinschaft der Deutschen Wissenschaft und des Deutschen Forschungsrates noch eine Zeitlang zurückzustellen».[18]

Mit dieser Karte hätte ein Politiker die Verhandlungen mit der Notgemeinschaft «platzen» lassen; aber Heisenberg war kein Politiker. Er wollte nicht noch in letzter Minute mit Adenauers Hilfe über die Kollegen triumphieren.

Die außerordentliche Mitgliederversammlung der Notgemeinschaft am 2. August 1951 in Köln brachte die Fusion. Die alte «Notgemeinschaft der Deutschen Wissenschaft» ging über in die «Deutsche Forschungsgemeinschaft»; sie nahm damit wieder den Namen an, den sie auch schon früher, in den dreißiger Jahren, getragen hatte. Was dem bisherigen Forschungsrat ein besonders wichtiges Anliegen gewesen war – die Beratung von Parlamenten und Regierungen –, erhielt nun der neugeschaffene «Senat» der Deutschen Forschungsgemeinschaft als Aufgabe. «Es ist ein offenes Geheimnis», schrieb Ludwig Raiser, der neue Präsident der Deutschen Forschungsgemeinschaft, «daß diese Verschmelzung auf große sachliche und personelle Schwierigkeiten gestoßen ist... Der Weg war weiter, als man zunächst geglaubt hatte, und erforderte von beiden Teilen ein hohes Maß an Selbstverleugnung.»[19]

In der Deutschen Forschungsgemeinschaft besaß die Wissenschaft nun eine einheitliche Selbstverwaltungsorganisation. Durch eine Reihe sich gegenseitig kontrollierender Fachgremien wurde sichergestellt, daß die von Bund und Ländern zur Verfügung gestellten Mittel wirklich den wissenschaftlich wichtigsten Projekten zugute kamen. Besondere Probleme konnten dabei unmittelbar den zuständigen Ministerien vorgetragen werden. Neben der Forschungsförderung gehörte ja nun auch die Beratung der Regierung zu den Aufgaben.

So positiv vermochte es Heisenberg freilich nicht zu sehen. Die Auflösung des Forschungsrates war für ihn ein Opfer, das er um der Einheit der Gelehrtenrepublik willen, und weil die Mehrzahl der Kollegen es so wollte, gebracht hatte. Es blieb eine tiefe Enttäuschung.

Bei uns gibt es noch keine alte demokratische Tradition; und wir Deutschen sind im allgemeinen dankbar, wenn wir die Verantwortung für das öffentliche Leben unserer vorgesetzten Behörde überlassen können. Daher ist schließlich an die Stelle des DFR eine etwas andersartige Organisation getreten, in der im Zusammenhang mit einer Erweiterung der Aufgaben die Behörden eine größere Rolle spielen, und die der deutschen Tradition daher besser entspricht.[20]

Atompolitik

Die Explosion der drei Atombomben im Juli und August 1945 markierte, wie es in dem offiziellen Bericht des amerikanischen Kriegsministeriums geheißen hatte, «den Übertritt der Menschheit in ein neues Zeitalter, das Zeitalter des Atoms». In Deutschland begann die neue Epoche mit einem Rückfall in das 18. Jahrhundert, in die Zeiten vor Erfindung der Dampfmaschine. Bei der Enttrümmerung der Großstädte waren Männer und Frauen zu den schwersten körperlichen Arbeiten gezwungen.

Der Weg von der Stunde Null bis zur Wiedererlangung der staatlichen Souveränität ist ein faszinierendes Kapitel Zeitgeschichte. Über der – gewiß wichtigen – politischen Entwicklung wird die kaum minder wichtige Entwicklung der Wissenschaft meist vergessen. Dabei kann im Atomzeitalter die Politik gar nicht mehr losgelöst von der Wissenschaft verstanden werden.

Die Geschichte Ägyptens ist eine Geschichte des Nil, von den fetten Jahren, in denen der Strom genügend Wasser führte, weite Landstriche fruchtbar waren und die Menschen gut zu leben hatten, und von den mageren Jahren, in denen der Wasserspiegel tief lag, alle Kulturpflanzen verdorrten und Hungersnöte wüteten. Wie für das alte Ägypten der Nil, ist für den modernen Industriestaat die Grundlagenforschung der alles erhaltende Lebensstrom. Wenn die Wissenschaft blüht, dann gedeiht fast von selbst die ganze Volkswirtschaft, wenn aber das Niveau sinkt, dann wird es schwerer und schwerer, gute Ernten heimzubringen. Der wesentliche Unterschied zwischen damals und heute liegt darin, daß im alten Ägypten die Wasserführung des Nil als eine unabänderliche Fügung hingenommen werden mußte. Im modernen Industriestaat aber bestimmen die Menschen selbst das Niveau der Wissenschaft.

Erstaunlich schnell, innerhalb von wenigen Jahren, vollzog sich nach dem Zweiten Weltkrieg der materielle Wiederaufbau. Bald sprach man vom «Wirtschaftswunder»: Die deutsche Industrie entstand wie ein Phönix aus der Asche, moderner und leistungsfähiger denn je. Das Ausmaß der geistigen Schäden trat erst nach und nach zutage:

Man hat sich [im «Dritten Reich»] darauf beschränkt, die Ergebnisse der Wissenschaft, die 1933 vorlagen, auf die Rüstung anzuwenden und jede Art von Rüstungsindustrie zu fördern, während man die wissenschaftliche Grundlagenforschung im ganzen verkümmern ließ... An den Hochschulen legte die Partei vielfach mehr Wert auf die weltanschauliche Ausrichtung der Jugend als auf ihre wissenschaftliche Ausbildung. Zum Teil hat man sogar die absurdesten wissenschaftlichen Theorien wie die Welteislehre oder die sogenannte «Deutsche Physik» von staatswegen unterstützt. Auch dort, wo die damaligen Machthaber die Wissenschaften fördern wollten, ist es ihnen häufig mißglückt, weil sie aus ihrer falschen Grundeinstellung von falschen Gesichtspunkten ausgingen und die falschen Leute benutzen wollten.[1]

So hatte Deutschland auf vielen Gebieten seine einstige Spitzenstellung verloren. Die Zeit, in der Deutsch als die Muttersprache der Physik galt, war 1933 zu Ende. Nach der Rückkehr von einer internationalen Tagung schrieb Max von Laue: «Der Rückgang im Ansehen des deutschen Geistes ist erschreckend... In Bern wurde meist Englisch und kaum Deutsch gesprochen.»[2]

Mehr noch als nach dem Ersten Weltkrieg war nun ein enger Zusammenschluß aller Wissenschaftler des Landes notwendig. Der neuen, in Kämpfen geborenen «Deutschen Forschungsgemeinschaft» hat Heisenberg seine Mitarbeit nicht versagt. In der am 29. Februar 1952 von der Forschungsgemeinschaft berufenen Kommission für Atomphysik übernahm Heisenberg den Vorsitz. Er hat in dieser Funktion der kernphysikalischen Grundlagenforschung in Deutschland entscheidende Impulse gegeben.

Wie in den zwanziger Jahren im Elektrophysik-Ausschuß der Notgemeinschaft waren nun in der Kommission für Atomphysik die führenden Fachleute vertreten, ein kleiner Kreis von Forschern, der in der Lage war, die Bedürfnisse auf dem so wichtigen Gebiet wirklich zu beurteilen. Damals, im Goldenen Zeitalter der deutschen Physik, war Max Planck der Vorsitzende gewesen, und die – relativ bescheidenen –

Mittel waren konzentriert eingesetzt worden zur Klärung der Grundsatzprobleme in der Atomphysik. Zu den besonderen Ruhmesblättern hatte dabei gerade die Förderung des jungen Heisenberg in den Jahren 1924 und 1925 gehört: «An den Arbeiten von Heisenberg und Born, die der Elektrophysik-Ausschuß unterstützt hat und die ohne diese Unterstützung höchstwahrscheinlich nicht in Deutschland, sondern anderwärts hätten ausgeführt werden müssen, zeigt sich, welchen Nutzen der Elektrophysik-Ausschuß für die Entwicklung der Physik in Deutschland bereits gehabt hat», hatte damals Max Planck geschrieben.[3]

Nun stand Werner Heisenberg an der Spitze der Kommission für Atomphysik, und wie dieses Gremium in gewissem Sinne als Nachfolger des seinerzeitigen Elektrophysik-Ausschusses anzusehen ist, so war Heisenberg der Nachfolger Plancks als «Praeceptor Physicae», als Oberhaupt der deutschen Physiker.

Aber wie anders war nun die Ausgangssituation für Heisenberg. Es war eine bittere Bestandsaufnahme. Die Zerstörung der deutschen Wissenschaft hatte nicht erst mit Krieg und Niederlage begonnen, sondern bereits im Jahr 1933:

> Eine Reihe der besten Gelehrten, ein Teil der Elite des jüngeren Forschernachwuchses wurde zur Emigration gezwungen. Das öffentliche Interesse wandte sich von allen wissenschaftlichen Fragen radikal ab... Die bald beginnenden Vorbereitungen zum Kriege und sein Ausbruch brachten häufig auch diese Reste freier wissenschaftlicher Tätigkeit zum Erliegen. Die Luftangriffe zerstörten dann einen großen Teil aller deutschen Hochschulgebäude, Bibliotheken und Apparate.[4]

Um den geistigen Rückstand aufzuholen, wurde von der Deutschen Forschungsgemeinschaft eine Reihe von «Schwerpunkten» gebildet, darunter der Schwerpunkt «Atomphysik». Bis 1956 standen dafür insgesamt fast acht Millionen Mark aus dem Bundesetat zur Verfügung; zuständig für die Verteilung war die «Kommission für Atomphysik» unter Vorsitz von Heisenberg.

Die Mittel kamen den etwa 25 kernphysikalisch arbeitenden Forschungsinstituten zugute, die damit ihre Einrichtungen wesentlich ergänzen und verbessern konnten. So erhielten etwa im Jahr 1953 Unterstützung die Professoren Walther Bothe (Heidelberg) für den «Bau eines Präzisions-Beta-Spektrographen», Rudolf Fleischmann (Erlangen) für Fertigstellung und Ausrüstung der vorhandenen Hochspannungsanlagen und Christian Gerthsen (Karlsruhe) zur «Beschaffung eines großen Elektromagneten für das Elektronenschleuder-Laboratorium».[5]

Die Kommission für Atomphysik stellte fest, «daß der größte Engpaß in der Kernphysik der Nachwuchsmangel ist. Es müßten unbedingt Arbeitsplätze geschaffen werden.» Fast regelmäßig wurden auf jeder Sitzung Stipendien an junge, vielversprechende Physiker für Forschungsaufenthalte im Ausland, meist in den USA, vergeben. Nach einer Prüfung der Kommissionsarbeit schrieb Max von Laue: «Aus dem Ganzen habe ich den sehr erfreulichen Eindruck gewonnen, daß die Bewilligung der Schwerpunktgelder der Atomkernforschung in Deutschland einen mächtigen Impuls gegeben hat.»[6]

Eine Schlüsselrolle spielten die Teilchenbeschleuniger. Geladene Teilchen, vor allem Protonen und Elektronen, können mit diesen «Maschinen» auf hohe Energie gebracht werden. Man schießt sie auf ein sogenanntes «Target» und kann dann ihre Wechselwirkung mit anderen Teilchen studieren. Wenn die Energie der beschleunigten Teilchen hoch genug ist, können sogar neue Elementarteilchen erzeugt werden.

Um das Jahr 1945 hatte sich eine Wende im Bau von Teilchenbeschleunigern vollzogen. Man drang in immer höhere Energiebereiche vor und erlebte dabei eine Überraschung nach der anderen. Es erschloß sich eine völlig neue Welt. Kein Physiker hätte je gedacht, daß es so viele verschiedene Elementarteilchen geben könnte.

Aus der bisherigen Kernphysik entstand als neue Disziplin die Hochenergie- oder Elementarteilchenphysik. Hier zählte der Fortschritt nach amerikanischer Zeitrechnung: Berkeley-Synchrotron 1950, Brookhaven-Cosmotron 1952, Berkeley-Bevatron 1954. Ein paar Jahre später konstatierte Eugene Wigner, daß die USA auf dem neuen Gebiet unbestritten die Führungsrolle innehätten: «We do not hesitate to claim the discovery of the majority of new important phenomena and concepts in this field by scientists of our Nation.»[7]

Die großen Menschheitsepochen sind durch große Erfindungen markiert. In vorher ganz ungeahnter Weise erweitert damit der *homo faber* seine Wirkungsmöglichkeit. Mit den Beschleunigern durchschritt der

Mensch die Schranke nach unten und trat ein in den Mikrokosmos der Elementarteilchen. Wenn er überhaupt gefunden werden kann, liegt hier der Schlüssel zum Verständnis der Welt.

Wie der Ägypter die Pyramiden schuf und der mittelalterliche Mensch himmelstrebende Kathedralen, so zählen zu den großen Kulturleistungen des 20. Jahrhunderts die Hochenergiebeschleuniger. Ehedem gaben Steinmetzen und Kunsthandwerker ihr Bestes und arbeiteten sinnvoll Hand in Hand, nun wirkten in sehr viel subtilerer Weise Physiker, Ingenieure, Techniker und Facharbeiter zusammen.

Es gehört zu den großen Mißverständnissen unserer Zeit, daß sogenannte «Gebildete» glauben, eine «Maschine» als etwas Ungeistiges ansehen zu dürfen. Dabei ist eine Maschine ein geistiges Produkt wie eine wissenschaftliche Theorie oder wie ein Kunstwerk, aber eine Maschine ist noch mehr. Sie ist das Ergebnis eines Kampfes zwischen Idee und körperlicher Welt; denn immer wird nur ein Teil der hochfliegenden Gedanken der körperlichen Welt aufgezwungen werden können. «Sollen sich alle schämen», sagte Albert Einstein schon 1930, «die gedankenlos sich der Wunder der Wissenschaft und Technik bedienen und nicht mehr davon geistig erfaßt haben als die Kuh von der Botanik der Pflanzen, die sie mit Wohlbehagen frißt.»

Die enge Wechselwirkung von Wissenschaft und Technik ist es, die das Gesicht unseres Jahrhunderts prägt, und die Entwicklung der Teilchenbeschleuniger ist, worauf Victor F. Weisskopf immer wieder hinwies, dafür ein besonders wichtiges Beispiel:

Wenn man die Geschichte analysiert, so sieht man, daß die großen Fortschritte in der reinen Wissenschaft fast immer auf neuen technischen Errungenschaften beruhen. Man kann jetzt etwas machen, was man früher nicht machen konnte, daher konnte man das entdecken, was man früher nicht entdecken konnte. Zum Beispiel sind die großen Beschleuniger natürlich undenkbar ohne die Produkte der Industrie, der Spitzenindustrie, der Radiotechnik, der magnetischen Technik und der Hochvakuumtechnik. Daß solche Dinge möglich sind, nämlich daß man hier auf der Erde, im Laboratorium, Bedingungen schaffen kann, die in der Natur nur unter den ganz großen katastrophalen Zusammenbrüchen von Sternen vorkommen, ist nur mit Hilfe der modernen Technik möglich. Doch ist dies nicht eine einseitige Hilfe der Technik für die Wissenschaft, es ist eine gegenseitige Hilfe. Denn gerade solche Aufgaben helfen der Technik weiter. Ich habe in Fällen, an denen ich selbst mitbeteiligt war, gesehen, wie diese

Aufgaben, die die Wissenschaft der Technik stellt, die technische Entwicklung wesentlich gefördert haben. Die Aufgaben, die die großen Beschleuniger der Technik stellten, haben zum Beispiel die Entwicklung der Supraleitung, die Technik des Hochvakuums, die Technik der kurzen Zeitmessung nicht nur gefördert, sondern sogar in manchen Fällen erst hervorgebracht. Hier sehen wir ein *give and take* zwischen Technik und Naturwissenschaft.[8]

Die in den Vereinigten Staaten entstehenden großen Beschleuniger und die neue Physik übten auf die Physiker Europas eine ungeheure Faszination aus. Die Abwanderung der jungen deutschen Forscher, zunächst als eine bald vorübergehende Nachwirkung des verlorenen Krieges mißverstanden, verstärkte sich und griff auf die anderen westeuropäischen Staaten über.

Im Aufwind des europäischen Einigungsstrebens kam es zu der Idee, ein großes, den mächtigen Laboratorien der Vereinigten Staaten und der Sowjetunion ebenbürtiges Gemeinschaftsinstitut zu gründen. Es konstituierte sich der «Europäische Rat für kernphysikalische Forschung», ein Gremium, in das jedes Land zwei Delegierte entsandte, im Regelfall einen Wissenschaftler und einen hohen Regierungsbeamten. Die deutschen Vertreter waren Werner Heisenberg und Alexander Hocker. Hocker war damals der für die Atomkommission zuständige Referent der Deutschen Forschungsgemeinschaft und später Ministerialdirigent im Bundesministerium für Atomfragen.

Die Benennung Heisenbergs hat im Kreis der deutschen Physiker nicht nur Zustimmung gefunden. Abermals spielte die alte Spannung zwischen Theoretikern und Experimentalphysikern eine Rolle. Walther Bothe beklagte sich in einem bösen Brief an einen Kollegen, es gefalle ihm «ganz und gar nicht, daß auch in dieser Sache wieder (wie seinerzeit im Uranverein) die extremen Theoretiker das erste Wort haben sollen».[9]

Trotzdem war Heisenberg der richtige Mann. Er überblickte das Gebiet der Elementarteilchen wie kein deutscher Physiker sonst; er war an den Ergebnissen der Experimente lebhaft interessiert, und er brachte sein großes Prestige zur Verwirklichung der Pläne ein. Als ein wissenschaftlicher Überblick über das neue Gebiet für die Planung des Laboratoriums benötigt wurde und dazu 1952 die «International Physics Conference» in Kopenhagen stattfand, wurde Heisenberg beauftragt,

den entsprechenden Bericht zu verfassen. Er brachte ganz klar zum Ausdruck, daß man die Phänomene bei hohen Energien studieren müsse, wolle man das Problem der Elementarteilchen lösen.
Auf den Sitzungen des «Europäischen Rates» konkretisierten sich schließlich die Pläne. Die Delegierten beschlossen, in Meyrin bei Genf einen großen Teilchenbeschleuniger zu bauen, ein Protonen-Synchrotron mit einer Endenergie von 25 GeV.
Unter Vorsitz Heisenbergs befaßte sich die Atomkommission der Deutschen Forschungsgemeinschaft mit dem Projekt und empfahl, die Bundesrepublik Deutschland möge sich an den Kosten des Genfer Laboratoriums entsprechend ihrer finanziellen Leistungsfähigkeit beteiligen:

Herr Haxel betont das wissenschaftliche Interesse an dem Projekt, glaubt aber, daß das politische Interesse an einer deutschen Beteiligung noch stärker ins Gewicht falle. Auch Herr Heisenberg ist der Ansicht, daß man die Aufwendungen wegen der wissenschaftlichen Bedeutung des Projektes, als auch insbesondere unter dem Gesichtspunkt der europäischen Zusammenarbeit, vertreten könne.[10]

Am 1. Juli 1953 schlossen sich zwölf Staaten zu einer neuen europäischen Organisation zusammen, der «Organisation Européenne pour la Recherche Nucléaire». Die Abkürzung des bisherigen, provisorischen Namens, nämlich CERN, wurde aber beibehalten, und unter diesem Namen wurde die Institution in der wissenschaftlichen Welt berühmt. In Meyrin bei Genf entstand zunächst ein Synchro-Zyklotron für 600 MeV Endenergie und später die «große Maschine», ein Protonen-Synchrotron mit 29 GeV. Für das wissenschaftliche Forschungsprogramm zuständig war das «Scientific Policy Committee», das zu seinem Vorsitzenden Werner Heisenberg wählte. Am 15. Dezember 1954 berichtete dieser – laut Protokoll – der «Kommission für Atomphysik»:

Auf einer Sitzung Anfang Dezember in Genf seien im Scientific Policy Committee Namen für die Neubesetzung der Direktorstelle diskutiert worden... Für Deutschland werde ein politisches Problem insofern aufgeworfen, als die Bundesrepublik bei der Besetzung der leitenden Stellen bisher nicht angemessen gemäß ihren Beitragsleistungen berücksichtigt sei... Obwohl man sich nicht darüber täuschen dürfe, daß die Stimmung Deutschland gegenüber in vielen

Ländern gegenwärtig schlechter sei als etwa vor vier Jahren – in Amerika habe er das kürzlich selbst beobachtet – wolle er doch in einem Brief an [Felix] Bloch jetzt noch einmal eine Erörterung über die Besetzung der acht führenden Stellungen anregen.[11]

In Washington hatte Heisenberg im Auftrag der Bundesregierung an Verhandlungen über die künftige deutsche Atomtechnik teilgenommen. Durch die «Pariser Verträge» sollte die Bundesrepublik die volle Souveränität erhalten, womit das bisherige Verbot der Siegermächte zum Betrieb von Kernreaktoren hinfällig wurde. «Die Tatsache, daß in Deutschland während des Krieges keine Versuche zur Konstruktion von Atombomben gemacht worden waren, obwohl die grundsätzlichen Kenntnisse dazu vorhanden waren, wirkte sich wohl günstig auf die Verhandlungen aus», schrieb Heisenberg in seiner Autobiographie. «Jedenfalls wurde uns der Bau eines kleineren Atomreaktors zugestanden, und es sah so aus, als würden die Schranken für die friedliche Atomtechnik in Deutschland bald ganz fallen.»[12]

In den Pariser Verträgen war die Rückgabe der Souveränitätsrechte verbunden mit der Eingliederung der Bundesrepublik in die militärische Allianz der Westmächte. Die vorgesehene erneute Wiederaufrüstung Deutschlands war es, die in der Bevölkerung der Vereinigten Staaten und der anderen Alliierten die Stimmungsverschlechterung Deutschland gegenüber hervorrief, von der Heisenberg der Atomkommission berichtet hatte.

Nach den Erfahrungen des Zweiten Weltkrieges stieß die geplante Wiederaufrüstung – wie sie im politischen Kalkül Adenauers eine Rolle spielte – auch in der deutschen Bevölkerung auf entschiedene Ablehnung. Jedoch trat als Ursache oder Wirkung einer langsamen Bewußtseinsänderung anstelle des Wortes «Remilitarisierung» in der politischen Auseinandersetzung immer mehr der «Verteidigungsbeitrag».

Die Behandlung der Pariser Verträge im Deutschen Bundestag weckte tiefe Unruhe. Auf einer Versammlung in der Frankfurter Paulskirche am 29. Januar 1955 wurde das «Deutsche Manifest» verabschiedet, in dem eindringlich vor der Ratifizierung gewarnt wurde. Demonstrationen, Kundgebungen und Unterschriftenaktionen im ganzen Land folgten. So kam es – ein Beispiel von vielen – am 24. Februar 1955 zu einer großen Protestversammlung des Deutschen Gewerkschaftsbundes auf

Blick in den Ringtunnel des 29 GeV-Protonen-Synchrotrons von CERN in Genf. «Heisenberg hat auch in der Hochenergiephysik unglaubliche Intuition bewiesen», erzählte Victor F. Weisskopf, der frühere Generaldirektor. «Was mir besonders imponiert hat, war... der Wirkungsquerschnitt von Teilchen bei sehr hoher Energie... Weil die Felder... einen exponentiellen Abfall haben in allen Theorien und die Wechselwirkung zweier Teilchen proportional zu einer Potenz dieses Feldes ist, muß der Wirkungsquerschnitt logarithmisch ansteigen. Die ganze Welt der Theoretiker und Experimentalphysiker hat dagegen geschlossen, der Wirkungsquerschnitt wird konstant... Alle waren erstaunt, als vor ein paar Jahren die ISR, die Intersecting Storage Rings in Genf, gezeigt haben, daß tatsächlich der Wirkungsquerschnitt logarithmisch herausgeht.»

dem Münchener Königsplatz, an der dreißigtausend Menschen teilnahmen. Vor dem Rednerpult standen, angestrahlt von einem Dutzend Scheinwerfer, Transparente gegen die Wiederaufrüstung. Einige Männer mahnten mit Totenmaske und Stahlhelm an die Gefallenen des letzten Krieges.

Die Menschen fürchteten, daß ein Krieg im Atomzeitalter die Schrekken aller bisherigen Kriege millionenfach übertreffen würde. «Kampf dem Atomtod» war die Parole.

Auf dem Höhepunkt der Auseinandersetzungen hatte der NWDR in Hamburg einen Vortrag von Heisenberg über die Bedeutung der Kernenergie für den modernen Industriestaat in das Programm genommen. Der Bundeskanzler fürchtete die Autorität des Physikers. Auf ihn würden sich mit Sicherheit die Atomwaffengegner berufen. Adenauer führte ein langes Telefongespräch, und Heisenberg sagte seinen Vortrag ab.[13]

Der Fall wurde von der Opposition aufgegriffen, die damit drei Fragen an Adenauer verknüpfte:

Warum wollte der Bundeskanzler einen Vortrag von größter wissenschaftlicher Sachlichkeit vor der Ratifizierung der Pariser Verträge verhindern, wenn er von dem Wert dieser Verträge für die Erhaltung des Friedens überzeugt ist? Warum soll in Westdeutschland eine Diskussion unterbunden werden, die in der gesamten westlichen Welt in aller Breite geführt wird? Fühlt der Kanzler, daß die Verschiebung der Pariser Verträge die internationale Verhandlungssituation bis in die Nähe eines Krieges erschwert, und will er deshalb dem deutschen Volk den Blick auf das Grauen eines Krieges im Zeitalter der Wasserstoffbombe erschweren?[14]

Über das Bundespresseamt ließ Adenauer antworten, daß seine Bitte, Heisenberg möge seinen Rundfunkvortrag nicht halten, ganz andere Motive – außenpolitische – gehabt habe:

Der Herr Bundeskanzler hat Herrn Professor Heisenberg gebeten, bis zur Ratifizierung der Pariser Verträge seine Überlegungen über die Auswirkungen der friedlichen Atomtechnik in der Bundesrepublik in der Öffentlichkeit nicht darzulegen. Es könnte sonst der Eindruck erweckt werden, daß die Bundesrepublik die noch geltenden besatzungsrechtlichen Bestimmungen nicht einhalten wolle. Von der Frage der Aufklärung der Bevölkerung über die Schrecken eines Atomkrieges war bei den Erörterungen mit Professor Heisenberg mit keinem Wort die Rede. Gegen eine sachgemäße Aufklärung hat die Bundesregierung nicht das mindeste einzuwenden.[15]

Honni soit qui mal y pense. Was aber den ersten Teil der Presseverlautbarung betraf, so war er so falsch nicht. Seit Jahren drängte Heisenberg den Kanzler, mit den Vorbereitungen zum Aufbau der Kerntechnik in der Bundesrepublik zu beginnen und die – trotz der alliierten Forschungsvorbehalte – gebliebenen Möglichkeiten auszuschöpfen. Adenauer, der aus diesem Anlaß keinen Konflikt mit den Westmächten riskieren wollte, widersetzte sich. Vor den Abgeordneten des Bayerischen Landtages hielt Heisenberg eine aufsehenerregende Ansprache, in der er seiner tiefen Enttäuschung über die bisherigen Versäumnisse Ausdruck verlieh:

Wie steht es nun mit der Kerntechnik in Deutschland? Als die Erörterungen hierüber vor etwa fünf Jahren begannen, war das Ausland hinsichtlich der friedlichen Ausnützung der Atomenergie noch nicht so weit voraus, daß es hoffnungslos scheinen mußte, den Vorsprung einzuholen. Daher glaubten hier die Physiker – etwa 1951 –, die Bundesregierung auf die Wichtigkeit und Dringlichkeit der Atomprobleme hinweisen zu müssen. Sie haben also geraten, den Eintritt der Bundesrepublik in die friedlichen Atomenergiearbeiten soweit vorzubereiten, wie es im Rahmen der Kontrollratsgesetze möglich war, daß zugleich mit der Souveränitätserklärung die Arbeiten mit voller Kraft begonnen werden und der Anschluß an das Ausland im Laufe von, sagen wir, fünf bis zehn Jahren hergestellt werden könnte. Die Bundesregierung hat jedoch damals geglaubt, diesen Vorschlägen nicht entsprechen zu können, da eine Aktivität auf dem Gebiete der Atomenergie möglicherweise die Ratifizierung der Verträge mit den westeuropäischen Nationen erschwert hätte. Inzwischen hat sich die Lage von Grund auf geändert. Die atomtechnischen Arbeiten für friedliche Zwecke sind im Ausland rasch vorangeschritten und sind bis heute im Bundesgebiet noch nicht wirklich aufgenommen worden. Es besteht also keine Aussicht mehr, den Vorsprung des Auslandes in der kurzen Zeitspanne bis zur wirtschaftlichen Ausnützung der Atomenergie einzuholen.[16]

Die Freigabe der deutschen Forschung erfolgte mit dem Inkrafttreten der Pariser Verträge genau zehn Jahre nach Kriegsende, am 5. Mai 1955. Wie aus der Elektrizitätslehre um die Jahrhundertwende die Elektrotechnik hervorgewachsen war, so hatte sich in diesen zehn Jahren aus den kernphysikalischen Entdeckungen der Jahre 1938 bis 1942 die Kerntechnik entwickelt. Während seinerzeit bei der Elektrotechnik von den grundlegenden physikalischen Entdeckungen bis zur technischen Anwendung etwa dreißig bis fünfzig Jahre vergangen waren, lief Mitte des 20. Jahrhunderts die Uhr wesentlich schneller. Bis 1955 waren bereits amerikanische und sowjetische Reaktoren in Betrieb, die zu Versuchszwecken elektrische Energie erzeugten, und das britische Atomkraftwerk Calder Hall stand vor der Vollendung.

Als Bestandsaufnahme des bisher Erreichten fand im August 1955 in Genf die erste große UNO-Konferenz über die friedliche Verwendung der Atomenergie statt. Auch die Bundesrepublik wurde zur Teilnahme eingeladen. Aus fünf Mitgliedern sollte die offizielle deutsche Delegation bestehen; zu ihrem Leiter wurde Werner Heisenberg ernannt.

«Heisenberg zunehmend entmutigt», hatten schon im Frühjahr 1955 die Zeitungen gemeldet. Nun verdichtete es sich zur Gewißheit: «Nobelpreisträger ernsthaft verstimmt» – «Professor Heisenberg kritisiert die Bonner Atompolitik».

Als Standort für die künftige Reaktorstation kamen Karlsruhe oder München in Frage. In der damaligen Atomeuphorie bemühten sich die beiden Städte und die beiden Landesregierungen, den Zuschlag zu erhalten. Nach langem Hin und Her entschied sich die Bundesregierung im Juli 1955 für Karlsruhe.

Damit zerschlug sich Heisenbergs Hoffnung, sich weiterhin aktiv an den Arbeiten zur friedlichen Nutzung der Kernenergie beteiligen zu können. Er war nämlich bereits darauf festgelegt, mit seinem Max-Planck-Institut für Physik und Astrophysik von Göttingen nach München umzuziehen. Die bayerische Regierung hatte ihm den Bau eines neuen großen Institutes in günstiger Lage am Rande des Englischen Gartens zugesagt.

Für Heisenberg sollte sich damit ein Herzenswunsch erfüllen: wieder in München zu leben. Die Entscheidung für Karlsruhe als Reaktorstation bedeutete jedoch, daß nun Professor Karl Wirtz, der sich der Kerntechnik verschrieben hatte, mit seinen Mitarbeitern aus dem Heisenbergschen Institut ausscheiden mußte.

Auch abgesehen von dieser persönlichen Enttäuschung war Heisenberg unzufrieden mit der Entwicklung auf dem Reaktorgebiet. Die im Bundeshaushalt vorgesehenen 1,9 Millionen blieben weit hinter den Erwartungen zurück. «Bei den Entscheidungen der Bundesregierung für die Entwicklung der technischen Anwendung von Atomenergie sind die Ratschläge der Wissenschaft nicht ausreichend berücksichtigt worden. Die Wissenschaft ist von politischen Entscheidungen auf diesem Gebiet nicht unterrichtet worden», konstatierte Heisenberg in einem Interview.[17]

Heisenberg entschloß sich zu demonstrativem Protest. Er zog seine Zusage, die Bundesrepublik auf der Genfer Atomkonferenz zu vertreten, zurück. «Allgemeines Bedauern in Bonn», meldete am 3. August die *Frankfurter Allgemeine*:

«Schon in der äußeren Form drückt dieser Bau aus, daß hier die Wege unserer Zeit beschritten werden, daß hier in einem der neuesten Wissenschaftszweige geforscht und unterrichtet werden soll. In der Stadt, in der man auch die ernsten Dinge gerne von ihrer heiteren Seite nimmt, hat dieser Bau längst den Namen ‹Atom-Ei› erhalten.» So charakterisierte Heisenberg die Aluminiumkuppel des Garchinger Atomreaktors bei der 800-Jahrfeier der Stadt München.
Die Festrede war ihm selbst die rechte Einstimmung für das Leben in München. Nachdem 1937 die Berufung Heisenbergs als Nachfolger Sommerfelds auf den Lehrstuhl für theoretische Physik durch den Einspruch der Machthaber gescheitert war und er ein zweites Mal 1947 schweren Herzens, aber freiwillig verzichtet hatte, mit Rücksicht auf die Max-Planck-Gesellschaft, konnte er endlich 1958 mit seinem ganzen Institut in die geliebte Heimatstadt zurückkehren. «Das Land zwischen München und den Bergen scheint mir schöner als irgendein anderes in der Welt.»

Die Beurteilungen seines Entschlusses sind jedoch sehr verschieden. Das Auswärtige Amt hält an der «offiziellen» Version fest, daß Heisenberg wegen Arbeitsüberlastung nicht nach Genf kommen könne… Aus Kreisen der Interparlamentarischen Arbeitsgemeinschaft wird hingegen bekannt, daß Professor Heisenberg erklärt habe, seine Meinung sei klar als sein Nichteinverständnis mit der bisherigen Haltung der Bundesregierung in der Behandlung des Problems der friedlichen Atomenergie zu verstehen. In Kreisen der Atomwissenschaftler sei man unter anderem der Ansicht, daß die zur Verfügung stehenden Bundesmittel viel zu klein seien. Außerdem seien verschiedentlich Entscheidungen ohne Befragen der Wissenschaftler getroffen worden… Möglicherweise wird von Abgeordneten noch versucht werden, mit Heisenberg vor der Genfer Konferenz Kontakt aufzunehmen, da sie der Meinung sind, daß es ohne ihn nicht gehe.[18]

Tatsächlich ging es nicht ohne Heisenberg. Die Genfer Konferenz im August 1955 endete mit einem Debakel. In der deutschen Delegation traten erhebliche Differenzen auf. Immer wieder war in den Presseberichten vom weiten Rückstand Deutschlands in der Kernphysik und Kerntechnik die Rede. Ein Schock traf die Öffentlichkeit.

Erst jetzt entschloß sich Adenauer zum Handeln. An den FDP-Vorsitzenden Thomas Dehler schrieb er, «daß auf dem Gebiete der Atomverwertung für friedliche Zwecke eine den deutschen Interessen schädliche Zersplitterung eingetreten ist… Sie wissen, daß Bayern einen Atomreaktor baut, daß Nordrhein-Westfalen etwas Ähnliches beabsichtigt, daß auf der Genfer Konferenz die ganzen deutschen Atomwissenschaftler überhaupt nicht geschlossen aufgetreten sind.»

Am 15. Oktober 1955 wurde das «Bundesministerium für Atomfragen» gebildet und der Minister für besondere Aufgaben, Franz Josef Strauß, zum Atomminister ernannt, um ihm, wie Adenauer sagte, «eine größere Autorität zu geben».[19]

Als wissenschaftlichen Beirat berief die Bundesregierung auf Vorschlag von Strauß die «Deutsche Atomkommission» (DAK), der neben führenden Forschern auch Vertreter der Industrie und der Behörden angehörten. Die DAK bildete eine Reihe von Unterkommissionen; so wurde die unter dem Vorsitz Heisenbergs stehende «Kommission für Atomphysik» bei der Deutschen Forschungsgemeinschaft zugleich *in corpore* die Unterkommission «Kernphysik» des Ministeriums.[20]

Im Lauf der nächsten Jahre mußte die Deutsche Forschungsgemeinschaft immer mehr ihre bisherigen Aufgaben auf dem Gebiet der Kern-

physik – die Förderung der Grundlagenforschung – an das Ministerium abgeben. So löste sich schließlich die DFG-Kommission auf; der gleiche Kreis von Männern traf sich aber weiterhin unter dem Vorsitz Heisenbergs als Arbeitskreis «Kernphysik» des Atomministeriums.
Mit der Gründung des Atomministeriums hatte sich zum Teil das verwirklicht, was Heisenberg 1949 mit dem «Deutschen Forschungsrat» gewollt hatte. Nach einem Sitzungsprotokoll vom 30. Mai 1956 führte er aus, daß seinerzeit bei der Gründung des Forschungsrates der Gedanke maßgebend gewesen sei, die Beratung der Ministerien durch ein Gremium von Wissenschaftlern zu gewährleisten. Dabei sei von der Annahme ausgegangen worden, daß es für Minister sehr schwer sei, von einem solchen Urteil abzuweichen. Heisenberg meinte, daß schon sehr viel erreicht sei, wenn der Bundesminister für Atomfragen diese Beratungsfunktion anerkenne. Dies sei anscheinend wenigstens auf der Ebene der Unterkommissionen gelungen... Ihm wäre es allerdings lieber gewesen, «eine Etage höher einzusteigen».[21]
Vorteilhaft für die Wissenschaft war gewiß, daß ein eigenes Ministerium politisch bedeutend mehr durchsetzen konnte als eine Selbstverwaltungsorganisation. Das Ministerium hatte zur Förderung der Kernphysik bald ein Vielfaches dessen zur Verfügung, was die Deutsche Forschungsgemeinschaft aufbringen konnte. Ohne die Mittel des Atomministeriums hätte es nie zu den Großforschungsanlagen kommen können, wie sie Ende der fünfziger Jahre für die Reaktor- und Elementarteilchenphysik in Karlsruhe, Jülich und Hamburg entstanden.
Am 31. Oktober 1957 sollte zum erstenmal in Deutschland eine Kettenreaktion in Gang gesetzt werden. An diesem Tag wurde der Schwimmbadreaktor der Technischen Hochschule München auf dem neuen Hochschulgelände in Garching «kritisch».
Zwölfeinhalb Jahre zuvor waren die Männer um Heisenberg mit ihrem Uranbrenner in der Felsenhöhle von Haigerloch dem Erfolg nahe gewesen. Diese zwölfeinhalb Jahre markierten den Rückstand Deutschlands in der Kerntechnik, und man sprach von der «technologischen Lücke» gegenüber den Vereinigten Staaten.

Das Manifest

In der politischen Diskussion tauchten, vorsichtig zunächst, Vorschläge zur Ausrüstung der Bundeswehr mit Atomwaffen auf. Der neue Atomminister war zugleich stellvertretender Vorsitzender im Bundesverteidigungsrat. Heisenberg war beunruhigt, «daß für die Menschen, die hier die wichtigsten Entscheidungen zu treffen hatten, die Grenzen zwischen friedlicher Atomtechnik und atomarer Waffentechnik fließend waren»:

Die Besorgnisse wurden noch dadurch verstärkt, daß zwar nicht in der deutschen Bevölkerung, wohl aber gelegentlich in Kreisen der Politik oder der Wirtschaft die Meinung laut wurde, eine atomare Bewaffnung sei eben in unserer Welt eines der üblichen Mittel zur Sicherung gegen äußere Bedrohung und daher auch für die Bundesrepublik nicht auszuschließen. Im Gegensatz dazu war ich ebenso wie die meisten meiner Freunde überzeugt, daß eine atomare Bewaffnung die außenpolitische Stellung der Bundesrepublik nur schwächen, daß wir uns also mit einem Streben nach Atomwaffen in irgendeiner Form nur schaden könnten. Denn das Entsetzen über die Handlungen unserer Landsleute in den Jahren des Krieges war noch viel zu verbreitet, um Atomwaffen in deutschen Händen zuzulassen.[1]

Die Diskussion über die Atombewaffnung der Bundeswehr steigerte sich zu einem leidenschaftlichen Für und Wider. Für die Deutsche Atomkommission, die eigens berufen war, die Bundesregierung in «Atomfragen» zu beraten, stellte sich das alte Problem der politischen Verantwortung des Wissenschaftlers. *Qui tacet, consentire videtur*. Wer schweigt, stimmt zu. Hatten die Forscher nicht die Pflicht, warnend ihre Stimme zu erheben? Bei der heterogenen Zusammensetzung der «Deutschen Atomkommission» war eine einheitliche Willensbildung von vornherein unmöglich. Aber die Physiker setzten sich zusammen, in der Wohnung des seit Wochen schwer erkrankten Heisenberg.

Am ersten Tag, an dem ich das Bett wieder verlassen konnte – es war inzwischen Ende November [1956] geworden –, fand in meinem Haus eine Besprechung… statt, in der ein Brief an den damaligen Verteidigungsminister, früheren Atomminister Strauß formuliert und beschlossen wurde. Wenn wir auf diesen Brief keine uns befriedigende Antwort erhielten, wollten wir, so hatten wir geschrieben, uns das Recht vorbehalten, mit unseren Ansichten zur Frage der atomaren Bewaffnung an die Öffentlichkeit zu treten. Ich war froh, daß Carl Friedrich [von Weizsäcker] zu diesem Schritt die Initiative ergriffen hatte; denn ich konnte einstweilen nur zusehen und höchstens mit dem halben Einsatz dabeisein.[2]

In einem Telefongespräch mit Otto Hahn bezeichnete Strauß das Verlangen der Physiker als abträglich für die NATO-Politik der Bundesregierung, wie die gutinformierte *Süddeutsche Zeitung* berichtete: «Mitte Januar 1957 fand dann eine Besprechung bei Strauß statt, in der es zu erregtem Wortwechsel kam und Strauß u. a. sagte: Sie [die Wissenschaftler] sind gar nicht gefragt worden, ob Sie sich an der Atomwaffenentwicklung beteiligen wollen, und brauchen also auch nichts dazu zu sagen.»[3] Die Besprechung endete ergebnislos, und Carl Friedrich von Weizsäcker erklärte dem Verteidigungsminister, die Wissenschaftler müßten unter sich noch einmal Fühlung nehmen, wenn sie den Bestätigungsbrief nicht bekämen. Strauß behauptete später, die Wissenschaftler hätten sich verpflichtet, ohne neuerliche vorherige Rücksprache mit ihm nichts weiter zu unternehmen. In der *Süddeutschen Zeitung* steht aber: «Sämtliche an jener Besprechung beteiligten Wissenschaftler versichern, daß sie sich gegenüber dem Verteidigungsminister nicht verpflichtet hätten.»[4]
Der Bundeskanzler rechnete damit, wie bei der Diskussion um den Verteidigungsbeitrag, auch diesmal die Proteste überspielen zu können: «Die taktischen Atomwaffen sind im Grunde nichts anderes als eine Weiterentwicklung der Artillerie, und es ist ganz selbstverständlich, daß bei einer so starken Fortentwicklung der Waffentechnik… wir nicht darauf verzichten können, daß unsere Truppen auch bei uns – das sind ja besondere normale Waffen in der normalen Bewaffnung – die neuesten Typen haben und die neueste Entwicklung mitmachen.»[5] Die Erklärung Adenauers in der Bundespressekonferenz vom 5. April 1957 sollte beschwichtigend wirken, aber eben darum rief sie bei den Eingeweihten Entsetzen hervor:

Eine solche Darstellung schien uns das Maß des Erträglichen weit zu überschreiten. Denn sie mußte fast zwangsläufig der deutschen Bevölkerung ein völlig falsches Bild von der Wirkung der Atomwaffen vermitteln. Wir fühlten uns also verpflichtet zu handeln, und Carl Friedrich [von Weizsäcker] meinte, wir sollten eine öffentliche Erklärung abgeben.[6]

Nun hatte es diesbezüglich «öffentliche Erklärungen» von Wissenschaftlern schon zu Dutzenden gegeben; sie waren meist so gehalten, daß sie nirgendwo Anstoß erregten:

Wir waren uns schnell darüber einig, daß es sich hier nicht um eine allgemeine wohlgemeinte Kundgebung für den Frieden und gegen die Atombombe handeln dürfe. Vielmehr mußten wir uns ganz bestimmte Ziele setzen, die unter den gegebenen Umständen auch wahrscheinlich erreicht werden konnten. Zwei Ziele boten sich von selbst dar. Erstens mußte die deutsche Bevölkerung über die Wirkung der Atomwaffen voll aufgeklärt werden, jeder Beschwichtigungs- oder Beschönigungsversuch mußte verhindert werden. Zweitens mußte eine veränderte Stellung der Bundesregierung zur Frage der atomaren Bewaffnung angestrebt werden. Daher durfte sich die Erklärung nur auf die Bundesrepublik beziehen, und wir mußten mit aller Deutlichkeit aussprechen, daß der Besitz atomarer Waffen für die Bundesrepublik keine Erhöhung der Sicherheit, sondern eine Gefährdung bedeuten würde.[7]

Die Erklärung gegen die Atombombe schlug selbst ein wie eine Bombe. In großer Aufmachung veröffentlichten die Tageszeitungen am 13. April 1957 das Manifest:

Die Pläne einer atomaren Bewaffnung der Bundeswehr erfüllen die unterzeichneten Atomforscher mit tiefer Sorge. Einige von ihnen haben den zuständigen Bundesministerien ihre Bedenken schon vor Monaten mitgeteilt. Heute ist die Debatte über diese Frage allgemein geworden. Die Unterzeichneten fühlen sich daher verpflichtet, öffentlich auf einige Tatsachen hinzuweisen, die alle Fachleute wissen, die aber der Öffentlichkeit noch nicht hinreichend bekannt zu sein scheinen.

1. Taktische Atomwaffen haben die zerstörende Wirkung normaler Atombomben. Als «taktisch» bezeichnet man sie, um auszudrücken, daß sie nicht nur gegen Truppen im Erdkampf eingesetzt werden sollen. Jede einzelne taktische Atombombe oder -granate hat eine ähnliche Wirkung wie die erste Atombombe, die Hiroshima zerstört hat. Da die taktischen Atomwaffen heute in großer Zahl vorhanden sind, würde ihre zerstörende Wirkung im ganzen sehr viel größer sein. Als «klein» bezeichnet man diese Bomben nur im Vergleich zur Wirkung der inzwischen entwickelten «strategischen» Bomben, vor allem der Wasserstoffbomben.

2. Für die Entwicklungsmöglichkeit der lebensausrottenden Wirkung der strategischen Atomwaffen ist keine natürliche Grenze bekannt. Heute kann eine taktische Atombombe eine kleinere Stadt zerstören, eine Wasserstoffbombe aber einen Landstrich von der Größe des Ruhrgebietes zeitweilig unbewohnbar machen. Durch Verbreitung von Radioaktivität könnte man mit Wasserstoffbomben die Bevölkerung der Bundesrepublik wahrscheinlich schon heute ausrotten. Wir kennen keine technische Möglichkeit, große Bevölkerungsmengen vor dieser Gefahr sicher zu schützen.
Wir wissen, wie schwer es ist, aus diesen Tatsachen die politischen Konsequenzen zu ziehen. Uns als Nichtpolitiker wird man die Berechtigung dazu abstreiten wollen; unsere Tätigkeit, die der Tätigkeit der reinen Wissenschaft und ihrer Anwendung gilt und bei der wir viele junge Menschen unserem Gebiet zuführen, belädt uns aber mit einer Verantwortung für die möglichen Folgen dieser Tätigkeit. Deshalb können wir nicht zu allen politischen Fragen schweigen. Wir bekennen uns zur Freiheit, wie sie heute die westliche Welt gegen den Kommunismus vertritt. Wir leugnen nicht, daß die gegenseitige Angst vor den Wasserstoffbomben heute einen wesentlichen Beitrag zur Erhaltung des Friedens in der ganzen Welt und der Freiheit in einem Teil der Welt leistet. Wir halten aber diese Art, den Frieden und die Freiheit zu sichern, auf die Dauer für unzuverlässig, und wir halten die Gefahr im Falle ihres Versagens für tödlich.
Wir fühlen keine Kompetenz, konkrete Vorschläge für die Politik der Großmächte zu machen. Für ein kleines Land wie die Bundesrepublik glauben wir, daß es sich heute noch am besten schützt und den Weltfrieden noch am ehesten fördert, wenn es ausdrücklich und freiwillig auf den Besitz von Atomwaffen jeder Art verzichtet. Jedenfalls wäre keiner der Unterzeichneten bereit, sich an der Herstellung, der Erprobung oder dem Einsatz von Atomwaffen in irgendeiner Weise zu beteiligen. Gleichzeitig betonen wir, daß es äußerst wichtig ist, die friedliche Verwendung der Atomenergie mit allen Mitteln zu fördern, und wir wollen an dieser Aufgabe wie bisher mitwirken.[8]

Achtzehn Atomforscher hatten das Manifest unterzeichnet: Fritz Bopp, Max Born, Rudolf Fleischmann, Walther Gerlach, Otto Hahn, Otto Haxel, Werner Heisenberg, Hans Kopfermann, Max von Laue, Heinz Meier-Leibnitz, Josef Mattauch, Friedrich-Adolf Paneth, Wolfgang Paul, Wolfgang Riezler, Fritz Strassmann, Wilhelm Walcher, Carl Friedrich von Weizsäcker, Karl Wirtz.
Da die Formulierung von den Göttinger Physikern stammte, insbesondere von Carl Friedrich von Weizsäcker, und da auch von den anderen fast jeder früher einmal in Göttingen gewirkt hatte, sprach die Presse kurzerhand von den «Göttinger Achtzehn». Damit war die Verbindung hergestellt zu den «Göttinger Sieben», den sieben Professoren der

Georg-August-Universität, die 1837 gemeinsam Protest gegen die Suspendierung der Verfassung eingelegt hatten. In der Tat lag ein Vergleich nahe, auch was die ungemein heftige Reaktion der «Obrigkeit» betraf.

«Adenauer attackiert die Atomforscher», war die Schlagzeile in den Tageszeitungen am 15. April:

Die Warnung von achtzehn führenden deutschen Atomforschern vor einer Ausrüstung der Bundeswehr mit taktischen Atomwaffen stand am Wochenende im Mittelpunkt aller politischen Auseinandersetzungen in der Bundesrepublik. Bundeskanzler Adenauer beschuldigte die Wissenschaftler mit großer Schärfe, an den politischen und militärischen Gegebenheiten vorbeizugehen und sich ein Urteil in einer politischen Frage anzumaßen, für die sie nicht kompetent seien.[9]

Presse und Öffentlichkeit aber standen ganz auf der Seite der Physiker. Im Streiflicht der *Süddeutschen Zeitung* schrieb Werner Friedmann:

Wir nennen die Erklärung ein Manifest, denn neben dem unüberhörbaren sittlichen Ernst und der bekennerhaften Zivilcourage ist dies ihr wichtigster Inhalt: daß sie gewisse Dinge manifest, und das heißt auf deutsch: offenkundig macht. Zum Beispiel das harmlos klingende Wort von den taktischen Atomwaffen. («Jede taktische Atombombe oder -granate hat eine ähnliche Wirkung wie die Atombombe, die Hiroshima zerstörte.») Oder das ohnmächtige Wort vom Schutz der Zivilbevölkerung. («Wir kennen keine technische Möglichkeit dazu.»)[10]

Das sehr negative Presseecho, das ihm – fünf Monate vor der Bundestagswahl – äußerst ungelegen kam, veranlaßte Adenauer, einige der führenden Atomforscher zu einer Aussprache in das Bundeskanzleramt einzuladen. Heisenberg sagte ab, vornehmlich aus gesundheitlichen Gründen. Adenauer telefonierte vergeblich, um Heisenberg umzustimmen.

Am Konferenztisch saßen Hahn, Gerlach, Riezler, von Laue und von Weizsäcker, ihnen gegenüber Strauß, Adenauer, Hallstein und Globke; auch die Generale Heusinger und Speidel waren zugegen. Das Gespräch war gekennzeichnet durch die Konfrontation zwischen den Physikern und dem Verteidigungsminister und eine souveräne Gelassenheit des zum Einlenken bereiten Bundeskanzlers. Schließlich ging die Sitzung in gelockerter Atmosphäre zu Ende: Hahn dankte für die

Einladung und sagte, er sei am Morgen doch mit etwas Angst hereingekommen. Der Bundeskanzler erwiderte: «Wat denken Sie, wat ich für Angst hatte.» [11]

Das war wohl mehr als ein kleiner Scherz. In der Tat brachte der Appell der «Göttinger Achtzehn» den Kanzler in ernsthafte Schwierigkeiten. Im September standen Bundeswahlen bevor. In seinen Memoiren erinnerte sich Adenauer:

> Der Aufruf der achtzehn Atomwissenschaftler, die Agitation der SPD und zahlreicher Oppositionskreise lösten in der deutschen Bevölkerung große Furcht aus. Weite Kreise wurden von ihr ergriffen. Unter der Parole «Kampf dem Atomtod» wurde gegen die Politik der Bundesregierung Stellung genommen... So, wie die Situation im Schatten der Atomgefahr sich entwickelt hatte, konnte man davon ausgehen, daß der Bundestagswahlkampf, wenn sich nicht etwas Unvorhergesehenes ereignete, in erster Linie im Zeichen der Außenpolitik stehen würde, und zwar im Hinblick auf die atomare Aufrüstung. Das Auftreten der achtzehn Atomwissenschaftler hatte in der deutschen Bevölkerung eine große Erregung verursacht... Mich erfüllte diese Entwicklung mit großer Sorge.[12]

Um ein Haar hätte das Göttinger Manifest der deutschen Politik eine andere Wendung gegeben. Erst im letzten Augenblick gelang es Adenauer, mit der Furcht vor einer sowjetischen Beherrschung Europas andere Emotionen zu wecken. Die Entscheidung des Wählers wurde zudem personalisiert: Adenauer war der Mann, der «unsere Kriegsgefangenen aus Rußland nach Hause geholt hatte». Dem «politischen Urgestein» hatte die SPD nur die biedere Lauterkeit eines Erich Ollenhauer entgegenzusetzen. Bei den Wahlen zum Deutschen Bundestag erhielt die CDU/CSU erneut die absolute Mehrheit.

Die «Einheitliche Theorie der Materie»

Was ist ein Elementarteilchen? Seit 1964 meinen die Physiker die Elementarteilchen als Zusammensetzung von noch «elementareren» Teilchen verstehen zu können. Heisenberg aber hielt das für «schlechte Philosophie und folglich schlechte Physik».

Ich glaube, daß gewisse Fehlentwicklungen in der Theorie der Elementarteilchen – und ich fürchte, daß es solche Fehlentwicklungen gibt – dadurch bedingt sind, daß ihre Urheber zwar behaupten würden, sich nicht um Philosophie kümmern zu wollen, daß sie aber in Wirklichkeit unbewußt von einer schlechten Philosophie ausgehen und daher durch Vorurteile in unvernünftige Fragestellungen hineingeraten. Etwas überspitzt kann man vielleicht sagen, daß gute Physik unbewußt durch schlechte Philosophie verdorben worden sei.[1]

Die Meinung, daß materielle Teilchen notwendig wieder aus materiellen Teilchen aufgebaut sein müssen, geht letztlich auf den griechischen Naturphilosophen Demokrit zurück. Demokrit sprach von den «Atomen» als den kleinsten, unteilbaren Bestandteilen der Materie. Als sich im 17. und 18. Jahrhundert die neuzeitliche Naturwissenschaft entwikkelte, da spielte die Konzeption des Atoms wieder eine Rolle, und der Name «Atom» wurde schließlich im 19. Jahrhundert auf die mit chemischen Mitteln nicht mehr zerlegbaren «kleinsten Teilchen» angewandt. 1871 gaben die Chemiker Dimitri Mendelejew und Lothar Meyer im sogenannten «Periodensystem der Elemente» einen Überblick über alle nur möglichen Sorten. Die Liste der in der Natur vorkommenden Atome reicht von der Nummer 1, dem Wasserstoff, bis zur Nummer 92, dem Uran. James Clerk Maxwell und viele andere Physiker sahen in den «unvergänglichen» und «unveränderlichen» Atomen die Basis der materiellen Welt. Im 20. Jahrhundert entdeckte man dann, daß die «Atome» keineswegs unteilbar sind, sondern aus Elektronen, Protonen und Neutronen aufgebaut werden.

Diese Elementarteilchen spielen im 20. Jahrhundert die gleiche Rolle wie die Atome im 19.: Sie sind nach Meinung der Physiker die letzten, «elementarsten» Bausteine der Materie. Als man dann, seit 1950 etwa, in den modernen Forschungszentren der Hochenergiephysik – in Stanford in Kalifornien, bei CERN in Genf, bei DESY in Hamburg – immer mehr Elementarteilchen entdeckte, da trat die Frage erneut auf: Welche Elementarteilchen von den vielen hundert inzwischen bekannten sind wirklich «elementar»? Welche lassen sich als Zusammensetzungen von anderen Elementarteilchen verstehen?

Wir fragen, woraus besteht das Proton? Kann man das Elektron teilen oder ist es unteilbar? Ist das Lichtquant einfach oder ist es zusammengesetzt, und so weiter. Aber alle diese Fragen sind falsch gestellt, weil die Wörter «teilen» oder «bestehen aus» weitgehend ihren Sinn verloren haben. Es wäre also unsere Aufgabe, unsere Sprache und unser Denken, das heißt auch unsere naturwissenschaftliche Philosophie, dieser von den Experimenten geschaffenen neuen Lage anzupassen. Aber das ist leider sehr schwer. So schleichen sich in die Teilchenphysik immer wieder falsche Fragen und falsche Vorstellungen ein und führen zu Fehlentwicklungen.[2]

So beurteilte Heisenberg die Bemühungen seiner Kollegen. Und er sagte auch, wo seiner Meinung nach der Irrtum liegt:

Da ist zunächst die These, daß die beobachteten Teilchen, wie Protonen, Pionen, Hyperonen und viele andere, aus kleineren nicht beobachteten Teilchen, den Quarks, bestehen oder auch aus Partonen, Gluonen, *charmed particles* oder wie diese gedachten Teilchen alle heißen mögen. Hier ist offenbar die Frage gestellt worden: aus was bestehen die Protonen? Aber es ist dabei vergessen worden, daß das Wort «bestehen aus» nur dann einen halbwegs klaren Sinn gibt, wenn es gelingt, das betreffende Teilchen mit einem kleinen Energieaufwand in Bestandteile zu zerlegen, deren Rohmasse sehr viel größer ist als dieser Energieaufwand; sonst hat das Wort «besteht aus» seinen Sinn verloren. Und so ist die Situation bei den Protonen. Ich kann nicht umhin, um dieses Sinnloswerden eines scheinbar wohldefinierten Wortes zu demonstrieren, eine Geschichte zu erzählen, die Niels Bohr bei solchen Gelegenheiten gern zitiert hat. Ein kleiner Junge kommt in einen Laden mit einem Zwei-Pfennig-Stück in der Hand und sagt zum Kaufmann, er möchte gern für 2 Pfennige gemischte Bonbons haben. Der Kaufmann reicht ihm zwei Bonbons und sagt dazu: ‹Mischen kannst du dir sie selber.› Also machen Sie sich bitte klar, daß der Begriff «bestehen aus» beim Proton genau soviel Sinn hat wie der Begriff «mischen» in der Geschichte von dem kleinen Jungen.[3]

Diese Art von Elementarteilchenphysik, die materielle Teilchen durch Zusammensetzung aus anderen materiellen Teilchen erklären will, hielt Heisenberg für gänzlich verfehlt. Er ging einen anderen Weg. Wie es Platon zweieinhalb Jahrtausende zuvor gelehrt hatte, suchte Heisenberg hinter den sinnlich wahrnehmbaren Gegenständen die mathematischen Urbilder. Er suchte von den real in der Natur vorkommenden Elementarteilchen zu abstrahieren auf die «Idee der Elementarteilchen».

Die Atome waren [nach Demokrit] das schlechthin Gegebene, sie waren unteilbar, unveränderlich, das eigentlich Seiende, aus dem alles zu erklären war, das aber selbst keiner Erklärung mehr bedurfte. Auch Plato hat wesentliche Elemente der Atomlehre übernommen. Den vier Elementen: Erde, Wasser, Luft und Feuer, entsprachen bei ihm vier Sorten kleinster Teilchen. Diese Elementarteilchen sind nach Plato mathematische Grundgebilde von hoher Symmetrie... Aber diese Elementarteilchen sind bei Plato nicht unteilbar. Sie können in Dreiecke zerlegt und aus Dreiecken wieder aufgebaut werden... Die Dreiecke selbst sind nicht Materie, sie sind nur noch mathematische Form. Bei Plato ist also das Elementarteilchen nicht das schlechthin Gegebene, Unveränderliche und Unteilbare; es bedarf noch einer Erklärung, und die Frage nach dem Warum der Elementarteilchen wird von Plato auf Mathematik zurückgeführt... Die letzte Wurzel der Erscheinungen ist also nicht die Materie, sondern das mathematische Gesetz, die Symmetrie, die mathematische Form.[4]

Wenn ein Physiker des 20. Jahrhunderts auf Platon zurückgeht, so mag dies auf den ersten Blick als absurd erscheinen. Bei genauerer Betrachtung aber zeigt sich, daß gerade bei den entscheidenden Neuerungen die Physiker – bewußt oder unbewußt – immer wieder an Platon angeknüpft haben. Es zeigt sich sogar, daß die neuzeitliche Physik im 17. Jahrhundert direkt aus dem Platonismus, genauer: aus dem Neuplatonismus christlicher Prägung hervorgegangen ist.

Durch systematisch angestellte Versuche am Schiefen Turm zu Pisa habe Galileo Galilei nachgewiesen, «daß alle Körper gleich schnell fallen, wenn man vom Luftwiderstand absieht». So will es die Legende. Auch in modernen Lehrbüchern der Physik kann man immer noch lesen, es sei durch Galilei «der Versuch als Frage an die Natur in den Vordergrund der physikalischen Forschung gestellt» und damit die neuzeitliche Physik begründet worden. In Wirklichkeit hat Galilei den freien Fall im Vakuum als den *motus naturalis* erkannt, als die Form der Bewegung, die sich zwar *realiter* in der Natur nicht findet, die aber mathematisch erfaßt werden kann. Er durchmusterte intellektuell die bekannten Beobachtungen im Hinblick darauf, was im Grenzfall «sehr dünnes Medium» geschieht, und dadurch (nicht durch Versuche) fand er, «daß alle Körper gleich schnell fallen».

Galilei wurde zum Schöpfer der «Nuova Scienza», indem er exemplarisch die Abstraktion von der realen Fallbewegung auf idealisierte Bedingungen, die einer mathematischen Behandlung zugänglich sind, vollzog. Platonisch gesprochen, hat also Galilei aus dem komplexen Naturphänomen die «Idee der Bewegung» herausgeschält, den freien Fall im Vakuum, das, was schon die mittelalterlichen Platoniker den *motus naturalis* genannt hatten.

Die neue Experimentalwissenschaft, wie sie vor allem in der Generation nach Galilei und Kepler aufblühte, geht in einem wesentlichen Punkt über Platon hinaus. Für Platon waren die irdischen Dinge nur höchst unvollkommene Abbilder der ewigen Ideen: «Wenn einer sich über Gegenstände sinnlicher Wahrnehmung zu unterrichten sucht, nenne ich das niemals ein wirkliches Sich-Unterrichten, denn wirkliche Erkenntnis liegt nicht in diesen Gegenständen.»

In der Physik lernte man, daß es eine Brücke gibt zwischen den «Gegenständen sinnlicher Wahrnehmung» und den Ideen. In den meisten Fällen ist es möglich, die idealen Versuchsbedingungen experimentell wenigstens mit einer gewissen Annäherung zu erzeugen und damit das Ergebnis der gedanklichen Analyse zu überprüfen. Für die Fallbewegung lassen sich diese von den Physikern sogenannten «reinen Versuche» einfach durch Herstellen eines Vakuums realisieren. Wo es im Platonismus nur die gedankliche Analyse gegeben hatte, wirken jetzt Verstand und Experiment zusammen.

In seiner Autobiographie ‹*Der Teil und das Ganze*› hat Heisenberg in einem schönen Gleichnis dargelegt, worauf es in der Physik ankommt. 1927 unternahm er vor Antritt seines Lehramtes in Leipzig eine Weltreise, die ihn auch in die Vereinigten Staaten führte. Von Chicago aus ging er mit einem jungen amerikanischen Kollegen für einige Tage zum Fischen. Sie vertrauten sich der Führung eines Indianers an, und binnen einer Stunde fingen sie acht große Hechte. Als sie am nächsten Tag allein waren, fuhren sie zur gleichen Stelle des einsamen Sees, und obwohl sich nach ihrem Urteil Wind und Wetter nicht geändert hatten, biß kein einziger Fisch. Ihr Resümee: «Wahrscheinlich ist es mit der Welt der Atome ähnlich wie mit den Fischen und dem See hier in dieser Einsamkeit. Wenn man sich mit den Atomen nicht so vertraut gemacht hat, bewußt oder unbewußt, wie diese Indianer mit Wind und Wetter und den Lebensgewohnheiten der Fische, so hat man wenig Aussicht, etwas davon zu verstehen.» [5]

Heisenberg hat in der Atomphysik eine ungeheure Intuition bewiesen: Er erschaute die mathematischen Ideen hinter den Phänomenen. Seine Quantenmechanik wirkt wie ein Siegeszug, so hat es von Weizsäcker einmal formuliert, sein Ringen um die Theorie der Elementarteilchen aber wie ein zermürbender Stellungskrieg:

Die ganze Mathematik ist schauderhaft kompliziert – Nach längerem Nachdenken wird mir der Fall immer unklarer: Alles ist nur Vermutung.

Solche Formulierungen finden sich oft in seinen Briefen. Ausgiebig hat Heisenberg seine Probleme mit befreundeten Kollegen diskutiert. Insbesondere an der Meinung Wolfgang Paulis war ihm gelegen, dessen scharfe und oft unbequeme, aber immer unbestechliche Kritik die sozusagen komplementäre Ergänzung zu seiner schöpferischen Phantasie bildete. In seiner Antwort klagte auch Pauli einmal – es war am 11. Juli 1947 – über die ungeheuren Schwierigkeiten mit den Elementarteilchen:

Du siehst, daß ich mich in einem mir selber außerordentlich unbefriedigenden geistigen Zustand in bezug auf die theoretische Physik befinde: Ich habe zwar das bestimmte Gefühl, daß alle vorliegenden Vorschläge zur Verbesserung der Theorie gerade am Wesentlichen vorbeigehen, weiß aber selber keinen Weg, der weiter führt. Ich erinnere mich, wie ich etwa 1923 oder 1924, von einer Reise aus Kopenhagen nach Hamburg zurückkehrend, dort berichtet habe: «Die großen Herren wissen auch nichts.» Ob es diesmal wieder so sein wird? Und doch war ja gerade damals die Ignoranz nur vorübergehend, im Jahre 1925 wußte man doch einiges mehr.[6]

Seinerzeit, bei der Quantentheorie, hatte Pauli die Lösung des Problems von Niels Bohr erwartet, aber der entscheidende Gedanke war von Heisenberg gekommen. Auch in der Hochenergiephysik hat Heisenberg «unglaubliche Intuition» bewiesen. «Was mir besonders imponiert hat», berichtete Weisskopf, «war der Wirkungsquerschnitt von Teilchen bei sehr hoher Energie»:

Da hat er schon in den fünfziger Jahren eigentlich eine ganz einfache Erklärung gehabt: Er muß logarithmisch ansteigen. Weil die Felder um Teilchen herum einen exponentiellen Abfall haben in allen Theorien und die Wechselwirkung zweier Teilchen proportional zu einer Potenz dieses Feldes ist, muß der Wirkungsquerschnitt logarithmisch ansteigen. Das ist doch selbstverständlich, hat er gesagt. Ja, aber die ganze Welt der Theoretiker und Experimentalphysiker hat geschlossen, nein, der Wirkungsquerschnitt wird konstant, weil die Experimente das so gezeigt haben. Nun, dann waren alle erstaunt, als vor ein paar Jahren die ISR, die Intersecting Storage Rings, in Genf gezeigt haben, daß tatsächlich der Wirkungsquerschnitt logarithmisch herausgeht.[7]

So lieferte Heisenberg auch zur Theorie der Elementarteilchen ständig neue und wichtige Beiträge, aber ein einziger genialer Wurf genügte diesmal nicht.

In immer neu vorgetragenen Angriffen suchte Heisenberg den Durchbruch zu erzielen. Aus dem Umkreis der platonischen Philosophie entwickelte und mathematisch geschärfte Gedanken eröffneten ihm nach und nach ein Verständnis für die geheimnisvolle Welt des Mikrokosmos. Einmal schrieb er, es war Anfang 1950, an Pauli:

Einer alten Gewohnheit entsprechend schicke ich Dir das Manuskript einer Arbeit, die von den Elementarteilchen handelt. Der Ausgangspunkt ist aber nicht die Quantenelektrodynamik, sondern die Art von allgemeinerer Elementarteilchenphilosophie, wie ich sie in den letzten Jahren immer wieder getrieben habe.[8]

Eine der frühesten Anregungen zu dieser «Elementarteilchenphilosophie» war von Max Planck gekommen. Auch Planck war überzeugter Platoniker gewesen. Was Platon als «Idee» bezeichnet hatte, nannte Planck das «Absolute». Bei seinen Untersuchungen über die Wärmestrahlung hatte er 1899 die Konstante h entdeckt, die wir heute das «Plancksche Wirkungsquantum» nennen. Die physikalische Bedeutung dieser Größe konnte Planck noch nicht erfassen; das blieb Werner Heisenberg mit seiner Unschärferelation vorbehalten. Aber Planck sah, daß h eine fundamentale Naturkonstante darstellt, mit einem ganz bestimmten Zahlenwert (und der Dimension einer Wirkung). Sie war für ihn eine vom Menschen losgelöste, absolute Gegebenheit, die «unabhängig von speziellen Körpern oder Substanzen ihre Bedeutung für alle Zeiten und alle, auch außerirdische und außermenschliche Kulturen notwendig behält». Planck wußte also, daß in der merkwürdigen Gleichung $\varepsilon = h \cdot \nu$, auf die er im Dezember 1900 gestoßen war, das *h* nicht einfach gleich Null gesetzt werden konnte, wie das andere Physiker tun wollten. Damit hielt Planck an der Gleichung $\varepsilon = h \cdot \nu$ fest, wenn er sie auch noch nicht verstehen konnte.

Im Jubiläumsheft der *Annalen der Physik* zum achtzigsten Geburtstag Plancks drückte Heisenberg seine Überzeugung aus, daß den Naturkonstanten *c* (Lichtgeschwindigkeit) und *h* (Plancksches Wirkungsquantum) fundamentale Bedeutung zukommt. Wie *c* die charakteristische Größe für die Optik darstellt und *h* für die Quantentheorie, so vermutete Heisenberg schon damals, daß eine künftige umfassende Theorie eine neue, noch unentdeckte Naturkonstante enthalten müsse, nämlich eine universelle Länge. Diese neue Naturkonstante geht als wesentliche Größe in die «Weltformel» von 1958 ein:

Jedenfalls muß ein universeller Maßstab vorkommen, dem man vernünftigerweise die Größenordnung 10^{-13} cm gibt. Also sollte es eigentlich möglich sein, im Gebiet von 10^{-13} cm Dinge anzunehmen, die gar nicht zu unserer anschaulichen Physik passen. Ich darf nämlich eigentlich gar nicht fragen, was in solchen Gebieten vor sich geht, weil ich das doch nicht beobachten kann.[9]

Heisenberg kam nun auf den Gedanken, daß sich auf diese Weise ein alter Vorschlag von Dirac doch durchführen lasse. Dirac hatte eine indefinite Metrik im sogenannten Hilbert-Raum eingeführt; aber Pauli konnte gleich zeigen, daß dann negative Wahrscheinlichkeiten auftreten müssen.

Nun, eine negative Wahrscheinlichkeit ist Unsinn, das ist kein physikalischer Begriff.[10] – Sollte es aber nicht möglich sein, die indefinite Metrik in einer solchen Weise zu benutzen, daß die negativen Wahrscheinlichkeiten immer nur dann auftreten, wenn man nach dem physikalischen Verhalten in Raumdimensionen von der Größenordnung 19^{-13} cm fragt? Daß aber für Fragen, die sich auf sehr viel größere Räume und Zeitgebiete beziehen, alle berechneten Wahrscheinlichkeiten von selbst wieder positiv werden.[11]

Das war einer von vielen Gedanken, die zur Begründung der *Einheitlichen Theorie der Materie* nötig waren. Wenn wir Heisenbergs Autobiographie folgen, so war für ihn das entscheidende Ereignis die Entdeckung des Positrons im Jahr 1932. Erst kurz zuvor war als neues Elementarteilchen das Neutron gefunden worden, und Heisenberg hatte mit der Vorstellung, daß die Neutronen zusammen mit den Protonen die Bausteine für den Atomkern bilden, einen wesentlichen Fortschritt erzielt.

Das Neutron dachte man sich seinerseits wieder zusammengesetzt aus Proton und Elektron. Die Existenz des Positrons gab nun die Möglichkeit, auch das Proton als zusammengesetzt aufzufassen, nämlich zusammengesetzt aus Neutron und Positron. Damit war, wie Heisenberg sagte, die «Symmetrie zwischen Proton und Neutron wieder hergestellt»:

Hatte es dann überhaupt einen Sinn zu sagen, daß Elektron oder Positron im Atomkern vorhanden seien? Konnten sie nicht in ähnlicher Weise aus Energie entstehen, wie sich umgekehrt nach der Diracschen Theorie Elektron und Positron zusammen in Strahlungsenergie verwandeln? Aber wenn sich Energie in Paare von Elektron und Positron verwandeln kann und umgekehrt, konnte man dann überhaupt noch fragen, aus wieviel Teilchen ein Gebilde wie ein Atomkern bestünde?

Bis dahin hatten wir immer an die alte Vorstellung des Demokrit geglaubt, die man mit dem Satz umschreiben kann: «Am Anfang war das Teilchen». Man nahm an, die sichtbare Materie sei zusammengesetzt aus kleineren Einheiten, und wenn man immer weiter teile, so komme man schließlich zu den kleinsten Einheiten, die Demokrit «Atome» genannt hatte, und die man jetzt etwa «Elementarteilchen», zum Beispiel «Protonen» oder «Elektronen», nennen würde. Aber vielleicht war diese ganze Philosophie falsch. Vielleicht gab es gar keine kleinsten Bausteine, die man nicht mehr teilen kann. Vielleicht konnte man die Materie immer weiter teilen, aber am Schluß ist es eigentlich gar kein Teilen mehr, sondern man verwandelt Energie in Materie, und die Teile sind nicht mehr kleiner als das Geteilte. Aber was war dann am Anfang? Ein Naturgesetz, Mathematik, Symmetrie?[12]

Was war am Anfang? Im Johannes-Evangelium lesen wir:

Am Anfang war das Wort, und das Wort
war bei Gott, und Gott war das Wort.

Mit der Übersetzung des griechischen «logos» als «Wort» war schon Goethe unzufrieden und ließ seinen Faust sagen:

Geschrieben steht: «Im Anfang war das Wort!»
Hier stock' ich schon! Wer hilft mir weiter fort?
Ich kann das Wort so hoch unmöglich schätzen,
Ich muß es anders übersetzen,
Wenn ich vom Geiste recht erleuchtet bin.
Geschrieben steht: Im Anfang war der Sinn.
Bedenke wohl die erste Zeile,
daß deine Feder sich nicht übereile!
Ist es der Sinn, der alles wirkt und schafft?
Es sollte stehn: Im Anfang war die Kraft!
Doch, auch indem ich dieses niederschreibe,
Schon warnt mich was, daß ich dabei nicht bleibe.
Mir hilft der Geist! Auf einmal seh ich Rat
Und schreibe getrost: Im Anfang war die Tat!

Dazu bemerkte einmal Walther Nernst in einem Brief an Max von Laue: «Logos ist natürlich als Gesetz zu übersetzen. (Faust war wohl kein berühmter Übersetzer!!!); und da es am Anfang keine Menschen gab, so kann logos nur Naturgesetz bedeuten.» [13]
Unter den Naturgesetzen gibt es solche, die eine große Zahl anderer in sich schließen, die also universellere Bedeutung haben. In dieser «Hierarchie der Naturgesetze» nehmen den höchsten Rang die sogenannten Erhaltungssätze ein. Schon 1644 formulierte René Descartes, allerdings noch nicht ganz richtig, das Gesetz von der Erhaltung der Bewegung, das wir heute den Impulssatz nennen. Descartes sah in der Unwandelbarkeit der Bewegungsgröße eine Manifestation der Vollkommenheit Gottes. So sucht der Platoniker hinter den auf der Erde und am Himmel vor sich gehenden ständigen Veränderungen unveränderliche Gegebenheiten.
Einem zweiten Erhaltungssatz war Gottfried Wilhelm Leibniz mit seiner *conservatio virium*, der «Erhaltung der lebendigen Kräfte», auf der Spur gewesen. Die weiteren Bemühungen um die klare Erfassung dieses Satzes aber wurden Mitte des 18. Jahrhunderts eingestellt; denn im Zeitalter der französischen Enzyklopädisten hatte man für platonische Gedankengänge kein Verständnis. Der eigentliche Entdecker des Energieprinzips war dann erst um die Mitte des nächsten, des 19. Jahrhunderts, Julius Robert Mayer. Dieser sprach von der «Kraft» als einem Objekt, das weder erschaffen noch zerstört werden könne.

Neben diesem Energiesatz und dem Impulssatz ist heute noch eine ganze Reihe anderer «Erhaltungssätze» bekannt. So kann sich auch, wie die Energie, die elektrische Gesamtladung (in einem abgeschlossenen System) nicht ändern.

1918 gelang der Göttinger Mathematikerin Emmy Noether die Formulierung eines tiefliegenden mathematischen Zusammenhangs: Jeder «Erhaltungssatz» ist die Folge einer Symmetrie der Naturgesetze. So sind die uns bekannten physikalischen Grundgesetze (etwa die Newtonschen Axiome der Mechanik) unabhängig von der Zeit; sie gelten heute so wie gestern und morgen. Ausdruck dieser Invarianz der Naturgesetze gegen Verschiebungen der Zeitskala ist aber nach dem Theorem von Emmy Noether gerade die Erhaltung der Energie.

Wie für Descartes, Leibniz und Planck sind auch für den Platoniker Heisenberg die Erhaltungssätze beziehungsweise die mathematisch äquivalenten Symmetrien «entscheidende Elemente des Planes, nach dem die Natur geschaffen worden ist».[14]

Eine Generation vor Heisenberg konnte Planck als «das Absolute» mit einiger Sicherheit nur die Naturkonstanten bezeichnen, aber mit den Naturkonstanten allein läßt sich offenbar keine Theorie aufbauen. Heisenberg ist nun mit den Symmetrien einen wesentlichen Schritt weiter.

Die Elementarteilchen in der Philosophie Platos erhielten ihre Symmetrie aus der sogenannten «Raumgruppe», der Gruppe der Drehungen im dreidimensionalen Raum. Es handelt sich also dort um eine statische, unmittelbar anschauliche Symmetrie. Die neuzeitliche Physik aber bezieht die Zeit von Anfang an in ihre Naturbetrachtung ein: Seit Newton ist die Physik auf die Dynamik der Erscheinungen gerichtet. Sie geht von der Auffassung aus, daß in dieser sich ständig verändernden Welt nicht die geometrischen Formen das Bleibende sein können, sondern die Gesetze. Die Gesetze sind allerdings im Grunde auch nur abstraktere mathematische Formen, die sich aber eben auf Raum und Zeit beziehen... Die endgültige Theorie der Materie wird, ähnlich wie bei Plato, durch eine Reihe von wichtigen Symmetrieforderungen charakterisiert sein... Diese Symmetrien kann man nicht mehr einfach durch Figuren und Bilder erläutern, wie es bei den platonischen Körpern möglich war, wohl aber durch Gleichungen.[15]

Wie Galilei bei der Ableitung der Formeln des freien Falles auf die «Idee der Fallbewegung» abstrahiert hatte, so abstrahierte nun Hei-

senberg von den real in der Natur vorkommenden Elementarteilchen auf die «Idee der Elementarteilchen», und das sind für ihn die Symmetrien beziehungsweise die Erhaltungssätze.
Die «Idee der Fallbewegung» ist der freie Fall im Vakuum. Dieser läßt sich heute mit fast beliebiger Genauigkeit im Experiment realisieren, und Galilei hat diese Idealisierung wenigstens in Gedanken vollzogen. Wie steht es mit der experimentellen Prüfung der Erhaltungssätze?
Darauf ist zu sagen, daß das, was sich in der Welt der Elementarteilchen abspielt, in sinnreichen Meßgeräten registriert und durch Computer automatisch ausgewertet wird. Millionen von Nebel- und Blasenkammer-Fotografien zeigen die «Ereignisse» im Mikrokosmos fast direkt: Da eine Spur, die abknickt. Ein Teilchen ist zerfallen. Dort ein aus zwei Spuren gebildetes V. Der Physiker erkennt einen Zusammenhang zwischen dem Knick und dem V: Bei dem Zerfall ist neben den geladenen Teilchen, die Spuren hinterlassen, ein ungeladenes Teilchen entstanden, das nach einiger Zeit weiter zerfallen ist – die beiden geladenen Bruchstücke markieren mit ihren Spuren das V. Wie überall in der Physik bildet die Fülle solcher Beobachtungen nur scheinbar ein Chaos; in Wirklichkeit bestimmen Gesetze das Verhalten der Elementarteilchen.
Umfangreiche chemische Erfahrung hatte hundert Jahre zuvor Dimitri Mendelejew und Lothar Meyer zur Aufstellung des «Periodensystems der Elemente» geführt; die verfeinerte Meßtechnik in der Hochenergiephysik ist heute die Grundlage für das «System der Elementarteilchen». Damals waren bei den Atomen die Wertigkeit und das Atomgewicht die Ordnungskriterien, bei den Elementarteilchen sind es Parität, *strangeness*, Baryonenzahl und andere Größen.
Diese Eigenschaften der Elementarteilchen sind nur ein anderer Ausdruck für die Gültigkeit von Erhaltungssätzen. So ist etwa die Baryonenzahl eine Erhaltungsgröße. Jedem Nukleon und jedem Hyperon wird die Baryonenzahl + 1 oder − 1 zugeordnet, je nachdem, ob es sich um ein Teilchen oder ein Antiteilchen handelt. Während also Teilchen und Antiteilchen zusammen in Strahlung oder andere leichte Partikel zerfallen können, ist ein System von Nukleonen ohne Antinukleonen stabil, also etwa ein aus Protonen und Neutronen bestehender Atomkern. Das ist für die Existenz unserer Welt von ausschlaggebender Bedeutung.

Wenn also Heisenberg von den Erhaltungssätzen ausgeht, so stützt er sich unmittelbar auf das Experiment. Damit hat – wie es in der modernen Physik gefordert werden muß – das, was platonisch die «Idee der Elementarteilchen» darstellt, seine sichere Verankerung in der Naturrealität.

Gegen Ende des Jahres 1957 schien Heisenberg eine gewisse Klärung der Theorie erreicht. Am 14. Dezember teilte er Pauli seine neue Materie-Gleichung mit:

Ich bin hier inzwischen auf so überraschende Ergebnisse gestoßen, daß ich nicht mehr daran zweifeln kann, daß diese Gleichung bereits die richtige Gleichung der Materie ist (die schwachen Wechselwirkungen sind weggelassen), aus der alle Elementarteilchen folgen... Wenn es wirklich wahr ist, daß die Gleichung schon die richtige Theorie der Materie enthält, so gibt es einen hübschen «philosophischen» Punkt dabei. Ich hatte früher eine andere Gleichung... als Modell genommen, da ich glaubte, sie sei das einfachste aller nichtlinearen Spinormodelle. Aber das war eben ein Irrtum. Die jetzige Gleichung ist einfacher, weil sie eine höhere Symmetrie besitzt. Unsere Welt ist sozusagen die einfachste aller möglichen Welten! Aber all das ist Zukunftsmusik und vorher muß noch viel Mathematik getrieben werden.[16]

So wie damals 1925 und 1927 beim Aufbau der Quantentheorie reagierte der sonst so kritische Pauli ungewöhnlich positiv, zur großen Freude Heisenbergs: «Wir haben ja beide den Eindruck, daß wir fast alle Bausteine für das Puzzle-Spiel der Elementarteilchen beieinander haben; aber es ist immer noch mühsam, es zusammenzusetzen.»[17]

In den intensiv fortgesetzten Diskussionen wurden noch fehlende «Bausteine» gefunden und die «Heisenberg-Gleichung» zur «Heisenberg-Pauli-Gleichung» ergänzt. Heisenberg schlug nun eine gemeinsame Veröffentlichung vor, die in den Grundzügen bis zur Abreise Paulis nach Amerika fertiggestellt werden sollte:

Ich nehme an, daß wir diesmal doch wirklich eine Arbeit gemeinsam publizieren werden (dabei habe ich einen persönlichen Wunsch: daß die Arbeit in der Zeitschrift für Naturforschung erscheinen soll, da sie mir als eine Art Schlußstein vorkommt zu einem Gebäude, an dem ich dort fast fünf Jahre gearbeitet habe). Ich möchte hoffen, daß wir bis zum 17. Januar [1958] die Hauptpunkte, nämlich Formulierung der beiden kontinuierlichen Gruppen und der zugehörigen Vertauschungsrelationen, Struktur der strange particles und der Leptonen klären können.[18]

Die Heisenberg-Pauli-Gleichung warf aber noch an vielen Stellen so schwierige mathematische und physikalische Fragen auf, daß die Veröffentlichung zurückgestellt wurde. Statt dessen planten beide nun einen *preprint*, eine vorläufige Form der wissenschaftlichen Mitteilung, wie sie in den Vereinigten Staaten üblich ist. Dabei wird ein Schreibmaschinenmanuskript vervielfältigt und an eine begrenzte Zahl von Kollegen versandt.

Auch die Abfassung des *preprint* gelang nicht mehr vor der Abreise Paulis in die Vereinigten Staaten. So wurde die Diskussion schriftlich fortgesetzt; aber wieder ergaben sich ständig neue Probleme. Die Mathematik der Heisenberg-Pauli-Gleichung war eben wirklich «schauderhaft kompliziert».

Heute kam Dein Telegramm, und ich war etwas unglücklich darüber, nicht etwa wegen des Roof-Formalismus, der sicher noch verbesserungsfähig ist, sondern weil ich sehe, wie schwierig die Verständigung über 10000 km trotz der modernen Technik immer noch ist. Ich bekomme jeden Tag neue Briefe von Physikern, die unbedingt sofort einen preprint haben wollen (zum Beispiel Weisskopf und Landau). Jedenfalls hoffe ich, daß Dein Brief die Abänderungsvorschläge so enthält, daß ich sie sofort in den preprint einfügen und dann wegschicken kann.[19]

Endlich, am 27. Februar 1958, war es soweit: «Unsere Arbeit habe ich heute verschickt. Du bekommst mit der gleichen Post zehn Exemplare der Neufassung von Seite 6... Auch bekommst Du noch eine Liste der Physiker, an die der preprint verschickt worden ist.»[20]

Ganz selbstverständlich waren in der Physik die englischen Ausdrücke geworden. Die Teilchen hatten *strangeness* und *charm*, im *roof*-Formalismus wurde gerechnet, und die Ergebnisse legte man im *preprint* nieder. Englisch war die «Muttersprache der Physik» geworden.

Vierzig Jahre zuvor hatte Einstein noch vom stillen «Tempel der Wissenschaft» gesprochen. Dieses Gleichnis konnte jetzt nur komisch wirken.

Am Montag habe ich im Physikalischen Kolloquium der Universität Göttingen über unsere Arbeit vorgetragen. Leider kam davon etwas in die Zeitung, natürlich in furchtbar dummer Form.[21]

Der Vortrag Heisenbergs über «Fortschritte in der Theorie der Elementarteilchen» im Großen Hörsaal der Göttinger Physikalischen Institute hatte viele Neugierige angelockt. Unter den Zuhörern befand sich, so berichtete später *Der Spiegel*, ein Journalist, dessen physikalische Fachkenntnisse wenigstens so weit reichten, daß er den sensationellen Gehalt des Heisenberg-Vortrages zu erkennen vermochte: «Der Journalist sorgte dafür, daß Heisenbergs theoretische Atombombe vorzeitig platzte.» [22]

Am 24. Februar 1958 hatte der Vortrag am späten Nachmittag zur üblichen Kolloquiumszeit von 17 bis 19 Uhr stattgefunden, und keine 24 Stunden später, noch rechtzeitig für die Mittwoch-Ausgaben der Zeitungen, ging eine Meldung der Deutschen Presseagentur über die Fernschreiber:

der nobelpreisträger prof. werner heisenberg machte... eine aufsehenerregende mitteilung: der direktor des physikalischen instituts der max-planck-gesellschaft und seine mitarbeiter haben eine gleichung ermittelt, die es in der geschichte der physik zum ersten male moeglich machen koennte, aus ihr heraus die gesamte physik abzuleiten.[23]

Die Welt brachte ein Faksimile der Formel, und der Chefredakteur Hans Zehrer schrieb einen Kommentar:

Da die neue Formel möglicherweise von bestimmendem Einfluß auf unser Weltbild und vielleicht auch auf unser Weltschicksal sein kann, gebührt ihr die erste Seite. Eine Tageszeitung ist sich das vor der Geschichte schuldig, die später nachprüfen wird, ob und wie man seinerzeit das Neue verzeichnet hat... Wie eh und je manifestiert es sich [das Neue und möglicherweise Bewegende und Umstürzende] zunächst im kleinsten Kreise derjenigen, die damit etwas anzufangen wissen, bis es lange danach in veränderter Gestalt auch der breiten Masse sichtbar wird. Hoffentlich übt es dann nicht grimmige Gewalt, wie es immer zu geschehen pflegt, wenn es in unreine Hände fällt.[24]

So weit war es gekommen mit der Physik, dem stillen Paradies der Gelehrten in den goldenen zwanziger Jahren: seit Hiroshima und Nagasaki erwarteten die Menschen von jedem Fortschritt gleich eine neue Atombombe.

Deutsche Presseagentur, *Die Welt* und *Frankfurter Allgemeine* waren aber erst der (noch seriöse) Anfang. Die Berichte wurden immer sensationeller «aufgemacht» und die Bezeichnung «Weltformel» geprägt.

In den letzten Tagen gab es hier viel Ärger mit den Zeitungen. Ich hatte schon ein paar Mal in unserem Institut über unsere Arbeit vorgetragen; dabei war nichts passiert. Dann hatte [Friedrich] Hund mich gebeten, auch im offizielleren Universitätskolloquium darüber zu reden. Dazu kamen furchtbar viele Leute und, ohne mein Wissen, offenbar auch Journalisten. Von denen wurde ein haarsträubender Unsinn publiziert im Stile von «das Ende der Physik» etc. Dann kamen Hunderte von Anrufen, und ich habe schließlich meiner Sekretärin ein paar Sätze diktiert, die sie als meine Ansicht sagen durfte; von denen war der wichtigste, daß unsere Arbeit (leider hatte ich Deinen Namen nicht mit dem Epitheton «Nobelpreis» versehen, so daß Du zu meinem Ärger nicht symmetrisch mit mir genannt wurdest, jedenfalls nicht überall) «neue Vorschläge für eine einheitliche Feldtheorie machte, über deren Richtigkeit erst die Forschung der nächsten Jahre entscheiden könne». Daraufhin ebbte der Unsinn etwas ab; dann muß aber Landau in Moskau (sicher ohne Absicht) Öl in die Flammen der journalistischen Begeisterung gegossen haben. Jedenfalls ging es unter Berufung auf die Moskauer Rede Landaus in verstärktem Maß los, während ich auf der Reise in Genf war. Ich hoffe, Du hast Dich nicht so viel geärgert wie ich. Weisskopf und ich haben uns nochmals von Genf aus bemüht, die Dinge ins richtigere Gleis zu bringen (insbesondere hinsichtlich der Symmetrie zwischen uns beiden), aber der Unsinn war einmal geschehen. Das einzig Erfreuliche war Dein schöner Vergleich mit dem Tizianbild, der natürlich genau die Sachlage trifft.[25]

Pauli hatte auf die Zeitungs- und Rundfunkberichte an einige Kollegen einen «Kommentar» geschickt. Dieser Kommentar aber bestand nur in einem weißen Briefbogen, auf dem mit vier Strichen ein großes Rechteck gemalt war. Darüber stand: «Dies soll der Welt zeigen, daß ich wie Tizian malen kann», und darunter: «Nur ein paar technische Einzelheiten fehlen»[26]. Pauli wollte damit zum Ausdruck bringen, daß die Theorie vorläufig nur die großen Umrisse absteckte, daß aber die Ausgestaltung im einzelnen noch geleistet werden müsse. Dieser Vergleich muß Heisenberg hart getroffen haben. In seinen Briefen an Pauli aber findet man nicht die Spur einer Verstimmung. Vielmehr hat Heisenberg diese Metapher aufgenommen und gesagt, daß die Formel vorläufig «nicht mehr geben kann als einen Rahmen, in den das Bild noch eingezeichnet werden muß».[27]

Fünf Wochen später, am 7. April 1958, gab es eine neue Enttäuschung für Heisenberg: Pauli teilte seine «definitive Entscheidung» mit, bei der Veröffentlichung, für die zuletzt die Zeitschrift *Nuovo Cimento* vorgesehen war, nicht mitzuwirken. Heisenberg antwortete:

Absatzkrise in Amerika: Der Autokrieg von Detroit (Seite 3)

Verlag DIE WELT, Hamburg 36, Kaiser-Wilhelm-Str. 16, Tel. 34 10 10, Fernschr. 021 1149. Berlin-Tempelhof, Mariendorfer Damm 1/3, Tel. 75 05 86. Essen, Sachsenstr. 36, Tel. 2 14 21, Fernschr. 085 7728. Telegr.-Adr.: Weltverlag. Abonnement monatl. 4,15 DM zuzüglich 1,35 DM Expeditions- und Zustellgebühr. Postabholer 4,96 DM. Anzeigenpreisliste 22a vom 1. Nov. 1957. Verantw. für Anzeigen: Alfons Wronek. Verlagsleiter: Dr. Heinrich Schulte.

DIE WELT

UNABHÄNGIGE TAGESZEITUNG FÜR DEUTSCHLAND

Chefredaktion: Hamburg 36. Redaktion Berlin: Mariendorfer Damm 1/3. Essen: Sachsenstr. 36. Redaktionsbüros: Bonn: Pressehaus, Tel. 2 14 61; Bremen: Buxtorffstr. 26, Tel. 4 07 02; Düsseldorf: Wilhelm-Marx-Haus, Tel. 2 73 54; Frankfurt: Rahmhofstr. 2-4, Tel. 2 58 92; Hannover: Bahnhofstr. 2, Tel. 2 28 15; Kiel: Feldstr. 24a, Telefon 4 95 68; München 23: Trautenwolfstraße 9, Tel. 36 22 37; Stuttgart: Gundelsheimer Straße 42, Tel. 87 10 13.

Nr. 54 - 13. Jahrgang | Ausgabe H* | Hamburg, Mittwoch, 5. März 1958 | Preis 30 Pf

Dulles: Sowjetvorschläge für USA unannehmbar

Die Formel

H. Z. — Am 25. April wird Werner Heisenberg die Formel erläutern, die eine neue Naturkonstante von absoluter Größe in das physikalische Weltbild einführen soll. „Daß ich erkenne, was die Welt im Innersten zusammenhält", wie es im Faustmonolog heißt.

Die WELT ist in der Lage, diese Formel im Wortlaut abzudrucken. Da sie möglicherweise von bestimmenden Einfluß auf unser Weltbild und vielleicht auch auf unser Weltschicksal sein kann, gebührt ihr die erste Seite. Eine Tageszeitung ist sich das vor der Geschichte schuldig, die später nachprüfen wird, ob und wie man seinerzeit das Neue verzeichnet hat.

Denn bisher ist jede Zeit an den großen bewegenden Ereignissen vorbeigegangen. Sie haben sich unbemerkt und in aller Stille vollzogen. Erst lange danach wurde offenbar, was eigentlich seinerzeit geschehen ist. Das war bei Kopernikus, Kepler und Galilei nicht anders, wie bei Planck, Einstein und vielleicht Heisenberg.

Wir bringen also diese Formel. Aber sie bleibt uns genauso unverständlich wie dem Leser. Heisenberg hat fünf Jahre an ihr gearbeitet. Es heißt, die Wissenschaft würde ebenso lange dazu brauchen, um sie nachzuprüfen. Obwohl das Neue und möglicherweise Bewegende und Umstürzende sichtbar vor aller Augen liegt, befinden wir uns in der gleichen Lage wie eh und je: wir wissen es zwar, aber es bleibt uns verborgen.

Und wie eh und je manifestiert es sich zunächst im kleinsten Kreise derjenigen, die damit etwas anzufangen wissen, bis es lange danach in veränderter Gestalt auch der breiten Masse sichtbar wird. Hoffentlich übt es dann nicht grimmige Gewalt, wie es immer zu geschehen pflegt, wenn es in unreine Hände fällt.

Änderung der Abrüstungspolitik?

Nachrichtendienst der WELT

Hamburg, 4. März

Der amerikanische Außenminister Dulles hat am Dienstag die sowjetischen Bedingungen für eine Außenministerkonferenz zur Vorbereitung eines Treffens der Regierungschefs als unannehmbar abgelehnt. London scheint dagegen zu einem Kompromiß bereit. Aus Paris wird eine Verstimmung zwischen Frankreich und den USA in der Frage des Teilnehmerkreises gemeldet. Bonn hat gegen die Außenministerkonferenz nichts einzuwenden.

Dieses unterschiedliche Bild bot sich am Dienstagabend, nachdem die ersten amtlichen Stellungnahmen zu den jüngsten sowjetischen Vorschlägen vorlagen, die in einem Brief des sowjetischen Außenministers Gromyko an den französischen Außenminister Pineau und in einem Aide Memoire an die USA enthalten waren. (Wortlaut des Briefes an Pineau: Seite 4)

Aus den Hauptstädten des Westens berichten die Korrespondenten der WELT:

USA: Überbrückung möglich

Kabelbericht unseres Korrespondenten

Bo. Washington, 4. März

Außenminister Dulles stellte am Dienstag auf seiner Pressekonferenz eindeutig fest, daß die gegenwärtigen Vorschläge der Russen für eine Außenministerkonferenz „unannehmbar" sind.

Zugleich war Dulles aber sehr bemüht, den Eindruck zu vermeiden, er sei völlig negativ hinsichtlich der Konferenz eingestellt. Dulles betonte die Entschlossenheit Amerikas, eine solche Konferenz abzuhalten, wenn sie nicht nur ein „Schauspiel" oder eine „Täuschung" sei, sondern zu sachlichen Ergebnissen führen würde.

Dulles schloß nicht aus, daß eine Überbrückung der gegenwärtig noch weit entfernten Standpunkte in der Auffassung der Konferenz möglich sei, wenn er auch in der Sache keine Hinweise gab, wie Amerika sich dies vorstelle. (Fortsetzung Seite 2)

Bonn für Außenministertreffen

Aber keine vorbehaltlose Zustimmung zu Moskaus Vorschlägen

Br. Bonn, 4. März

Bonn hat gegen eine Außenministerkonferenz zur Vorbereitung der Gipfelkonferenz nichts einzuwenden. Regierungskreise erklärten dies am Dienstag nach Bekanntwerden des Wortlauts der sowjetischen Note an Frankreich.

Die Zustimmung Bonns bedeutet nicht die vorbehaltlose Übernahme des russischen Vorschlags. Aber die Bundesregierung sieht offenbar keine Veranlassung für den Westen, diese Konferenz zu scheuen. Der verhältnismäßig kleine Kreis der Teilnehmerstaaten, den Moskau jetzt vorgeschlagen hat, kommt Wünschen der Bundesregierung entgegen, obwohl im einzelnen darüber noch mit den Verbündeten im NATO-Rat gesprochen werden wird.

Nach Bonner Ansicht hat es wenig Zweck, eine Außenministerkonferenz nur mit Verfahrensfragen zu befassen. Die Konferenz sollte vielmehr auch die sachlichen Entscheidungen einer späteren Gipfelkonferenz vorbehalten. Gegenstand der Verhandlungen der Außenminister müßte auch auf jeden Fall die Frage der Wiedervereinigung sein.

Eine endgültige Stellungnahme zu dem neuen Moskauer Vorstoß, der Gegenstand der Noten an die USA und Frankreich war, fällt Bonn noch schwer, weil der Vergleich der beiden Schriftstücke noch nicht abgeschlossen ist. Die bisher geheimgehaltene Note an die Vereinigten Staaten soll einen ähnlichen Inhalt haben wie die an Frankreich gerichtete.

Der Pressedienst der Christlichen Demokraten versicherte am Dienstag, es sei das erklärte Ziel des Westens, zu einem Gespräch mit Moskau zu gelangen. Damit kam er der Besorgnis des sozialdemokratischen Pressedienstes entgegen, die Bundesregierung könnte im Westen als Bremse auftreten. Die Sozialdemokraten drängen auf Konferenzen. Sie erklärten, der Westen wäre schlecht beraten, wenn er die gewiß notwendige gründliche Vorbereitung für ein Gipfeltreffen ersticken oder sich von dem Trugbild leiten ließe, je später die Gipfelkonferenz stattfinde, um so besser wäre es für die westliche Welt.

Die schlechten Erfahrungen der Genfer Konferenzen des Jahres 1955 lassen nach sozialdemokratischer Ansicht die Folgerung, daß ähnliche Begegnungen weiter scheitern müßten, nicht zu. Ein Erfolg der Gipfelkonferenz wäre, wie die SPD meint, allerdings in Frage gestellt, wenn die Bundesrepublik durch Errichtung von Raketen-Abschußbasen auf ihrem Boden oder durch Ausrüstung der Bundeswehr mit atomaren Waffen Tatsachen schaffen würde.

Auch NATO-Rat lehnt ab

Paris, 4. März (UP)

Der Ständige NATO-Rat in Paris hat am Dienstag die jüngsten sowjetischen Vorschläge für die Vorbereitung einer Gipfelkonferenz erörtert und sie einem amerikanischen Vorschlag folgend abgelehnt.

Einem amtlichen Kommuniqué zufolge unterrichtete der amerikanische Delegierte W. Randolph Burgess den Rat über das sowjetische Memorandum vom 28. Februar. Nach Mitteilung aus Kreisen der NATO gab Burgess dazu eine ähnliche Stellungnahme ab wie Dulles auf seiner Pressekonferenz.

Butter soll billiger werden

Bonn, 4. März (dpa)

Die Butter wird billiger, kündigte ein Sprecher des Bundesernährungsministeriums am Dienstag an. Er verwies darauf, daß die Kölner Butternotierung seit Februar um fast acht Pfennig je Kilogramm zurückgegangen ist. Nach seinen Angaben ist damit zu rechnen, daß der Großhandel diesen Preisrückgang weitergebe. Ursache der sinkenden Butterpreise ist die unerwartet starke Zunahme der Butterproduktion, die im Januar und Februar schätzungsweise 30 Prozent über dem Vorjahresergebnis lag. Die Butterschwemme hat das Bundesernährungsministerium veranlaßt, zunächst keine Buttereinfuhren mehr auszuschreiben.

Senkung der Paßgebühren

Bonn, 4. März (dpa)

Die Ausstellungsgebühren für Reise- oder Fremdenpässe sollen von bisher acht DM auf fünf DM gesenkt werden. Die Bundesregierung hat eine entsprechende Verordnung beschlossen und dem Bundesrat zur Billigung zugeleitet. In der Begründung dazu heißt es, daß eine Senkung der Ausstellungsgebühren den Reiseverkehr weiterhin erleichtern werde. Auch die Gebühren für einen Sichtvermerk zur einmaligen Einreise sollen von acht DM auf fünf DM gesenkt werden. Die Gebühren für eine beliebig häufige Einreise soll künftig zehn DM statt bisher sechzehn DM betragen.

Am Donnerstag frei

Seoul, 4. März (dpa)

Das deutsche Ehepaar Henrichs, das sich in der vor einiger Zeit nach Nordkorea entführten südkoreanischen Verkehrsmaschine befunden hatte, wird am Donnerstag freigelassen.

Wie das UNO-Oberkommando am Dienstag bekanntgab, werden die nordkoreanischen Behörden gleichzeitig auch die übrigen Passagiere und Besatzungsmitglieder, darunter zwei amerikanische Piloten, freigeben.

Erhard: „Maßhalten . . . !"

Zeichnung: Hartung

Der Streit um das Bischofs-Urteil

Von unserem Korrespondenten

F. M. Rom, 4. März

Die Erregung der Katholischen Kirche über die Verurteilung des Bischofs von Prato durch ein italienisches Gericht scheint am Dienstag etwas abgeflaut zu sein und einer nüchterneren Betrachtungsweise Platz gemacht zu haben.

Dies entnehmen politische Kreise Roms aus der Tatsache, daß nach der Veröffentlichung eines Hinweises im „Osservatore Romano" über eine mögliche Exkommunizierung all derer, die die Ausübung der kirchlichen Jurisdiktion direkt oder indirekt behindert haben, am Dienstag in vatikanischen Kreisen erklärt wurde, damit seien nicht unbedingt die Richter des Bischofsprozesses gemeint.

Trotzdem bleibt die Frage, ob der Heilige Stuhl die Florentiner Richter und die Anwälte der Kläger exkommunizieren oder nur verwarnen will, noch ungeklärt.

Die Anwälte des verurteilten Bischofs Fiordelli teilten am Dienstag mit, daß sie gegen das Urteil Berufung eingelegt hätten.

Steine gegen Erzbischof

London, 4. März (dpa)

Der katholische Erzbischof von Liverpool, John Heenan, ist am Montagabend bei einem Krankenbesuch in einer engen Straße der Stadt mit Steinen beworfen worden.

Eine Menschenmenge, die hauptsächlich aus Frauen und Kindern bestand, sammelte sich um den Wagen des Erzbischofs und empfing den kirchlichen Würdenträger mit Pfiffen, Schmährufen und Steinwürfen. Der Erzbischof blieb unverletzt. Der Vorfall ereignete sich an der Grenze zwischen dem protestantischen und dem hauptsächlich von Iren bewohnten katholischen Stadtteil Liverpools.

Monsignore Fiordelli, der Bischof von Prato, steht im Mittelpunkt des Streites, der nach der Verurteilung des Bischofs entbrannt ist. Der Papst faßt den Urteilsspruch, über den wir berichteten, als „Beleidigung" auf. Foto: UP

Heisenberg erläutert seine Formel

Vortrag des Nobelpreisträgers am 25. April in Berlin

Von unserem Korrespondenten

e. Göttingen, 4. März

Der Göttinger Nobelpreisträger Professor Heisenberg wird seine neue mathematisch formulierte Theorie zur Erklärung des modernen physikalischen Weltbildes am 25. April in Berlin ausführlich und allgemein verständlich erläutern.

Die von Heisenberg aufgestellte Formel lautet:

$$\gamma_\nu \, d/dx\nu \, \psi + l^2 \gamma_\mu \gamma_5 \psi \, (\psi^+ \gamma_\mu \gamma_5 \psi) = 0$$

Zunächst war Heisenberg von einer anderen Formel ausgegangen, die folgendermaßen lautete:

$$\gamma_\nu \, d/dx\gamma \, \psi + l^2 \psi (\psi^+ \psi) = 0$$

Professor Heisenberg hält seinen Vortrag aus Anlaß der mehrtägigen Feiern zum hundertsten Geburtstag von Max Planck, die von der Deutschen Akademie der Wissenschaften zu Berlin, dem Verband Deutscher Physikalischer Gesellschaften in der Bundesrepublik und der Physikalischen Gesellschaft der Zone gemeinsam veranstaltet werden.

Der zweite Teil der Formel — die beiden deutschen d, das x und das Gamma — bedeutet, daß die Gleichung partitiell differenziert wird.

Die endgültige Formel Heisenbergs wird als allgemeine Feldgleichung bezeichnet, die Einstein vergeblich zu finden suchte. Durch die Gleichung soll der Zusammenhang aller physikalischen Felder — elektrisches, magnetisches und Gravitationsfeld — bewiesen werden. Heisenberg sagte, daß die ganze Physik durch drei universelle Konstanten beschreibbar sei: c = die Lichtgeschwindigkeit, $\bar{h}$ = das Plancksche Wirkungsquantum und $1 \simeq$ von 10^{-13}, eine Größe, die der Göttinger Nobelpreisträger selbst einführte.

Bestätigt sich die Formel, so ist der Zusammenhang der einzelnen physikalischen Gebiete gegeben, da damit Gravitation, Elementarteilchen und Kräfte geklärt werden können.

Heisenberg begann seine Arbeit vor fünf Jahren unter Mitarbeit von mehreren in- und ausländischen Wissenschaftlern, darunter Professor Pauli (Zürich) und Dr. Schieder vom Max-Planck-Institut für Physik in Göttingen.

„Matador" für Bundeswehr

Washington, 5. März (AP)

Bundesverteidigungsminister Strauß hat nach einer Konferenz mit dem amerikanischen Luftwaffenminister Douglas in Washington mitgeteilt, daß die Bundesrepublik ein amerikanisches Angebot zur Lieferung von Matador-Raketen für die Bundeswehr annehmen werde.

Die Matador-Rakete hat eine Reichweite von etwa 1000 Kilometern und ist als Träger für herkömmliche und auch für Atomsprengköpfe geeignet.

Marsch gegen Atomrüstung

Von unserem Korrespondenten

gl. London, 4. März

Die Bewegung für eine einseitige Atomabrüstung Englands hat ihren Einbruch in die Labour Party weiter vertieft. 19 Labourabgeordnete haben 200 örtliche Parteiorganisationen in einem Rundschreiben aufgefordert, den für Ostern geplanten Protestmarsch der „Kampagne für nukleare Abrüstung" von London nach dem britischen Atomwaffenlaboratorium in Aldermaston zu unterstützen.

Der Protestmarsch nach dem 80 km von London entfernten Aldermaston soll am Karfreitag am Trafalger Square beginnen und am Ostermontag mit einer Demonstration vor dem Atomwaffenlaboratorium abgeschlossen werden.

H-Bomben-Fahrer verurteilt

Nachrichtendienst der WELT

London, 4. März

Durch einen Prozeß in London ist mehreren Zivilpersonen bekanntgeworden, wo England seine Wasserstoffbomben lagert.

Der Korporal Ernest Minchaw stand vor Gericht, weil er sein Auto betrunken im Zickzackkurs durch die Straßen Londons gesteuert hatte. Bei der Vernehmung hatte Minchaw angegeben, wo er stationiert ist.

Der englische Staffelkapitän Jack Miles, der offensichtlich seinen Korporal decken wollte und nichts von der Standortangabe wußte, plauderte unbewußt eine der geheimsten Kommandosachen der britischen Luftwaffe aus. Dem Korporal sollte neben einer Geldstrafe für immer der Führerschein entzogen werden. Der Offizier versicherte daraufhin dem Gericht, daß die Luftwaffe auf diesen vorzüglichen Fahrer nicht verzichten könne. „Minchaw ist einer von den sechs Leuten in der RAF, die eine Spezialausbildung für den Transport von Wasserstoffbomben erhalten haben."

Der Offizier ist für diese leichtfertige Behandlung militärischer Geheimnisse bereits streng gerügt worden. Der Korporal wurde zu 30 Pfund (360 DM) Geldstrafe verurteilt. Außerdem wurde ihm für zwölf Monate der Führerschein entzogen.

Die Luftwaffe hat inzwischen bekanntgegeben, daß Mincnaw bei seiner Zickzackfahrt durch London keine H-Bombe, sondern einen Freund im Auto hatte, den er nach einer Feier nach Haus fahren wollte.

Mehr Zigaretten

Wiesbaden, 4. März (dpa)

Im Bundesgebiet (ohne das Saarland) wurden im Januar dieses Jahres 4,951 Milliarden Zigaretten versteuert. Das sind 14 Prozent mehr als im gleichen Monat des letzten Jahres.

Der Bischof und seine Richter

Von F. MEICHSNER (Rom)

Gefahren für den Staat

Das Dilemma für Segni

Fanfani muß sprechen

In Italien tragen sich in diesen Tagen Dinge zu, die in doppelter Hinsicht weit über die Grenzen des Landes Aufmerksamkeit verdienen und zum Nachdenken anregen. Einmal, weil sie in aller Deutlichkeit die Problematik des Verhältnisses zwischen dem modernen christlichen Staat und der Kirche offenbaren, zum anderen, weil sie an den Grundfesten des demokratischen italienischen Staatswesens zu rütteln scheinen. Über die Vorgeschichte der Ereignisse ist in der vergangenen Woche hinreichend berichtet worden. Sie kann hier kurz zusammengefaßt werden: Der katholische Bischof von Prato, Monsignore Fiordelli, hatte in Ausübung seines geistlichen Amtes zwei getaufte Katholiken wegen eines schweren Verstoßes gegen die kirchlichen Gesetze — sie hatten sich nur standesamtlich trauen lassen — öffentlich gemaßregelt. Er hatte sie „Sünder vor aller Öffentlichkeit" und „öffentliche Konkubinen" und ihre Ehe ein „skandalöses Konkubinat" genannt. Da diese Ausdrücke, gemessen an den Maßstäben des italienischen Strafgesetzbuches, eine Verleumdung darstellen, war er vor ein ziviles Gericht gestellt und zu einer Geldstrafe (im Werte von 260 Mark) verurteilt worden. Er selbst war mit der Begründung, er sei für sein Handeln nur Gott und dem Papst Verantwortung schuldig, nicht im Gerichtssaal erschienen.

*

Das Urteil hat bei der Mehrheit der Italiener, die treu dem katholischen Glauben anhängt, eine recht zwiespältige Aufnahme gefunden. Als Bürger, die dem rechtsstaatlichen Denken verbunden sind, können sie mit dem durch das Urteil erbrachten Beweis richterlicher Unabhängigkeit in ihrem Lande zufrieden sein. Als Katholiken aber war für sie die Verurteilung des Bischofs ein Anlaß tiefer Betrübnis. Am deutlichsten wurde diese Gemütsverfassung durch einen Sprecher im Amt des italienischen Regierungschefs zum Ausdruck gebracht, der über den christlich-demokratischen Ministerpräsidenten Zoli sagte: „Als Katholik ist er sicher betrübt; als Ministerpräsident kann er aber nur dafür sorgen, daß die Gerechtigkeit ihren Lauf nimmt." Wäre es bei dieser Reaktion geblieben, hätte der Florentiner Prozeß gegen den Bischof von Prato wahrscheinlich schon bald den ihm zustehenden Platz als ungewöhnlicher und bedauerlicher, aber doch untadelig abgeschlossener Gerichtsfall in der Prozeßgeschichte Italiens zugewiesen erhalten. Aber es kam anders. In den zwei Tagen nach der Urteilsverkündung überschlugen sich die Ereignisse:

— Hohe kirchliche Würdenträger und die Kirche der Katholischen Aktion verglichen die Lage der Kirche in Italien nach dem Urteil gegen Monsignore Fiordelli mit der Lage der Kirche in China und in Ungarn.

— Der verurteilte Bischof selbst nannte sich in einem Atemzug mit Kardinal Mindszenty.

— In einigen italienischen Diözesen wurden die Kirchentüren zum Zeichen der Trauer mit schwarzen Vorhängen verhängt. In der Erzdiözese Bologna läuten allabendlich bis zum Palmsonntag die Totenglocken.

— Papst Pius XII. sagte als Antwort auf die „Beleidigung" der Kirche im christlich-demokratisch regierten Italien die Feier in der Peterskirche zu seinem Krönungsfest am 12. März ab.

— Der „Osservatore Romano" teilte mit, daß das Ehepaar Bellandi, das den Bischof vor Gericht gebracht hatte, automatisch exkommuniziert worden sei. Die Möglichkeit der Exkommunizierung der Florentiner Richter wurde angedeutet.

*

Und auch auf der anderen Seite der Barrikade, die das italienische Volk so verhängnisvoll in zwei feindliche Lager spaltet, blieb man nicht untätig: Die kommunistische Presse ließ sich die Gelegenheit nicht entgehen, sich mit schlagkräf-

(Fortsetzung auf Seite 2)

Du schreibst, man dürfe eine Arbeit nur publizieren, wenn man sie in allen Konsequenzen klar verstanden habe. Ich glaube, Du wirst zugeben, daß bei Anwendung dieses Prinzips weder Bohrs Arbeit über das Wasserstoffatom noch seine Arbeit über das periodische System, noch meine Arbeit über die Quantenmechanik hätte publiziert werden dürfen. Deine Formulierung: «Beträchtliche Unsicherheiten des Prinzips der ganzen Sache» wäre dort überall berechtigt gewesen. Dein Kriterium für die Publikationsreife wäre also dem Fortschritt der Physik abträglich und ist daher falsch.[28]

Aber Heisenberg konnte Pauli natürlich nicht umstimmen. Es war eben so, wie Pauli selbst vor Jahresfrist noch an den Freund geschrieben hatte: «Meine eigene Psychologie ist, daß ich leichter das sehe, was gegen das spricht, was der andere sagt.»[29] Heisenberg nahm alle Einwände Paulis sehr ernst. Trotzdem blieb er optimistisch:

Es scheint mir absurd, bei der ersten Schwierigkeit, die nicht in wenigen Tagen gelöst werden kann, den Terminus ‹endgültig gescheitert› zu verwenden... während es sich doch einfach um eine langwierige, schwierige Arbeit handelt, bei der gelegentlich Schwierigkeiten auftreten müssen, bei der man oft wochenlang «im harten Holz bohren und meißeln» muß, bevor die richtigen Strukturen herauskommen.[30]

Nach dem Vortrag im Physikalischen Kolloquium der Universität Göttingen am 24. Februar 1958 – der so etwas wie eine ungewollte Verlautbarung war – legte dann Heisenberg zur Feier des hundertsten Geburtstages von Max Planck in seiner Festrede die Theorie gleichsam offiziell der gelehrten Welt vor. 1800 Menschen füllten den modernsten Versammlungsraum Deutschlands, die Kongreßhalle in West-Berlin, und noch einmal tausend fanden im Theatersaal und in der Vorhalle Platz. Auf den Zugängen zur Bühne drängten sich Pressefotografen und die Reporter der Wochenschauen und des Fernsehens mit ihren optischen «Kanonen». Der Lärm und die Unruhe, die sie verbreiteten, standen in einem merkwürdigen Kontrast zur Ergriffenheit der vielfach jungen Zuhörer. Als im abgedunkelten Saal Heisenbergs neue Formel auf der Leinwand auftauchte, veranstalteten die Fotografen mit ihren Blitzlichtern minutenlang ein Feuerwerk.

Heisenbergs Vortrag war unzweifelhaft der Höhepunkt der Planck-Feier am 25. April 1958; nach Heisenberg sprachen noch Gustav Hertz und Wilhelm Westphal. Ferdinand Trendelenburg, der Vorsitzende der

Deutschen Physikalischen Gesellschaft, gab die Verleihung der Max-Planck-Medaille an Wolfgang Pauli bekannt.

Zwei Tage später wiederholte Heisenberg seinen Vortrag in einer spezielleren Fassung auf der Hauptjahrestagung der Physikalischen Gesellschaft der DDR. Er kam dazu nach Leipzig, wo er dreißig Jahre zuvor seine Laufbahn als junger Professor begonnen hatte. Von seinem ehemaligen Institut in der Linnéstraße 5 waren nur noch die Grundmauern zu sehen. Das neue Physikalische Institut stand «unvergleichlich größer und kasernenartig» neben den Resten des alten. Hier fand die Physikertagung statt.[31]

Als sich Heisenberg am Sonntag früh bei sächsischem Nieselregen zur Eröffnung einfand, da staute sich abermals eine fast unübersehbare Menschenmenge vor den Eingängen. Sein Schwager Erich Kuby hatte Heisenberg von Berlin her begleitet und berichtete für *Die Welt*:

Der Zugang zu dem steil ansteigenden großen Hörsaal befindet sich oben, und dort oben entwickelte sich ein gewaltiges Getöse vor den offenen Saaltüren, während der Hausherr Professor Gustav Hertz und der Rektor die Tagung mit kurzen Reden eröffneten. Der Rektor blieb erfolglos, als er seine Stimme anschwellen ließ, um Ruhe zu schaffen, und gerade als er den Satz: Echt humanistische Gesinnung adelt diesen Ort, sprach, nein, zornig brüllte, erreichte die Entschlossenheit derer, die noch draußen waren, den akustischen Höhepunkt. Dann strömten sie herein und herab, und vollkommene Ruhe trat erst ein, als Heisenberg ans Pult trat.[32]

Im Anschluß an den Vortrag gab es eine lebhafte Diskussion. Das Tagungsprogramm wurde geändert. Für fundierte Einwände aber war die Theorie noch zu neu.

Zur Konfrontation mit den Koryphäen der Elementarteilchenphysik kam es einige Monate später bei einer von der «Europäischen Organisation für Kernforschung (CERN)» veranstalteten «International Conference on High Energy Physics». Die Sektion 4 befaßte sich in ihrer Sitzung am 1. Juli 1958 mit den neuen Ansätzen zur Elementarteilchenphysik. Hier stand Heisenbergs Vortrag über die «nicht-lineare Spinortheorie mit indefiniter Metrik im Hilbert-Raum» auf dem Programm. Als Vorsitzender amtierte Wolfgang Pauli. Schon seine einführenden Worte waren eine kalte Dusche:

Unsere Sitzung nennt sich «grundlegende Ideen in der Feldtheorie», aber Sie werden rasch bemerken, wenn Sie es noch nicht bemerkt haben, daß es keine neuen grundlegenden Ideen gibt. So ist das, was Sie hören werden, ein Ersatz für grundlegende Ideen ...[33]

Nach Heisenbergs Vortrag gab es ein kurzes Koreferat Paulis und eine sehr lebhafte Diskussion. Mehr als einmal stießen Pauli und Heisenberg in ihren Meinungen heftig aufeinander. Als Heisenberg eine Bemerkung mit den Worten schloß: «Ich glaube, es ist nicht unnatürlich, wenn wir annehmen ...», konterte Pauli: «Ich bin völlig anderer Ansicht. Diese Annahme ist nicht bloß unnatürlich, sondern mathematisch unmöglich!» Dem Kampf der Argumente folgte das Auditorium mit Spannung. Associated Press berichtete aus Genf, daß Heisenbergs Theorie scharf angegriffen worden sei:

Unter den Kritikern Heisenbergs war auch ... Wolfgang Pauli, der Zweifel an der Genauigkeit der mathematischen Berechnungen äußerte, die bei der Entwicklung der Theorie zugrunde lagen. Ohne daß das notwendigerweise die von Heisenberg gezogenen Schlüsse beeinträchtigen müsse, fehle der Theorie doch die demonstrierbare Beweiskraft. Professor Marvin Goldberger von der amerikanischen Princeton-Universität erklärte, die Heisenbergsche Theorie sei von den Konferenzteilnehmern mit «erheblichem Unglauben» aufgenommen worden: «Die Idee der Theorie ist höchst bewunderungswürdig», sagte er, «aber mein persönliches Gefühl ist, daß die mathematischen Methoden, die Heisenberg anwendet, um zu bestimmten zahlenmäßigen Voraussetzungen zu gelangen, für suspekt gehalten werden müssen.»[34]

Ein ereignisreiches Jahr. Bereits am 25. Januar war Heisenberg mit seiner großen Familie von Göttingen nach München umgezogen; die Mitarbeiter bereiteten die Verlegung seines «Max-Planck-Institutes für Physik und Astrophysik» vor.

Der Vernunft dieses Planes bin ich nicht so sicher, wie ich oft scheinen muß. Das Göttinger Institut scheint mir eine gut funktionierende Einheit, und man weiß bei der Verpflanzung eines größeren Baumes nie, wie er im neuen Boden anwachsen wird. Aber das Land zwischen München und den Bergen scheint mir schöner als irgendein anderes der Welt, so daß ich dem Angebot Bayerns nicht widerstehen konnte, das mich hier aus dem Nebelland in die südliche Sonne holen will.[35]

Bei der Festsitzung der Max-Planck-Gesellschaft in Hannover am 30. Mai 1958: Balke, Hahn, Adenauer, Heisenberg, Hellwege (v. l. n. r.).
Als Heisenberg vor dem Eingang zum Festsaal aus seinem Auto steigen wollte, wurde er von der Polizei auf einen entfernten Parkplatz verwiesen, weil gerade der Wagen Adenauers vorgefahren war. Durch die Ungeschicklichkeit des Protokolls hatte damit das konfliktreiche Verhältnis zwischen Adenauer und Heisenberg eine neue Arabeske erhalten. Wahrscheinlich war das der Anlaß der zur Schau getragenen Heiterkeit. Der «Zwischenfall» führte zu einer parlamentarischen Anfrage im Bundestag.

Schon 1937 hatte die Rückkehr nach München zum Greifen nahe gestanden. Die Berufung auf den Lehrstuhl Sommerfelds war zu seiner Enttäuschung gescheitert, weil die «große Politik» eingegriffen hatte. Noch immer lastete auf ihm die Erinnerung an die jahrelangen Auseinandersetzungen. 1947 hatte er dann freiwillig auf eine Berufung nach München verzichtet mit Rücksicht vor allem auf die Max-Planck-Gesellschaft.

Nun konnte er mit seinem ganzen Institut in sein geliebtes München umziehen, aber wieder war, freilich aus ganz anderen Gründen als damals im «Dritten Reich», die Übersiedlung zu einem Politikum gewor-

Jahrestagung der Alexander-von-Humboldt-Stiftung 1974. V.l.n.r.: Bundespräsident Scheel; der Generalsekretär Heinrich Pfeiffer (halb verdeckt); Heisenberg; Reimar Lüst (Präsident der MPG).
Von 1953 praktisch bis zu seinem Tod wirkte Heisenberg als Präsident der Humboldt-Stiftung. Die Stiftung ermöglicht es jungen ausländischen Wissenschaftlern, Forschungsvorhaben in der Bundesrepublik durchzuführen. Bis Ende 1992 wurden 15000 Gelehrte gefördert.

den. Bis zuletzt hatte Heisenberg darum gekämpft, die Reaktorentwicklung in seiner Hand zu behalten. Die Arbeiten, die er Ende 1939 begonnen hatte, sollten nun, so wollte er es, auch in München von einer Forschungsgruppe seines Instituts unter Leitung seines Schülers Karl Wirtz weitergeführt werden. Aber Bundesregierung und Industrie hielten Karlsruhe geeigneter als Standort für ein großes Kernforschungszentrum. Das gab den Ausschlag.
Nachdem schon im Jahr zuvor sein Freund Carl Friedrich von Weizsäcker das Institut verlassen hatte, um einen Lehrstuhl für Philosophie in Hamburg anzunehmen, mußte sich Heisenberg nun auch von Karl Wirtz und der Reaktorgruppe trennen.
Am 14. Juni 1958 hielt Heisenberg die Festansprache zur 800-Jahr-Feier der Stadt München. Das war für Bayern ein großer Tag und für ihn die rechte innere Einstimmung auf das Leben in München. Im Som-

mer kamen dann die ersten harten Auseinandersetzungen über seine *Einheitliche Theorie der Materie*, im Herbst der Institutsumzug.

Seit seinem ersten Studiensemester bei Sommerfeld hatte er immer Wolfgang Pauli als «obersten Richter» anerkannt. Nun ging es ihm um die Anerkennung seiner *Einheitlichen Theorie der Materie*, und seine Argumente legte er sich vor allem darauf zurecht, seinen Freund und Kritiker zu überzeugen.

Am 15. Dezember aber starb Wolfgang Pauli, 58 Jahre alt. Im Fraumünster zu Zürich hielt sein früherer Schüler Victor F. Weisskopf die Trauerrede:

Es ist zu einem ganz großen Maße Paulis Verdienst, wenn in unserer Weltgemeinde der Physiker noch etwas Einfaches, Naives und Gesundes vorzufinden ist, trotz aller Politik, Zeitungspublizität und dem Öffentlichkeitsgetue, das heute in die Wissenschaft einbricht und dem Pauli so sehr fremd war. Möchte es uns gelingen, auch ohne ihn etwas von seinem Stil zu bewahren.[36]

Der Teil und das Ganze

Pauli hatte alle wichtigen Entwicklungen in der Physik verfolgt und mit seiner Kritik nie hinter dem Berg gehalten. Heisenberg dagegen konzentrierte sein Hauptinteresse immer auf die Ausarbeitung der eigenen Gedanken. Mit der Aufstellung und Publikation der Einheitlichen Feldtheorie war das langwierige und mühselige «Bohren und Meißeln im harten Holz», von dem er gesprochen hatte, noch keineswegs beendet. Es mußten nun Konsequenzen der Theorie mathematisch deduziert und an den empirischen Befunden überprüft werden. Als Mitarbeiter fand er begabte junge Physiker wie Hans-Peter Dürr und Kazuo Yamazaki. Insbesondere Dürr, sein späterer Nachfolger als Direktor des Max-Planck-Instituts, hat oft von der Zusammenarbeit und den Diskussionen mit Heisenberg berichtet;

Während eines solchen ausgedehnten und intensiven Gedankenaustauschs verschärften sich die Vorstellungen und Begriffe, so daß ihre Konturen klarer erkennbar wurden. Dadurch verstärkten sich auch die Reibungsflächen, da in der Konkretisierung inhärente Schwierigkeiten und Unverträglichkeiten deutlicher zutage traten. In diesem Stadium konnten die Diskussionen sehr hitzig werden. Heisenberg kämpfte für seine Ideen mit unerbittlicher Hartnäckigkeit.[1]

Die erwarteten Erfolge aber blieben aus. Es ist nicht gelungen, die Eigenschaften der Elementarteilchen oder andere Gegebenheiten wie den Zahlenwert der Sommerfeldschen Feinstrukturkonstanten aus der Theorie abzuleiten. Dies lag wahrscheinlich daran, daß keine Methoden gefunden werden konnten, um eine solche nichtlineare Feldgleichung mathematisch konsequent zu lösen.
Heisenberg ließ sich trotzdem von seiner Überzeugung nicht abbringen, das Richtige getroffen zu haben. In diesem Punkt erinnert er an Einstein, der seit etwa 1927 in der Wissenschaft seine eigenen Wege

ging. Auch Einstein hatte eine «Einheitliche Feldtheorie» ersonnen, in der er die beiden damals genauer bekannten Kräfte, die Gravitation und den Elektromagnetismus, zusammenfassen wollte. In seiner Gleichung aber fehlten die Kernkräfte und fehlte die Naturkonstante *h*, die doch für einen ganz wichtigen Aspekt der Natur, die Dualität Welle – Korpuskel, verantwortlich ist.

1964 gelang es dem am California Institute of Technology tätigen Theoretiker Murray Gell-Mann, die Existenz der stark wechselwirkenden Baryonen und Mesonen auf noch kleinere Bestandteile, die er «Quarks» nannte, zurückzuführen. Die Quarks besitzen sehr merkwürdige Eigenschaften: Ihre elektrische Ladung ist entweder 1/3 oder 2/3 der Elementarladung, und sie können unter keinen Umständen isoliert auftreten. Drei Quarks bauen zusammen ein Proton auf, Quark und Antiquark ein Meson.

Anfang unseres Jahrhunderts hatten sich die Physiker davon überzeugt, daß alle Materie aus Korpuskeln besteht, den Atomen. Schließlich ergab sich seit Rutherfords Streuversuchen 1911, daß die Atome ihrerseits eine Struktur besitzen: den Kern und die Hülle. Aufgebaut aber werden Kern und Hülle von den Elementarteilchen. Protonen und Neutronen bilden den Atomkern und Elektronen die Atomhülle.

Bis 1964 hatte man geglaubt, in den Elementarteilchen die kleinsten und letzten Bausteine der Materie vor sich zu haben. Jetzt enthüllte sich den Physikern eine noch tieferliegende Schicht: die Welt der Quarks. Heisenberg freilich hielt, wie schon gesagt, diese Konzeption für «schlechte Philosophie» und folglich «schlechte Physik». Demokrit hatte die kleinsten Strukturen als Teilchen erklärt, wie jetzt wieder Gell-Mann. Für Platon dagegen waren die letzten Strukturen von immaterieller Art, nämlich die Symmetrien. Heisenberg stand entschieden auf der Seite Platons – gegen Demokrit und gegen Gell-Mann:

> «Am Anfang war die Symmetrie», das ist sicher richtiger als die Demokritsche These «Am Anfang war das Teilchen». Die Elementarteilchen verkörpern die Symmetrien, sie sind ihre einfachsten Darstellungen, aber sie sind erst eine Folge der Symmetrien.[2]

Historiker unterscheiden in der Geschichte der Elementarteilchenforschung die «alte Physik» bis 1964 und die auf die erfolgreiche Anwen-

«Wissenschaft entsteht im Gespräch», hat Heisenberg gesagt. Im Lauf seines Lebens wechselten die Diskussionspartner. Zuerst waren es Sommerfeld und Pauli, dann Born und Bohr. In Leipzig diskutierte er mit seinen Assistenten Hans Euler und Carl Friedrich von Weizsäcker. Der Dialog mit Weizsäcker setzte sich in Berlin und, nach dem Krieg, in Göttingen und München fort. Bei der Entwicklung der *Einheitlichen Theorie der Materie* gab es den brieflichen Gedankenaustausch mit Pauli und daneben den mündlichen mit den Mitarbeitern, vor allem mit Hans-Peter Dürr (unser Bild).

dung des Quark-Konzeptes gegründete «neue Physik» seit 1964. Wie Einstein in der Atomphysik seit 1927 ein Außenseiter war, so nun Heisenberg in der neuen Phase der Elementarteilchenforschung.

Einstein hat sich damals die Kritik von Kennern wie Wolfgang Pauli gefallen lassen müssen, der 1929 schonungslos die Schwächen der «Einheitlichen Feldtheorie» Einsteins aufdeckte und Einstein polemisch fragte: «Und wo bleibt die Deutung der Perihelbewegung des Merkur und der Lichtablenkung durch die Sonne?» [3] In einem Gedenkartikel berichtete Hans-Peter Dürr auch im Falle der Heisenberg-Theorie von einer «unterschwelligen Feindseligkeit», die ihre Wurzel aber nicht, oder jedenfalls nicht nur, in der wissenschaftlichen Überzeugung des Opponenten gehabt habe:

Vermutlich spielten dabei die vergangenen tragischen politischen Entwicklungen in Deutschland und Heisenbergs persönliche Entscheidung, damals trotzdem sein Heimatland nicht zu verlassen, eine wesentliche Rolle. Er litt in den späteren Jahren empfindlich unter dieser zunehmenden wissenschaftlichen und persönlichen Isolierung.[4]

In den sechziger Jahren beschäftigte sich Heisenberg verstärkt mit erkenntnistheoretischen Fragen. Er schlug seinem Freund Carl Friedrich von Weizsäcker vor, gemeinsam ein Buch zu verfassen, dem er den Arbeitstitel «Schachmeisterpartien» gab:

Er wollte darin die philosophische Relevanz der modernen Physik – die in ihr sich andeutende radikale Änderung unseres Denkens – in einer Anzahl von «Schachpartien» gegen Anhänger der verschiedenen traditionellen Denksysteme durchdiskutieren, also zum Beispiel gegen einen Materialisten, einen Thomisten, einen Positivisten, einen Kantianer… einen Platoniker. Ich habe ihn enttäuscht durch ein konstantes «Noch nicht». Mir wäre in einer Reihe der Partien ja wohl die Führung der gegnerischen Steine zugefallen.[5]

In diesen Jahren ist Heisenberg von vielen Journalisten und Historikern mit Bitten um Interviews bestürmt worden. Er hat sehr geduldig Auskunft gegeben auf die Fragen nach seinen wissenschaftlichen Auffassungen, der Genese seiner Ideen und seinem Verhalten im «Dritten Reich». So hat sich Heisenberg nach der Absage seines Freundes entschlossen, das Buch mit den «Schachmeisterpartien» allein zu verfassen, und zwar in der Form, wie er die Dialoge im Laufe seines Lebens mit seinen Kollegen und Freunden tatsächlich geführt hatte. «Er hat etwas geschrieben, wozu nur er allein fähig war», so Weizsäcker, «eine Art Lebenserinnerungen in der Form platonischer Dialoge»:

Wie in den Dialogen Platons sind es nicht fertige Theorien, sondern Menschen, die wirklich gelebt haben, mit ihrer Wahrheitssuche, die hier miteinander reden. Wie bei Platon spricht hier die Umwelt mit; den Platanen des Ilissus mit der Begegnung nach dem Fest auf den Straßen des Piräus entspricht das Buchengrün am Starnberger See und der nächtliche Spaziergang der Physiker auf der Langen Linie im Kopenhagener Hafen.[6]

Das Buch erschien 1969 mit dem Titel ‹*Der Teil und das Ganze*› und dem Untertitel «Gespräche im Umkreis der Atomphysik». Heisenbergs Gespräche, meinte Weizsäcker, erreichten nicht die «Präzision und Dichte» des Vorbildes, der platonischen Dialoge. Das ist, als ob man einem Komponisten über sein neuestes Werk sagt, daß man Beethovens Neunte doch noch höher stelle:

Auf der anderen Seite haben auch Heisenbergs Dialoge einen Vorzug gegenüber denen Platons. Bei Platon behält Sokrates oder wer immer im Namen Platons das Wort führte... stets recht. Bei Heisenberg behält manchmal auch der andere recht.[7]

Auf genauere Porträts seiner Freunde und Kollegen hat sich Heisenberg nicht eingelassen: «Sie werden gewissermaßen nur an der Art, wie sie sprechen, erkennbar.» Großen Wert dagegen legte er «auf die korrekte und lebendige Schilderung der Atmosphäre, in der die Gespräche stattgefunden haben».[8]
Als höchste schriftstellerische Kunst gilt die Beschreibung von Menschen. Daran hat sich Heisenberg nicht gewagt, sieht man von einigen knappen Andeutungen ab wie im Falle seines «sehr scharfen Kritikers und Freundes» Wolfgang Pauli, bei dem das «hintergründige Gesicht» und «maliziöse Lächeln» erwähnt werden. Trotzdem handelt es sich um eine beachtliche schriftstellerische Leistung. Das Buch besitzt Anmut und Charakter.
Im Abitur hatte Heisenberg in allen Fächern ein «sehr gut» gehabt und nur im Deutschen ein «gut». Im Abituraufsatz war ihm, so stand es in den Protokollen, «die Beweisführung mißglückt», und die Durchführung zeigte «überhaupt wenig Gewandtheit», wenn auch die Darstellung als «klar und verständig» gelobt wurde. Bei der anschließenden Aufnahmeprüfung in die Höchstbegabtenstiftung «Maximilianeum» hatte er in Mathematik und Physik «geradezu glänzende Proben von

seiner hervorragenden und seltenen Begabung» abgelegt. Auch in den anderen Fächern bestätigte der Prüfungskommissar das Urteil der Schule: Im Deutschen könne man wirklich nicht von einer ausgezeichneten Leistung sprechen. Die Note II sei ganz am Platze.[9]
Im Laufe seines Lebens verfaßte Heisenberg über zweihundert wissenschaftliche Aufsätze und Überblicksartikel und hielt unzählige Vorträge. Die neun Bände seiner «Gesammelten Werke» umfassen nahezu fünftausend Seiten.* Auch wenn es Heisenberg höchstens am Rande um die literarische Qualität zu tun war, so bedeutete jeder Aufsatz doch eine sprachliche Übung, und er erwarb sich schließlich die zur Zeit des Abiturs noch vermißte «Gewandtheit» im Gebrauch der Muttersprache.
In seiner Autobiographie ‹*Der Teil und das Ganze*› ist es Heisenberg gelungen, dem wissenschaftlich nicht vorgebildeten Leser die Entwicklung der Physik durch gutgewählte Gleichnisse anschaulich zu machen. Nicht nur, daß diese Bilder wesentliche Übereinstimmungen mit der Situation in der Wissenschaft besitzen, um deren Erläuterung es ihm zu tun ist. Vielmehr benutzt er für diese Bilder eigene Erlebnisse, und deren liebevolle Ausmalung hat auch für sich selbst einen legitimen Platz in der Autobiographie. Um zu erläutern, wie weit die jungen Physiker bis Herbst 1924 in der Entwicklung der Quantentheorie gekommen waren, berichtete er von einer Wanderung mit Freunden aus der Jugendbewegung in ebendiesem Herbst 1924:

Im Tal war damals das Wetter trüb gewesen, die Berge tief von Wolken verhangen; beim Aufstieg hatte sich der Nebel immer dichter um unseren enger werdenden Pfad geschlossen, und nach einiger Zeit waren wir in ein völlig unübersichtliches Gewirr von Felsen und Latschen geraten, in dem wir beim besten Willen keinen Weg mehr erkennen konnten. Wir versuchten trotzdem an Höhe zu gewinnen, allerdings mit etwas bangen Gefühlen, ob wir im Notfall wenigstens den Rückweg noch finden könnten. Aber mit dem weiteren Steigen ergab sich eine merkwürdige Veränderung. Der Nebel wurde stellenweise so dicht, daß wir die anderen aus dem Blickfeld verloren und uns nur noch durch Rufen verständigen konnten. Aber gleichzeitig wurde es über uns heller. Die Helligkeit fing an zu wechseln. Wir waren offenbar in ein Feld ziehender Nebelschwaden gelangt, und mit einem Mal konnten wir zwischen zwei dichteren Schwa-

* Zur Zeit steht noch ein Band aus.

den die helle, von der Sonne beleuchtete Kante einer hohen Felswand erkennen, deren Existenz wir nach unserer Karte schon vermutet hatten. Einige wenige Durchblicke dieser Art genügten, um uns ein klares Bild der Berglandschaft zu vermitteln, die wahrscheinlich vor uns und über uns lag; und nach weiteren zehn Minuten scharfen Anstiegs standen wir auf einer Sattelhöhe über dem Nebelmeer in der Sonne. Im Süden waren die Spitzen des Sonnwendgebirgs und dahinter die Schneegipfel der Zentralalpen in voller Klarheit zu erkennen, und über unseren weiteren Aufstiegsweg gab es keinerlei Zweifel.

In der Atomphysik waren wir im Winter 1924/25 offenbar schon in jenen Bereich gelangt, in dem zwar der Nebel oft undurchdringlich dicht war, in dem es aber sozusagen über uns schon heller wurde. Die Unterschiede der Helligkeit kündigten die Möglichkeit entscheidender Durchblicke an.[10]

Heisenbergs Sprache besitzt Kraft und Geschmeidigkeit. Wenn er von den entschwundenen Zeiten erzählt, als er mit Niels Bohr durch Seeland wanderte oder mit dem fünfzehn Jahre älteren Freund und ein paar anderen im Kattegat segelte, schwebt ein Hauch von Poesie über seinen Worten. Zu den Gesprächen, die Heisenberg mit Bohr geführt hat, gehören auch solche über die Sprache, und auch das mag sein Stilgefühl verbessert haben.[11]

«Die Zeiten waren für uns friedlicher und ruhiger geworden», heißt es auf den letzten Seiten: «Wir konnten uns häufiger an Wochenenden oder in den Ferienmonaten in unsere Walchenseeheimat zurückziehen»:

Wenn man auf der Terrasse vor dem Haus saß, leuchteten der See und die Berge in den Farben, in denen sich vierzig Jahre früher Lovis Corinth in seinen Bildern begeistert hatte, und nur selten noch huschte vor meinem geistigen Auge das andere Bild aus den letzten Kriegstagen vorbei: Der amerikanische Oberst Pash kniet mit seiner Maschinenpistole im Anschlag hinter der Terrassenmauer, von der Straße hallen Schüsse herauf, und die Kinder müssen im Keller hinter den Sandsäcken warten, was weiter geschehen wird. Aber die unruhigen Zeiten waren vorbei, und wir konnten in Ruhe über die großen Fragen meditieren, die Plato gestellt hatte und die vielleicht in der Physik der Elementarteilchen jetzt ihre Lösung fanden.[12]

Heisenberg fühlte sich nicht als ein Chronist, dem es um eine in allen Einzelheiten getreue Darstellung geht. Wie er dem Verfasser einmal erläuterte, hatte er sich mit Bohr und einem kleinen Kreis von Mitarbeitern drei Jahre hintereinander auf der Steilen Alm zwischen Bayrisch-

zell und Oberaudorf zum Skiurlaub getroffen. Die drei Begegnungen sind im Buch zu einer einzigen zusammengezogen.
In seiner Autobiographie zitiert Heisenberg, wie gesagt, seine Kollegen und Freunde in wörtlicher Rede. Einige Formulierungen sind Briefen entnommen und darum authentisch. Im allgemeinen aber legte Heisenberg die Sätze den handelnden Personen in den Mund, wie es ein Romanschriftsteller tut, der den Charakter und die Motive seiner Personen genau vor Augen hat.
Trotz dieser Freiheit im einzelnen war es Heisenberg natürlich um die historische Wahrheit zu tun. Der Leser des vorliegenden Buches wird gewiß mit dem Verfasser überzeugt sein, daß Heisenberg nirgendwo bewußt die Ereignisse, die Argumentation und die Motive der Beteiligten umgefärbt hat. Auf einem anderen Blatt freilich steht, daß das menschliche Gedächtnis – auch das einer so klar denkenden und honorigen Persönlichkeit – nach sehr merkwürdigen Gesetzen funktioniert. Im Lichte späterer Ereignisse und Einsichten verändert sich die Erinnerung, und oft vertauschen sich Ursache und Wirkung.
Ein charakteristisches Beispiel ist der Besuch Heisenbergs bei Niels Bohr in Kopenhagen im September 1941. Die Erinnerungen der beiden Beteiligten widersprechen sich in wesentlichen Punkten. Ein anderes Beispiel haben wir in dem ebenfalls unter vier Augen geführten Gespräch mit Max Planck Ende Mai 1933 vor uns. Dazu gibt es einen Brief, den Heisenberg am 2. Juni 1933 geschrieben hat, das heißt unmittelbar nach seinem Besuch bei Planck, und der aus diesem Grunde eine verläßliche Quelle darstellt.* Dieser Brief war Heisenberg nicht mehr erinnerlich, als er 1968 seine Autobiographie schrieb. Vermutlich irregeführt von einem Bericht des greisen Planck, der 1947 in den *Physikalischen Blättern* erschienen war, legte Heisenberg dem verehrten Altmeister eine geradezu hellseherische Prognose in den Mund – Hitler werde Deutschland in eine fürchterliche Katastrophe führen: «Man kann eine Lawine, die einmal in Bewegung geraten ist, nicht mehr in ihrem Lauf beeinflussen. Wieviel sie zerstören, wie viele Menschenleben sie vernichten wird, das ist durch die Naturgesetze schon entschieden, auch wenn man es noch nicht weiß.» [13]

* Man vergleiche S. 142

Dieser Bericht ist schon *a priori* unglaubwürdig. Ende Mai 1933 haben nur einige politisch geschulte Persönlichkeiten, von den Nationalsozialisten verfolgte ehemalige Minister und Abgeordnete der demokratischen Parteien, dazu ein paar Journalisten, mehr oder weniger bestimmt vorausgesehen, daß Hitler einen Krieg vom Zaune brechen und daß dieser mit einer Katastrophe für Deutschland und Europa enden werde. Auch Einstein erwartete einen Angriffskrieg Hitlers und suspendierte aus diesem Grund seinen Pazifismus. Planck aber besaß eine solche politische Weitsicht nicht. «Planck versteht von Politik soviel wie die Katze vom Vaterunser», pflegte Einstein zu sagen.

Der Brief vom 2. Juni 1933, in dem Heisenberg über seinen Besuch bei Planck berichtet, schildert denn auch die Vorgänge in einem ganz anderen Licht. Wie ich schon zitiert habe: Das «Haupt der Regierung» hatte die lügenhafte, aber Planck beruhigende Zusicherung gegeben, «daß über das neue Beamtengesetz hinausgehend nichts von der Regierung unternommen werde, das unsere Wissenschaft erschweren könnte».[14]

Der an den alten Lehrer gerichtete Brief zeigt eindeutig: Heisenberg war kein Nazi. Er beklagte sich, daß durch das erzwungene Ausscheiden Felix Blochs aus seinem Leipziger Institut «ein Bau z. T. zerstört» worden sei, der ihn «viel Zeit und Mühe» gekostet habe, und bemühte sich, den fünfzigjährigen Max Born, der seiner jüdischen Abstammung wegen schon das Land verlassen hatte, zur Rückkehr zu bewegen.

Das ist menschlich zutiefst anständig, politisch weitsichtig ist es nicht. Heisenberg war ein unverbesserlicher Optimist, und das veranlaßte ihn, eine Besserung der Verhältnisse zu erwarten. Das Ausharren in Deutschland lohne sich, meinte er: «Es wird sich sicher im Lauf der Zeit das Häßliche vom Schönen scheiden.» Also nichts von einer fürchterlichen Katastrophe.

Heisenberg hat das Gespräch mit Planck geschildert, um sein Bleiben in Deutschland zu motivieren. Nach Heisenberg war Plancks Argument: Man müsse nach der verheerenden Niederlage sofort zur Stelle sein, um wieder aufbauen zu können. Es zeigt sich nun, daß sich Heisenberg Illusionen machte über den Charakter des Regimes. Er fühlte starke kulturelle Bindungen und wollte nicht in ein fremdes Land emigrieren. Dafür suchte er Rechtfertigungsgründe.

Auch an anderen Stellen offenbart die Autobiographie die politische Naivität Heisenbergs. So sagt er, «daß man eine politische Bewegung *nie* nach den Zielen beurteilen darf, die sie laut verkündet und vielleicht auch wirklich anstrebt, sondern *nur* nach den Mitteln, die sie zu ihrer Verwirklichung einsetzt» [Hervorhebungen von A. H.].[15]
Die Methoden, die eine Partei oder eine politische «Bewegung» wie der Nationalsozialismus oder Kommunismus benutzt, um die Macht im Staate zu erringen, sind gewiß ein wichtiges Beurteilungskriterium. Aber sie dürfen doch nicht zum einzigen Maßstab gemacht werden! Man stelle sich nur vor, eine rechtsradikale Partei werbe bei Sektempfängen auf die kultivierteste Weise für ihre rassistischen Thesen. Es ist doch ganz klar: Auch das Programm muß zur Beurteilung herangezogen werden. «Ich vermute, daß er [Heisenberg], ebenso wie ich», schrieb dazu Carl Friedrich von Weizsäcker an den Verfasser, «das Programm [der NSDAP] weder vor... noch nach Hitlers Machtergreifung sorgfältig angesehen hat.»[16] Daraus aber wäre zu ersehen gewesen, was Hitler wollte. Das erste Ziel der deutschen Politik, so steht es in ‹*Mein Kampf*›, müsse die Entfernung der Juden und die Eroberung von Lebensraum im Osten sein.
Es gab Zeiten, in denen Heisenberg «in die politische Gefahrenzone» geriet. Das war insbesondere der Fall, als er zum Nachfolger Sommerfelds an die Universität München berufen werden sollte und Johannes Stark im *Schwarzen Korps*, der Zeitschrift der SS, einen scharfen Angriff gegen ihn lancierte. Es zeigt die hohe Warte seiner Betrachtung, daß Heisenberg solche Gelegenheiten zur Selbstdarstellung verschmähte. Auch auf viele wissenschaftliche Triumphe ist er nicht eingegangen, und die Verleihung des Nobelpreises – dieser äußere Höhepunkt im Leben eines großen Gelehrten – wird ebensowenig erwähnt wie die Aufnahme in die Stiftung Maximilianeum.
Wahrscheinlich empfand Heisenberg ähnlich wie Bundeskanzler Adenauer, der nach seinem Rücktritt 1963 ebenfalls ‹*Erinnerungen*› verfaßte. Im April 1966 kam Golo Mann zu Besuch nach Cadenabbia, und Adenauer berichtete ihm von seinen Problemen mit dem zweiten Band:

Etwa im Jahre 53 hatte Dulles ihm erzählt, Eisenhower halte ihn für den größten Staatsmann Europas, frage stets, was denkt der Bundeskanzler dazu etc. «Das muß raus. Ich kann doch nicht strunzen.» [17]

Heisenberg ist einer der ganz Großen unseres Jahrhunderts. In der Physik kann man ihn wohl nur mit Einstein und Bohr vergleichen. Es versteht sich, daß sich auch die Physikerkollegen ihre Gedanken über seine Autobiographie gemacht haben.
In einem privaten Brief an Paulis Witwe meinte Victor F. Weisskopf, vieles sei gut und richtig getroffen. Insbesondere sei zutreffend, was Heisenberg über die Gespräche mit Pauli schreibe. Das vorletzte Kapitel über die Absage Paulis an die Heisenberg-Theorie scheine ihm, Weisskopf, «irgendwie entwaffnend naiv und rührend»:

Er will nicht Pauli beschuldigen, eine (in seinen Augen) so herrliche Theorie als falsch anzusehen. Daher konstruiert er die These, daß Pauli schon krank war damals.[18]

Der letzte große Wunsch Heisenbergs, noch eine Bestätigung seiner «Weltformel» zu erleben, hat sich nicht erfüllt. Heute sind die Kenner davon überzeugt, daß er sich auch gar nicht erfüllen konnte.
Nach einem reichen Leben ist Werner Heisenberg am 1. Februar 1976, knapp zwei Monate nach seinem vierundsiebzigsten Geburtstag, in seinem Haus in München gestorben. «Ich wußte gar nicht», hatte er ein paar Tage zuvor seinem Freund Weizsäcker gesagt, «daß der Abschied so leicht ist.»
«Wissenschaft entsteht im Gespräch», so heißt es in der Autobiographie. Seit seiner Münchener Studienzeit hatte er im Mittelpunkt des Dialoges gestanden, aus dem die moderne Physik hervorging.
Im Lauf des Lebens wechselten seine Gesprächspartner: In den jungen Jahren waren es vor allem Sommerfeld, Pauli und Bohr gewesen. In Leipzig diskutierte er viel mit seinen Assistenten, mit dem später im Krieg gefallenen Hans Euler und mit Carl Friedrich von Weizsäcker.
Bei der Entwicklung der *Einheitlichen Theorie der Materie* gab es den brieflichen Gedankenaustausch mit Wolfgang Pauli und daneben den mündlichen mit den Mitarbeitern, vor allem mit Hans-Peter Dürr. Im letzten Kapitel von ‹*Der Teil und das Ganze*› behandelte er schließlich die philosophischen Gespräche mit Weizsäcker und Dürr.

Am 1. Februar 1976 ist Werner Heisenberg in seinem Haus in München gestorben. Wie es Platon zweieinhalb Jahrtausende zuvor gelehrt hatte, suchte Heisenberg die «Ideen» hinter den sinnlich wahrnehmbaren Gegebenheiten. Er abstrahierte von den real in der Natur vorkommenden Elementarteilchen auf die «Idee der Elementarteilchen», und das sind die mathematischen Symmetrien: «Am Anfang war die Symmetrie.»
Foto: Liselotte Strelow

Heisenberg hat Weizsäcker 1926 in Kopenhagen kennengelernt; der Freund hat also seinen Lebensweg fast ein halbes Jahrhundert begleitet. In unausgesetzten Gesprächen haben beide über Physik und Philosophie reflektiert, und da «der Physiker des 20. Jahrhunderts in die Politik verstrickt ist, ob er will oder nicht», auch über Politik. Sozusagen als komplementäre Ergänzung dessen, was Heisenberg in ‹*Der Teil und das Ganze*› uns hinterlassen hat, berichtete nun auch Carl Friedrich von Weizsäcker über seine Dialoge mit Heisenberg. Anlaß dazu war die große Akademische Gedenkfeier in der Münchener Residenz, die die Max-Planck-Gesellschaft am 12. Mai 1976, dreieinhalb Monate nach seinem Tod, für Heisenberg veranstaltet hat.

Das Leben eines großen Gelehrten hat man oft mit einem Strom verglichen: Zuerst geht es stürmisch vorwärts mit interessanten Wendungen und Durchbrüchen, dann in ruhigem breiten Lauf, und schließlich verzweigt und verästelt es sich in eine Vielzahl von Kanälen. So war Heisenberg nicht nur mit Hunderten von Physikern in Verbindung gewesen, sondern durch seine zahlreichen wissenschaftlichen Ämter und Ehrenämter mit in- und ausländischen Gelehrten aller Fächer, durch seine musikalischen Interessen mit Künstlerkreisen und durch seine Vorträge mit der breiten Öffentlichkeit. Aus der großen Gemeinde waren zu der Gedenkfeier fünfhundert Freunde, Schüler und Kollegen zusammengekommen.

Den beiden großen Bindungen im Leben Heisenbergs gewidmet waren die Ansprachen des bayerischen Ministerpräsidenten Alfons Goppel und des Präsidenten der Max-Planck-Gesellschaft Reimar Lüst. Goppel sprach über die Liebe Heisenbergs zu Bayern und München, Lüst würdigte die Verdienste um die Max-Planck-Gesellschaft.

Die eigentlichen Gedenkreden hielten Bartel Leendert van der Waerden und Carl Friedrich von Weizsäcker.[19] Van der Waerden, Kollege Heisenbergs in den Leipziger Jahren und selbst beteiligt an der mathematischen Ausgestaltung der Quantentheorie, hat später bedeutsame geschichtliche Untersuchungen über die Entwicklung dieser Theorie veröffentlicht. Er übernahm es, die kurzen Lehrjahre Heisenbergs und seine erste Meisterleistung, die Begründung der «Göttinger Quantenmechanik», bis hin zur «Heisenbergschen Unschärferelation» darzustellen.

Der Respekt vor Heisenberg gebiete es, so sagte Weizsäcker, daß man seine Gedanken in der Tiefe nachdenke. In vier Abschnitten behandelte er das Werk der zurückliegenden fünfzig Jahre: Unbestimmtheitsrelation; Anwendungen der Quantentheorie; Physik und Politik und Einheitliche Feldtheorie.

Dann, am Ende seines Vortrages, erzählte Weizsäcker von seinem letzten Gespräch mit dem Freund, zehn Tage vor seinem Tod. Heisenbergs Thema war der zentrale Bereich der Ordnung. «Er wußte nicht zuwenig, sondern zuviel von dem Zentrum dieser Ordnung, als daß er seine Aussagen einem überlieferten Dogma eingeordnet hätte.» Am besten läßt sich dieser Begriff wohl im Sinne der Heisenberg zutiefst gemäßen platonischen Philosophie verstehen als «höhere geistige Welt», einerseits über die Niederungen unserer Menschenwelt erhoben, andererseits aber doch mittels einer (mehr oder weniger vollkommenen) «Teilhabe» mit dieser verbunden. Die Musik, die Lyrik, auch seine Physik rechnete Heisenberg, wie man wußte, zu dieser zentralen Ordnung, aber, was man noch nicht wußte und was Weizsäcker nun berichtete, auch die christliche Religion. «Heisenberg war in religiösen Äußerungen sehr scheu.»

Er fragte mich, warum man seinen Versuch, in der Politik das Rechte zu tun, so wenig verstanden habe. Unvermittelt fuhr er fort: «Das Zentrale, das Christliche. Wenn jemand sagen würde, ich sei kein Christ gewesen, der hätte nicht recht. Freilich, wenn jemand sagen würde, ich sei ein Christ gewesen, der würde wohl zuviel sagen.» [20]

Eine Viertelstunde sprach Heisenberg von seinem Leben. «Die Physik ist jetzt eigentlich nicht mehr so wichtig. Das wundert mich fast. Die Menschen, die da waren, die sind wichtig.»

Nachwort

Das vorliegende Buch ist in seiner Urfassung 1977 erschienen, ein Jahr nach dem Tode Heisenbergs. Ich habe es für die vorliegende Ausgabe gründlich überarbeitet. In den über fünfzehn Jahren seither sind durch Historiker, Wissenschaftshistoriker und Zeitzeugen viele neue Aspekte ans Licht gekommen. Auch die Literaturangaben wurden auf den neuesten Stand gebracht.

Revidiert wurde die ursprünglich zu positive Bewertung der Heisenbergschen Einheitlichen Theorie der Elementarteilchen. Bestätigt hingegen hat sich die Darstellung der Rolle Heisenbergs im deutschen «Uran-Projekt» während des Zweiten Weltkrieges. Obwohl es zuletzt noch massive Vorwürfe gegeben hatte – man denke vor allem an Wolfgang Menges zweiteiligen Fernsehfilm «Ende der Unschuld» –, liegen nun endlich die Gesprächsprotokolle aus der Internierungszeit 1945 vor. Wie es in dem betreffenden Kapitel heißt: Die so oft geschmähten deutschen Atomforscher müssen sich nicht verstecken.

Ein wissenschaftshistorisches Buch, das sich an einen größeren Leserkreis wendet, hat fachlich unterschiedlich vorgebildete Leser. Ausführliche physikalische Erklärungen können hier jedoch nicht gegeben werden, höchstens einige Andeutungen. Der interessierte Leser, der noch weitere Information benötigt, möge ein Lehrbuch der Physik zu Rate ziehen.

Stuttgart, im August 1992 Armin Hermann

Anmerkungen

Wunder der Wissenschaft

Ausführlich dokumentiert ist die Gründungsgeschichte der Kaiser-Wilhelm-Gesellschaft in Rudolf Vierhaus und Bernhard vom Brocke (Hg.): *Forschung im Spannungsfeld von Politik und Gesellschaft. Geschichte und Struktur der Kaiser-Wilhelm-/Max-Planck-Gesellschaft.* Stuttgart 1990. Einen guten Überblick über Lage und Entwicklung der Wissenschaft in der Reichshauptstadt geben die von der Historischen Kommission zu Berlin anläßlich der 750-Jahr-Feier der Stadt 1987 edierten vier Bände der «Berlinischen Lebensbilder»: Band 1: *Naturwissenschaftler. Herausgegeben von Wilhelm Treue und Gerhard Hildebrandt*; Band 2: *Mediziner. Herausgegeben von Wilhelm Treue und Rolf Winau*; Band 3: *Minister, Beamte, Ratgeber. Herausgegeben von Wolfgang Treue und Karlfried Gründer*; Band 4: *Geisteswissenschaftler. Herausgegeben von Michael Erbe.* Immer noch brauchbar ist auch der von Gunter Mann und Rolf Winau herausgegebene Sammelband *Medizin, Naturwissenschaft, Technik und das Zweite Kaiserreich.* Göttingen 1977.

1 Brief von Wilhelm Wien an seine Mutter, 30. Januar 1905
2 Werner von Siemens: *Das naturwissenschaftliche Zeitalter.* In: *Tageblatt der 59. Versammlung der Deutschen Naturforscher und Ärzte zu Berlin...* Berlin 1886, S. 95 f
3 Brief von Wilhelm Wien an seine Frau, 23. August 1904
4 Wilhelm Wien: *Aus dem Leben eines Physikers.* Leipzig 1930, S. 189
5 Ebd. S. 23
6 Franz Dölger: *August Heisenberg. Geboren 13. November 1869, gestorben 22. November 1930.* In: *Jahresberichte über die Fortschritte der klassischen Altertumswissenschaft*, Jg. 59/1933, S. 25–55
7 Stefan Zweig: *Die Welt von Gestern. Erinnerungen eines Europäers.* Stockholm 1947, S. 18
8 Denkschrift und Entwurf zu einem deutschen Institut für physikalische Forschung. Gemäß dem von Herrn Ministerialdirektor... Althoff erhaltenen Auftrag verfaßt von Philipp Lenard. Kiel 1906. Nachlaß Lenard. Unveröffentlicht
9 Ebd.
10 Ebd.

11 Brief von Wilhelm Wien an seine Frau, 3. September 1906
12 Arnold Sachse: *Friedrich Althoff und sein Werk*. Berlin 1928
13 Friedrich Schmidt-Ott: *Erlebtes und Erstrebtes 1860–1950*. Wiesbaden 1952, S. 117
14 *50 Jahre Kaiser-Wilhelm-Gesellschaft und Max-Planck-Gesellschaft zur Förderung der Wissenschaften. 1911–1961. Beiträge und Dokumente*. Göttingen 1961, S. 80
15 Ebd. S. 81
16 Ebd. S. 81 f
17 *25 Jahre Kaiser-Wilhelm-Gesellschaft zur Förderung der Wissenschaften*. Bd. 1. Berlin 1936, S. 47 f
18 Vgl. Agnes von Zahn-Harnack: *Adolf von Harnack*. Berlin 1951, S. 330

Suche nach dem Absoluten

Eine eingehende Behandlung des Themas mit vielen Literaturangaben findet sich in Armin Hermann: *Frühgeschichte der Quantentheorie (1899–1913)*. Mosbach/Baden 1969. Speziell zu Planck gibt es die Biographie in der Reihe Rowohlts Bildmonographien (*Max Planck in Selbstzeugnissen und Bilddokumenten*. Dargestellt von Armin Hermann. Reinbek 1973) sowie John Heilbron: *Max Planck. Ein Leben für die Wissenschaft*. Stuttgart 1988.

1 James Clerk Maxwell: *Scientific Papers*. Cambridge 1890. Bd. 2, S. 377
2 Gustav Kirchhoff: *Über das Verhältnis zwischen dem Emissionsvermögen und dem Absorptionsvermögen* ... In: *Annalen der Physik*, Bd. 109/1860, S. 275–301
3 Brief von Friedrich Paschen an Heinrich Kayser, 8. Februar 1898
4 Max Planck: *Physikalische Abhandlungen und Vorträge*. Bd. III. Braunschweig 1958, S. 389 f
5 Philipp Lenard: *Erinnerungen eines Naturforschers*. Heidelberg 1943 (unveröffentlichtes Schreibmaschinenmanuskript), S. 97
6 Max Planck: *Physikalische Abhandlungen*, Bd. I, S. 600
7 Ebd. Bd. III, S. 398 f
8 H. A. Lorentz, A. Einstein, H. Minkowski: *Das Relativitätsprinzip*. 6. Aufl. Darmstadt 1958, S. 54
9 Die Originalveröffentlichung erschien in: *Annalen der Physik*, Bd. 17/1905, S. 132–148. Wiederabgedruckt in Albert Einstein: *The Collected Papers. Vol. 2. The Swiss Years: Writings, 1900–1909*. Princeton 1989, S. 150–166
10 Max Planck: *Physikalische Abhandlungen*, Bd. II, S. 243
11 Brief von Max Planck an Wilhelm Wien, 27. Februar 1909. Man vgl. auch Armin Hermann: *Max Planck*. Rowohlts Bildmonographien Nr. 198. Reinbek 1973

12 Wilhelm Wien: *Theorie der Strahlung*. In: *Encyklopädie der mathematischen Wissenschaften*. Bd. V, 3. Leipzig 1909, S. 356

13 Arnold Sommerfeld: *Das Plancksche Wirkungsquantum und seine allgemeine Bedeutung für die Molekülphysik*. In: *Physikalische Zeitschrift*. Jg. 12/1911, S. 1057–1069

Die Jahrhundertwissenschaft

Das Wirken Bohrs ist in den *Collected Works* dokumentiert, von denen zur Zeit acht Bände ediert sind. Besonders wichtig ist Ulrich Hoyer (Hg.): *Niels Bohr. Collected Works*. Volume 2: *Work on Atomic Physics (1912–1917)*. Amsterdam 1981. – Es gibt zahlreiche Biographien, u. a. Ulrich Röseberg: *Niels Bohr. Leben und Werk eines Atomphysikers 1885–1962*. Berlin 1985, und Abraham Pais: *Niels Bohr's Times, In Physics, Philosophy and Polity*. Oxford 1991. – Im Falle Einstein sind bisher nur zwei Bände der Collected Papers erschienen: Vol. 1. *The Early Years, 1879–1902* (Princeton 1987) und Vol. 2. *The Swiss Years: Writings, 1900–1909* (Princeton 1989). Drei weitere Bände sollen 1993 herauskommen. Die beste Biographie ist Abraham Pais: *«Raffiniert ist der Herrgott…»* Braunschweig/Wiesbaden 1986. Leicht lesbar und zugleich zuverlässig (bis auf einige Übersetzungsfehler) ist Banesh Hoffmann: *Albert Einstein. Schöpfer und Rebell*. Dietikon–Zürich 1976.

1 Stefan Rozental: *Niels Bohr, his life and work as seen by his friends and colleagues*. Amsterdam 1968, S. 32

2 Niels Bohr: *Das Bohrsche Atommodell*. Dokumente der Naturwissenschaft. Bd. 5. Stuttgart 1964

3 Brief von Friedrich Paschen an Arnold Sommerfeld, 24. November 1915

4 Man vgl. Ulrich Benz: *Arnold Sommerfeld. Lehrer und Forscher an der Schwelle zum Atomzeitalter. 1868–1951*. Stuttgart 1975

5 Interview der *Sources for History of Quantum Physics* (Thomas S. Kuhn) mit Werner Heisenberg. Interview Nr. 2, S. 3

6 Albert Einstein/Arnold Sommerfeld: *Briefwechsel. Sechzig Briefe aus dem goldenen Zeitalter der modernen Physik*. Basel/Stuttgart 1968, S. 27

7 Man vgl. Armin Hermann: *Frühgeschichte der Quantentheorie*. Weinheim 1968, S. 79f

8 Gerhard Kowalewski: *Bestand und Wandel. Meine Lebenserinnerungen…* München 1950, S. 237f

9 Philipp Frank: *Einstein. Sein Leben und seine Zeit*. München 1949, S. 70

10 Armin Hermann: *Einstein in Berlin*. In: *Jahrbuch Preußischer Kulturbesitz*. Bd. VIII/1970, S. 90–114

11 Einstein/Sommerfeld: *Briefwechsel*, S. 26

12 Brief von Lise Meitner an Max Born, 1. Juni 1948

13 Einstein/Sommerfeld: *Briefwechsel*, S. 48

14 *Zu Max Plancks sechzigstem Geburtstag. Ansprachen von E. Warburg, M. v. Laue, A. Sommerfeld und A. Einstein.* Karlsruhe 1918, S. 29 u. S. 31
15 Carl Seelig: *Albert Einstein. Eine dokumentarische Biographie.* Wien etc. 1954, S. 37
16 Brief von Lise Meitner an Max Born, 1. Juni 1948
17 Einstein/Sommerfeld: *Briefwechsel*, S. 36
18 Ebd. S. 41
19 Max Born: *Physik im Wandel meiner Zeit.* 4. Aufl. Braunschweig 1966, S. 195
20 Brief von Hermann Weyl an Wolfgang Pauli, 10. Mai 1919. Wolfgang Pauli: *Wissenschaftlicher Briefwechsel. Bd. I: 1919–1929.* New York 1979, S. 3
21 Interview der *Sources for History of Quantum Physics* (Thomas S. Kuhn) mit Werner Heisenberg. Interview Nr. 10, S. 15

Werner Heisenberg

Alle Schriften sind seit 1984 in den «Gesammelten Werken» vollständig (bis auf einen noch ausstehenden Band) erschienen. Die Abteilung A enthält die Wissenschaftlichen Originalarbeiten, die Abteilung B die Wissenschaftlichen Übersichtsartikel, Vorträge und Bücher und die Abteilung C die Allgemeinverständlichen Schriften. Herausgeber sind Walter Blum, Hans-Peter Dürr und Helmut Rechenberg.
Über das Leben Heisenbergs geben Auskunft die Autobiographie *Der Teil und das Ganze.* München 1969, und die Darstellung der Witwe Elisabeth Heisenberg: *Das politische Leben eines Unpolitischen. Erinnerungen an Werner Heisenberg.* München 1980. Einen kurzen Überblick mit vielen Originalzitaten gibt Armin Hermann: *Werner Heisenberg in Selbstzeugnissen und Bilddokumenten* (Rowohlts Bildmonographie Nr. 240). Reinbek 1976. Die modernste und umfassendste Biographie ist David C. Cassidy: *Uncertainty. The Life and Science of Werner Heisenberg.* New York 1992; deutsche Ausgabe in Vorbereitung: Spektrum Akademischer Verlag, Heidelberg. Als Bibliographie wird empfohlen David Cassidy und Martha Baker: *Werner Heisenberg: A bibliography of his writings* (= Berkeley papers in history of science. Vol. 9). Berkeley 1984. – Eine Art Bestandsaufnahme unserer Kenntnisse ist Bodo Geier, Helge Herwig und Helmut Rechenberg (Hg.): *Werner Heisenberg als Physiker und Philosoph. Verhandlungen der Konferenz «Werner Heisenberg als Physiker und Philosoph in Leipzig» vom 9.–12. Dezember 1991 an der Universität Leipzig.* Heidelberg etc. 1992.

1 Armin Jüngling: *Jugenderinnerungen an Werner Heisenberg.* In: *Deutsches Ärzteblatt – Ärztliche Mitteilungen*, Jg. 73/1976, S. 3193–3196
2 Brief von Theodor Schmidt-Kaler an Karl Kromphardt, 23. Juli 1976
3 Interview mit den *Sources for History of Quantum Physics* (Thomas S. Kuhn). Interview Nr. 1, S. 1. Im folgenden zitiert als *Interview*

4 Ebd. S. 1 f
5 *Zeugnisnoten-Protokoll des K. Maximilians-Gymnasiums in München.* Schuljahr 1911/12, Klasse 1 a
6 *Interview* Nr. 1, S. 2 (Anm. 3)
7 *Verzeichnis der Bewerber um Aufnahme in das Maximilianeum für das Jahr 1920.* Akten im Maximilianeum München
8 Ebd.
9 *Der Teil und das Ganze*, S. 30
10 Ebd.
11 Man vgl. etwa Ulrich Benz: *Arnold Sommerfeld. Lehrer und Forscher an der Schwelle zum Atomzeitalter 1868–1951.* Stuttgart 1975
12 Armin Hermann (Hg.): *Albert Einstein/Arnold Sommerfeld: Briefwechsel. Sechzig Briefe aus dem goldenen Zeitalter der modernen Physik.* Basel und Stuttgart 1968, S. 98
13 *Interview* Nr. 1, S. 5 (Anm. 3)
14 Brief von Albert Einstein an Johann Jakob Laub, undatiert [Sommer 1910]
15 Philipp Lenard: *Erinnerungen eines Naturforschers.* (Anm. II/5), S. 158

Alles ist relativ

Die Geschichte der Notgemeinschaft ist umfassend behandelt von Kurt Zierold: *Forschungsförderung in drei Epochen. Deutsche Forschungsgemeinschaft. Geschichte. Arbeitsweise. Kommentar.* Wiesbaden 1968. Den Aspekt der Physik berücksichtigt Steffen Richter: *Forschungsförderung in Deutschland 1920–1936.* Technikgeschichte in Einzeldarstellungen Nr. 23, Düsseldorf 1972. Über die Rolle der Relativitätstheorie siehe Klaus Hentschel: *Der Einstein–Turm.* Berlin 1992.

1 Kurt Zierold, a. a. O. S. 10
2 Ebd. S. 12
3 Armin Hermann: *50 Jahre Forschungsförderung der DFG.* In: *Physik in unserer Zeit*, Jg. 2/1971, S. 17–23
4 Albert Einstein: *Meine Antwort. Über die anti-relativitätstheoretische G.m.b.H.* In: *Berliner Tageblatt*, M-Ausgabe, 27. August 1920
5 *Die Offensive gegen Einstein.* In: *Berliner Tageblatt*, A-Ausgabe, 25. August 1920
6 Brief von Max von Laue an Arnold Sommerfeld, 25. August 1920
7 *Wissenschaftliche Kampfmethoden.* In: *Berliner Tageblatt*, A-Ausgabe, 26. August 1920
8 Albert Einstein: *Meine Antwort*, a. a. O.
9 *Albert Einstein will Berlin verlassen!* In: *Berliner Tageblatt*, M-Ausgabe, 27. August 1920

10 Brief von Arnold Sommerfeld an Albert Einstein, 3. September 1920. Abgedruckt in Einstein/Sommerfeld: *Briefwechsel*, a. a. O. S. 65 u. S. 68
11 Ebd. S. 69
12 *Das Rededuell Einstein–Lenard*. In: *Berliner Tageblatt*, A-Ausgabe, 24. September 1920
13 Ebd. Offenbar handelt es sich nicht um eine stenographische Mitschrift, sondern um ein Gedächtnisprotokoll.
14 Ebd. Das wörtliche Zitat ist entnommen aus Ronald W. Clark: *Albert Einstein. Leben und Werk. Eine Biographie*. Esslingen 1974, S. 195
15 Kurt Zierold, a. a. O. S. 174

Die Schule Sommerfeld

Die ausführlichste Biographie ist noch immer Ulrich Benz: *Arnold Sommerfeld. Lehrer und Forscher an der Schwelle zum Atomzeitalter 1868–1951* (= Große Naturforscher. Bd. 38). Stuttgart 1975. Ergänzend vergleiche man Michael Eckert et al.: *Geheimrat Sommerfeld – theoretischer Physiker. Eine Dokumentation aus seinem Nachlaß* (= Abhandlungen und Berichte des Deutschen Museums. Sonderheft 1). München 1984.
1 *Interview* Nr. 1 S. 5 f
2 *Interview* Nr. 2, S. 3
3 *Der Teil und das Ganze*, S. 41
4 *Interview* Nr. 1, S. 8
5 *Der Teil und das Ganze*, S. 45
6 *Interview* Nr. 2, S. 3
7 *Interview* Nr. 1, S. 7
8 Hans-Peter Dürr: *In Memoriam. Werner Heisenberg zum Gedächtnis*. In: *Zeitschrift für Naturforschung*, 31 a / 1976, S. 507–509
9 *Interview* Nr. 1, S. 7 f
10 Brief von Erwin Schrödinger an Wilhelm Wien, 21. Oktober 1926
11 Friedrich Hund: *Göttingen, Kopenhagen, Leipzig im Rückblick*. In: *Werner Heisenberg und die Physik unserer Zeit*. Braunschweig 1961, S. 1
12 Werner Heisenberg: *Schritte über Grenzen*. München 1971, S. 52 f
13 Ebd. S. 53
14 Interview der *Sources for History of Quantum Physics* mit Oskar Klein, S. 22
15 Brief von Werner Heisenberg an Niels Bohr, 27. November 1933
16 Brief von Albert Einstein an Maurice Solovine, 16. Juli 1922. Veröffentlicht in Albert Einstein: *Lettres à Maurice Solovine*. Paris 1956, S. 42
17 Brief von Max Planck an Max von Laue, 9. Juli 1922
18 *Der Teil und das Ganze*, S. 67
19 Brief von Werner Heisenberg an den Autor, 13. Juli 1972

20 Brief von Werner Heisenberg an Wolfgang Pauli, 29. September 1922. Wolfgang Pauli: *Wissenschaftlicher Briefwechsel mit Bohr, Einstein, Heisenberg u. a. Bd. I.* New York 1979, S. 66
21 *Der Teil und das Ganze*, S. 68
22 Brief von Max Born an Arnold Sommerfeld, 13. Mai 1922
23 Bartel Leendert van der Waerden: *Sources of Quantum Mechanics*. Amsterdam 1967, S. 19
24 Brief von Max Born an Arnold Sommerfeld, 5. Januar 1923
25 Brief von Werner Heisenberg an Arnold Sommerfeld, 15. Januar 1923
26 Friedrich Hund (Anm. 11), S. 2
27 *Interview* Nr. 3, S. 2 f
28 Ebd.
29 Protokoll, Archiv der Ludwig-Maximilians-Universität
30 Ebd.
31 Max Born: *Mein Leben. Die Erinnerungen des Nobelpreisträgers*. München 1975, S. 292

Neue Dimensionen des Denkens

Die umfassendste Darstellung geben Jagdish Mehra und Helmut Rechenberg: *The Historical Development of Quantum Theory*. 4 Bde. New York 1982. Fast schon Klassiker sind Friedrich Hund: *Geschichte der Quantentheorie*. 3. Aufl. Mannheim 1984, Max Jammer: *The Conceptual Development of Quantum Mechanics*. New York 1966, und Bartel Leendert van der Waerden: *Sources of Quantum Mechanics*. Amsterdam 1967.

1 Werner Heisenberg: *Der Kampf um die Überfahrt*. In: *Die Spur in ein deutsches Jugendland*, Jg. 3/1924, S. 39
2 Ebd.
3 *Interview* Nr. 5, S. 6
4 Brief von Werner Heisenberg an Wolfgang Pauli, 9. Oktober 1923
5 *Interview* Nr. 1, S. 9
6 Interview mit James Franck und Hertha Sponer, 13. Juli 1962, S. 5
7 Brief von Max Born an Niels Bohr, 16. April 1924
8 Arnold Sommerfeld: *Atombau und Spektrallinien*. 4. Aufl. Braunschweig 1924, S. 52
9 Heinrich Hertz: *Über die Beziehungen zwischen Licht und Elektrizität*. Vortrag, gehalten bei der 62. Versammlung Deutscher Naturforscher und Ärzte. In: Heinrich Hertz: *Gesammelte Werke*. Band I. Leipzig 1895, S. 340
10 Man vgl. dazu Klaus Stolzenburg: *Die Entwicklung des Bohrschen Komplementaritätsgedankens in den Jahren 1924 bis 1929*. Stuttgart Phil. Diss. 1975

11 Brief von Max Born an Niels Bohr, 16. April 1924. Zitiert von Klaus Stolzenburg
12 Brief von Wolfgang Pauli an H. A. Kramers, 27. Juli 1925. Wolfgang Pauli: *Wissenschaftlicher Briefwechsel. Bd. I: 1919–1929.* New York 1979, S. 233
13 Brief von Werner Heisenberg an Niels Bohr, 21. April 1925

Die Heisenbergsche Mechanik

Zu der zum vorigen Kapitel genannten Literatur ziehe man noch heran Markus Fierz und Victor F. Weisskopf: *Theoretical Physics in the Twentieth Century. A Memorial Volume to Wolfgang Pauli.* New York 1960 (im folgenden zitiert als *Wolfgang Pauli Memorial Volume*) sowie Wolfgang Pauli: *Wissenschaftlicher Briefwechsel mit Bohr, Einstein, Heisenberg u. a.* Band I: 1919–1929. Herausgegeben von Armin Hermann, Karl von Meyenn und Victor F. Weisskopf. New York 1979. Im folgenden zitiert als Pauli-Briefwechsel. Bd. I.

1 Brief von Wolfgang Pauli an Niels Bohr, 11. Februar 1924. Pauli-Briefwechsel. Bd. I, S. 143
2 Brief von Werner Heisenberg an Wolfgang Pauli, 24. Juni 1925. Pauli-Briefwechsel. Bd. I, S. 227
3 Auguste Comte: *Rede über den Geist des Positivismus* [Paris 1844]. Übersetzt und hg. von Irving Fetscher. Hamburg 1956, S. 25 ff
4 Werner Heisenberg: *Über quantentheoretische Umdeutung kinematischer und mechanischer Beziehungen.* In: *Zeitschrift für Physik*, Bd. 33/1925, S. 879
5 Brief von Werner Heisenberg an Wolfgang Pauli, 9. Juli 1925. Pauli-Briefwechsel. Bd. I, S. 231
6 *Interview der Sources for History of Quantum Physics.* (Thomas S. Kuhn) mit Werner Heisenberg. Nr. 1
7 *Der Teil und das Ganze*, S. 280 f
8 Brief von Werner Heisenberg an Wolfgang Pauli, 24. November 1925. Pauli-Briefwechsel. Bd. I, S. 262
9 Diskussionsbemerkung bei der 86. Versammlung der Deutschen Naturforscher und Ärzte in Bad Nauheim. In: *Physikalische Zeitschrift*, Jg. 21/1920, S. 650
10 Brief von Wolfgang Pauli an Niels Bohr, 12. Dezember 1924. Pauli-Briefwechsel. Bd. I, S. 189
11 *Interview* Nr. 1 (Anm. 6)
12 Ebd.
13 *Berzelius und Liebig. Ihre Briefe von 1831 bis 1845*... Herausgegeben von Justus Carrière. 2. Aufl. München 1898, S. 250
14 Ebd. S. 265

15 Brief von Werner Heisenberg an Ralf Kronig, 5. Juni 1925. Veröffentlicht in: *Wolfgang Pauli Memorial Volume*, S. 23 ff
16 *Der Teil und das Ganze*, S. 88
17 Mitteilung Heisenbergs an B. L. van der Waerden. Veröffentlicht in: *Sources of Quantum Mechanics*, S. 25
18 Dem Autor mitgeteilt von Carl Friedrich von Weizsäcker
19 Brief von Werner Heisenberg an Wolfgang Pauli, 21. Juni 1925. Pauli-Briefwechsel. Bd. I, S. 219
20 Werner Heisenberg: *Erinnerungen an die Zeit der Entwicklung der Quantenmechanik*. In: *Wolfgang Pauli Memorial Volume*, S. 43
21 Brief von Wolfgang Pauli an H. A. Kramers, 27. Juli 1925. Pauli-Briefwechsel. Bd. I, S. 233
22 Ebd. S. 234
23 Max Born: *Mein Leben. Erinnerungen des Nobelpreisträgers*. München 1975, S. 298. Ich zitiere eine abweichende Version.
24 Albert Einstein, Hedwig und Max Born: *Briefwechsel 1916–1955*. München 1969, S. 121
25 Max Born: *Die statistische Deutung der Quantentheorie. Nobelvortrag*. In: *Dokumente der Naturwissenschaft*. Bd. 2. Stuttgart 1962, S. 4 f
26 Brief von Albert Einstein an Paul Ehrenfest, 20. September 1925. Einstein-Archiv Princeton N. J.
27 *Wolfgang Pauli Memorial Volume*, S. 43
28 *Born/Einstein-Briefwechsel*, S. 127
29 Brief von Werner Heisenberg an Wolfgang Pauli, 16. November 1925. Pauli-Briefwechsel. Bd. I, S. 255
30 Ebd.
31 Brief von Wolfgang Pauli an Ralf Kronig, 9. Oktober 1925. Pauli-Briefwechsel. Bd. I, S. 247

Die Alternative

Schrödingers Arbeiten sind vollständig von der Österreichischen Akademie der Wissenschaften herausgegeben worden: *Erwin Schrödinger. Gesammelte Abhandlungen*. 4 Bde. Wien 1984. Seine Arbeiten zur Wellenmechanik sind seinerzeit zumeist unter dem Titel *Quantisierung als Eigenwertproblem* in den *Annalen der Physik* erschienen. Sie sind nachgedruckt im Band 3 der Gesammelten Abhandlungen, in Erwin Schrödinger: *Abhandlungen zur Wellenmechnik*. Leipzig 1927 (2. Aufl. 1928) und in Erwin Schrödinger: *Die Wellenmechnik. Dokumente der Naturwissenschaft. Bd. 3*. Stuttgart 1963. Eine kurze Autobiographie ist Erwin Schrödinger: *Mein Leben, meine Weltansicht*. Wien 1985, und die umfassendste Biographie Walter Moore: *Schrödinger. Life and Thought*. Cambridge 1989.

1 Brief von Erwin Schrödinger an Arnold Sommerfeld, 7. März 1925
2 Brief von Erwin Schrödinger an Wilhelm Wien, 22. Februar 1926
3 Erwin Schrödinger: *Über das Verhältnis der Heisenberg-Born-Jordanschen Quantenmechanik zu der meinen.* In: *Annalen der Physik*, Bd. 79/1926, S. 735 (Fußnote)
4 Brief von Max Planck an Wilhelm Wien, 19. Februar 1926
5 Brief von Erwin Schrödinger an Arnold Sommerfeld, 21. Juli 1925
6 Albert Einstein: *Zur Quantentheorie des idealen Gases.* In: *Sitzungsberichte der Preußischen Akademie der Wissenschaften*, Math.-Physik. Klasse, Jg. 1925, S. 18–25
7 Brief von Erwin Schrödinger an Albert Einstein, 23. April 1926. In: Schrödinger, Planck, Einstein und Lorentz: *Briefe zur Wellenmechanik.* Wien 1963, S. 24
8 Brief von Erwin Schrödinger an Wilhelm Wien, 27. Dezember 1925
9 Brief von Erwin Fues an Thomas S. Kuhn, 1. August 1963. Ich verdanke Linda Wessels und ihrer Arbeit *Schrödinger's Route to Wave Mechanics* den Hinweis auf diesen Brief und viele weitere Anregungen.
10 Erwin Schrödinger: *Quantisierung als Eigenwertproblem (Zweite Mitteilung).* In: *Annalen der Physik*, Bd. 79/1926, S. 497
11 Brief von Erwin Schrödinger an Wilhelm Wien, 22. Februar 1926

Die Kopenhagener Deutung

Aus der sehr umfangreichen Literatur seien nur erwähnt Bruce R. Wheaton: *The Tiger and the Shark. Empirical Roots of Wave-Particle Dualism.* Cambridge 1983, Roman U. Sexl (Hg.): *Die Deutung der Quantentheorie* (= Facetten der Physik. Bd. 11). Braunschweig 1984, sowie John A. Wheeler und Wojciech H. Zurek (Hg.): *Quantum Theory and Measurement.* Princeton 1983.
1 Brief von Erwin Schrödinger an Wilhelm Wien, 27. Dezember 1925
2 Erwin Schrödinger: *Über das Verhältnis der Heisenberg-Born-Jordanschen Quantenmechanik zu der meinen.* In: *Annalen der Physik*, Bd. 79/1926, S. 734
3 Zum Verhältnis der beiden Theorien vgl. Bartel Leendert van der Waerden: *From Matrix Mechanics and Wave Mechanics to Unified Quantum Mechanics.* In: Jagdish Mehra (Hg.): *The Physicist's Conception of Nature.* Dordrecht 1973, S. 276–299
4 Erwin Schrödinger: *Quantisierung als Eigenwertproblem (Erste Mitteilung).* In: *Annalen der Physik*, Bd. 79/1926, S. 375
5 Brief von Werner Heisenberg an Wolfgang Pauli, 8. Juni 1926
6 Brief von Wilhelm Wien an Erwin Schrödinger, 13. Mai 1926. In: Wilhelm Wien: *Aus dem Leben eines Physikers.* Leipzig 1930, S. 72
7 Brief von Wilhelm Wien an Erwin Schrödinger, 23. Juni 1926. Ebd. S. 73

8 Ebd.
9 Brief von Erwin Schrödinger an Wilhelm Wien, 18. Juni 1926
10 Ebd.
11 Ebd.
12 Vgl. *Der Teil und das Ganze*, S. 104
13 Werner Heisenberg: *Der unanschauliche Quantensprung*. In: *Physikalische Blätter*, Jg. 2/1946, S. 4–6
14 Arnold Sommerfeld: *Atombau und Spektrallinien. II. Band*. Braunschweig 1951, S. 7
15 *Interview* Nr. 1, S. 11
16 Ebd.
17 Brief von Wilhelm Wien an Erwin Schrödinger, 23. Oktober 1926
18 Brief von August Heisenberg an Niels Bohr, 17. Juli 1926
19 Brief von Niels Bohr an August Heisenberg, 4. August 1926
20 Franz Dölger: *August Heisenberg*. In: *Jahresberichte über die Fortschritte der klassischen Altertumswissenschaft*. Jg. 59/1933, S. 30
21 Brief von Werner Heisenberg an Pascual Jordan, 28. Juli 1926
22 Brief von Werner Heisenberg an Wolfgang Pauli, 28. Juli 1926. Pauli-Briefwechsel. Bd. I, S. 337 f
23 *Der Teil und das Ganze*, S. 105 f und S. 108 f
24 Brief von Erwin Schrödinger an Wilhelm Wien, 21. Oktober 1926
25 Ebd.
26 Werner Heisenberg: *50 Jahre Quantentheorie*. In: *Die Naturwissenschaften*, Jg. 38/1951, S. 49–55
27 *Wolfgang Pauli Memorial Volume*, S. 45
28 Brief von Werner Heisenberg an Niels Bohr, 14. November 1922
29 Brief von Werner Heisenberg an Wolfgang Pauli, 31. Mai 1927. Pauli-Briefwechsel. Bd. I, S. 396 f
30 David Irving: Interview mit Werner Heisenberg. Unveröffentlicht
31 *Sources for History of Quantum Physics*. Interview mit Werner Heisenberg. Nr. 8, S. 16 f
32 Brief von Wolfgang Pauli an Werner Heisenberg, 19. Oktober 1926. Pauli-Briefwechsel. Bd. I, S. 347
33 Brief von Werner Heisenberg an Wolfgang Pauli, 31. Mai 1927. Pauli-Briefwechsel. Bd. I, S. 397
34 *Discussione sulla comunicazione Bohr*. In: *Atti del Congresso Internazionale dei Fisici*. Vol. 2. Bologna 1928, S. 589
35 Brief von Max Planck an Walther Nernst, 11. Juni 1910. Abgedruckt in Armin Hermann: *Frühgeschichte der Quantentheorie (1899–1913)*. Mosbach/Baden 1969, S. 153
36 *Schritte über Grenzen*, S. 68 f
37 Brief von Paul Ehrenfest an Goudsmit, Uhlenbeck und Diecke, 3. November 1927

38 *Schritte über Grenzen*, S. 69
39 Pierre-Simon Laplace: *Philosophischer Versuch über die Wahrscheinlichkeit* (= Ostwalds Klassiker, Nr. 233). Leipzig 1932, S. 1 f
40 Werner Heisenberg: *Über den anschaulichen Inhalt der quantentheoretischen Kinematik und Mechanik.* In: *Zeitschrift für Physik*, Bd. 43 / 1927, S. 172–198. Wiederabgedruckt in Werner Heisenberg, Niels Bohr: *Die Kopenhagener Deutung der Quantentheorie* (= *Dokumente der Naturwissenschaft*. Bd. 4). Stuttgart 1963, S. 9–35. Hier S. 34
41 Max Planck: *Wissenschaftliche Selbstbiographie.* In: *Physikalische Abhandlungen und Vorträge.* Bd. III. Braunschweig 1958, S. 374–401. Hier S. 389
42 Victor F. Weisskopf: *Mein Leben. Ein Physiker, Zeitzeuge und Humanist erinnert sich an unser Jahrhundert.* Bern 1991, S. 82

Das Goldene Zeitalter der Physik

Viele Biographien und Autobiographien beleuchten die Situation. Neben Heisenbergs *Der Teil und das Ganze* seien beispielhaft erwähnt Helge Kragh: *Dirac: A scientific biography.* Cambridge Mass. 1990; Emilio Segré: *Enrico Fermi Physicist.* Chicago 1970; Otto Robert Frisch: *Woran ich mich erinnere.* Stuttgart 1981; Rudolf Peierls: *Bird of Passage. Recollections of a Physicist.* Princeton 1985; Victor F. Weisskopf: *Mein Leben. Ein Physiker, Zeitzeuge und Humanist erinnert sich an unser Jahrhundert.* Bern etc. 1991.

1 Brief von Werner Heisenberg an Wolfgang Pauli, 31. Juli 1928. Pauli-Briefwechsel. Bd. I, S. 467 f
2 *Wohin führt uns die Physik?* Podiumsgespräch während der 40. Physikertagung am 15. Sept. 1976 in Bonn: In: *Bild der Wissenschaft*, H. 4 / 1977, S. 168–181
3 *Der Teil und das Ganze*, S. 131
4 Carl Friedrich von Weizsäcker: *Gedenkrede.* In: *Max-Planck-Gesellschaft. Berichte und Mitteilungen.* Sonderheft 1976, S. 23
5 Brief von Werner Heisenberg an Pascual Jordan, 11. Mai 1928
6 Brief von Wolfgang Pauli an Hermann Weyl, 9. November 1955
7 Interview der *Sources for History of Quantum Physics* mit Felix Bloch
8 Brief von Werner Heisenberg an Wolfgang Pauli, 1. August 1929. Pauli-Briefwechsel. Bd. I, S. 517
9 Podiumsgespräch, a. a. O.
10 Ebd.
11 Interview der *Sources for History of Quantum Physics* mit Carl Friedrich von Weizsäcker
12 Nevill Mott und Rudolf Peierls: *Werner Heisenberg.* In: *Biographical Memoirs Follows Royal Society.* Vol. 23, 1977, S. 213–251

13 Podiumsgespräch, a. a. O.
14 Günther Rasche: *Werner Heisenberg und die moderne Physik*. In: *Naturwissenschaftliche Rundschau*, Bd. 30/1977, H. 1, S. 1–9
15 Ebd.
16 Podiumsgespräch, a. a. O.

Völkerwanderung von unten

Einen Überblick über die Vorgänge bei der Vertreibung der jüdischen Physiker gibt Alan D. Beyerchen: *Wissenschaftler unter Hitler. Physiker im Dritten Reich*. Köln 1980. Einsteins Rolle behandeln Otto Nathan und Heinz Norden: *Albert Einstein: Über den Frieden. Weltordnung oder Weltuntergang?* Bern 1975. Über Laue vergleiche man Peter Glotz und Ludwig Langenbucher: *Vorbilder für Deutsche. Korrektur einer Heldengalerie*. München 1974; über Planck die Biographie des Verfassers, Rowohlts Bildmonographien Nr. 198, Reinbek 1973.

1 Albert Einstein: *Über den Frieden*, a. a. O. S. 227
2 Brief von Max Planck an Albert Einstein, 31. März 1933. In: *Max Planck. In Selbstzeugnissen und Bilddokumenten*. Rowohlts Bildmonographien Nr. 198. Reinbek 1973, S. 78
3 Albert Einstein: *Mein Weltbild*. Frankfurt 1959, S. 81 f
4 Armin Hermann: *Max von Laue (1879–1960)*. In: Peter Glotz und Ludwig Langenbucher (Hg.): *Vorbilder für Deutsche. Korrektur einer Heldengalerie*. München 1974, S. 122–138
5 Brief von Max von Laue an Albert Einstein, 14. Mai 1933
6 Brief von Albert Einstein an Max von Laue, 16. Mai 1933
7 Brief von Werner Heisenberg an Niels Bohr, 14. Oktober 1933
8 Persönliche Mitteilung von Bartel Leendert van der Waerden an den Autor
9 Vgl. *Max Planck*, a. a. O. S. 83
10 *Der Teil und das Ganze*, S. 209 f
11 Brief von Peter Paul Ewald an den Autor, 16. Mai 1973
12 Brief von Werner Heisenberg an Samuel A. Goudsmit, 5. Januar 1948
13 *Der Teil und das Ganze*, S. 210
14 Ebd. S. 207
15 Brief von Werner Heisenberg an Max Born, 2. Juni 1933. Abgedruckt in: Karl von Meyenn (Hg.): *Wolfgang Pauli. Wissenschaftlicher Briefwechsel mit Bohr, Einstein, Heisenberg u. a.* Band II: 1930–1939. Berlin etc. 1985, S. 168
16 Philipp Lenard: *Ein großer Tag für die Naturforschung*. In: *Völkischer Beobachter*, 13. Mai 1933
17 Brief von Max Planck an Max von Laue, 11. September 1933

18 Max von Laue: *Gesammelte Schriften und Vorträge*. Bd. III. Braunschweig 1961, S. 62
19 Ansprache von Johannes Stark bei der Physikertagung in Würzburg am 18. September 1933. Stenographisches Protokoll
20 Brief von Wolfgang Pauli an Werner Heisenberg, 11. November 1933. Pauli-Briefwechsel. Bd. II, S. 225
21 Ebd.
22 Max Born: *Mein Leben*. München 1975, S. 303
23 *Born / Einstein: Briefwechsel*, S. 226 u. 272
24 Brief von Max von Laue an Albert Einstein, 21. August 1934
25 Werner Haberditzl: *Der Widerstand deutscher Naturforscher gegen die ‹Deutsche Physik› und andere faschistische Zerrbilder*. In: *Naturwissenschaft, Tradition, Fortschritt – Beiheft zur Zeitschrift NTM*, 1963, S. 320–326
26 Ebd.

Machtergreifung in der Wissenschaft

Empfehlenswert sind die beiden Studien Eberhard Jäckel: *Hitlers Weltanschauung. Entwurf einer Herrschaft*. 3. Aufl. Stuttgart 1986; und ders.: *Hitlers Herrschaft. Vollzug einer Weltanschauung*. Stuttgart 1986. – Sehr ausführlich mit dem Thema «Machtergreifung» befassen sich Karl Dietrich Bracher, Wolfgang Sauer und Gerhard Schulz: *Die nationalsozialistische Machtergreifung. Studien zur Errichtung des totalitären Herrschaftssystems in Deutschland 1933/34*. Köln und Opladen 1960. Die Machtergreifung in der Notgemeinschaft der Deutschen Wissenschaft behandelt Kurt Zierold in seinem mehrfach zitierten Werk *Forschungsförderung in drei Epochen. Deutsche Forschungsgemeinschaft. Geschichte – Arbeitsweise – Kommentar*. Wiesbaden 1968.

1 Armin Hermann: *Albert Einstein und Johannes Stark. Briefwechsel und Verhältnis der beiden Nobelpreisträger*. In: *Sudhoffs Archiv. Vierteljahresschrift für Geschichte der Medizin und der Naturwissenschaften* ... Bd. 50/ 1966, S. 267–285
2 Max von Laue: *Bemerkungen zu der vorstehenden Veröffentlichung von J. Stark*. In: *Physikalische Blätter*, Jg. 3/1947, S. 272 f
3 Brief von Max von Laue an Friedrich Schmidt-Ott, 27. Juni 1934
4 Brief von Max von Laue an Albert Einstein, 21. August 1934
5 Ebd.
6 Armin Hermann: *50 Jahre Forschungsförderung der DFG*. In: *Physik in unserer Zeit*, Jg. 2/1971, S. 17–23
7 Heinz Barwich: *Das rote Atom*. München 1967, S. 17
8 Erich Bagge, Kurt Diebner und Jenneth Jay: *Von der Uranspaltung bis Calder Hall*. Hamburg 1957, S. 38

9 *Der Teil und das Ganze*, S. 184
10 Brief von Werner Heisenberg an Arnold Sommerfeld, 9. Oktober 1933
11 *Einstein / Sommerfeld: Briefwechsel*, S. 116
12 Brief von Werner Heisenberg an Arnold Sommerfeld, 18. Januar 1936
13 Ulrich Benz: *Arnold Sommerfeld*, S. 178
14 Akten der Universität München
15 Ebd.

Die «Deutsche Physik»

Die wichtigsten Publikationen sind Herbert Mehrtens und Steffen Richter (Hg.): *Naturwissenschaft, Technik und N.S.-Ideologie. Beiträge zur Wissenschaftsgeschichte des Dritten Reiches.* Frankfurt 1980; sowie Alan D. Beyerchen: *Wissenschaftler und Hitler. Physiker im Dritten Reich.* Köln 1980.

1 Philipp Lenard: *Deutsche Physik. Erster Band: Einleitung und Mechanik.* München–Berlin 1936, hier Vorwort
2 Philipp Lenard: *Erinnerungen eines Naturforschers.* Unveröffentlichtes Schreibmaschinenmanuskript. Heidelberg 1943, S. 174
3 Johannes Stark: *Philipp Lenard als deutscher Naturforscher.* In: *NS-Monatshefte.* Folge 71 / 1936, S. 106–112
4 *Völkischer Beobachter*, 29. Januar 1936
5 *Völkischer Beobachter*, 28. Februar 1936
6 Ebd.
7 Ebd.
8 Brief von Gustav Mie an Werner Heisenberg, 16. Mai 1936
9 *Völkischer Beobachter*, 28. Februar 1936
10 Hektographierter Brief vom 11. Mai 1936, unterzeichnet mit «M. Wien, H. Geiger, W. Heisenberg»
11 Ebd.
12 Brief von Werner Heisenberg an Niels Bohr, 5. Juli 1936
13 Brief von Werner Heisenberg an Niels Bohr, 11. Januar 1937
14 Ludwig-Maximilians-Universität. Archiv. Nachfolgeakte Sommerfeld. Signatur OCN 10 a
15 *Weiße Juden in der Wissenschaft..., in: Das Schwarze Korps.* 15. Juli 1937, S. 6. Wiederabgedruckt in Bernt Engelmann: *Deutschland ohne Juden. Eine Bilanz.* München 1974, S. 322–327. Nach dem Krieg hat Stark gesagt, daß der Artikel nicht von ihm stamme. Tatsächlich ist nach außen hin der Artikel anonym abgefaßt, nur die Nachschrift stammt von Stark. Hier heißt es: «Der... Artikel ist in grundsätzlicher Hinsicht treffend und vollständig...»
16 Ebd.
17 Brief von Werner Heisenberg an Heinrich Himmler, 21. Juli 1937

18 Brief von Friedrich Hund an Reichsminister Bernhard Rust, 20. Juli 1937
19 Brief von Werner Heisenberg an Arnold Sommerfeld, 12. Februar 1938
20 Brief von Werner Heisenberg an Arnold Sommerfeld, 14. April 1938
21 David Irving: Interview mit Werner Heisenberg. Unveröffentlicht
22 *Einstein/Sommerfeld-Briefwechsel*, S. 118
23 Im Faksimile wiedergegeben in Samuel A. Goudsmit: *Alsos*. New York 1947, S. 119
24 Ebd.
25 Ludwig Prandtl: *Gefährdung des Physikernachwuchses*. Unveröffentlichtes Memorandum vom Mai 1941
26 Brief von Werner Heisenberg an Arnold Sommerfeld, 27. Oktober 1940
27 Brief von Werner Heisenberg an Arnold Sommerfeld, 12. Februar 1938
28 Brief von Werner Heisenberg an Otto Hahn, 18. Februar 1939

Das Uran-Projekt

Die beste Darstellung gibt Mark Walker: *Die Uranmaschine. Mythos und Wirklichkeit der deutschen Atombombe*. Berlin 1990. Immer noch lesenswert ist Robert Jungk: *Heller als tausend Sonnen*. Bern 1956. (Man beachte jedoch Jungks Vorwort zu Walkers *Uranmaschine*.) Spannend geschrieben sind David Irving: *Der Traum von der deutschen Atombombe*. Gütersloh 1967 (auch als Rowohlt Taschenbuch 1969), und Jost Herbig: *Kettenreaktion. Das Drama der Atomphysiker*. München 1976. Die alliierte Aufklärung behandeln Samuel A. Goudsmit: *Alsos*. New York 1947, Leslie R. Groves: *Jetzt darf ich sprechen. Die Geschichte der deutschen Atombombe*. Köln 1965, und Boris T. Pash: *The Alsos Mission*. New York 1969. – Die wohl beste Darstellung des amerikanischen Manhattan Project ist Richard Rhodes: *Die Atombombe oder Die Geschichte des 8. Schöpfungstages*. Nördlingen 1988. Nur zum Teil authentisch ist das Buch zum Film von Wolfgang Menge: *Ende der Unschuld. Die Deutschen und ihre Atombombe*. Berlin 1991.

1 Erich Kuby: *Mein Krieg. Aufzeichnungen aus 2129 Tagen*. München 1975, S. 10
2 Ebd. S. 13
3 Brief von Carl Friedrich von Weizsäcker an den Autor, 24. August 1975
4 Ebd.
5 Brief von Victor F. Weisskopf an Franca Pauli, 13. Dezember 1969
6 David Irving: Interview mit Werner Heisenberg. Unveröffentlicht
7 Tatsächlich gab es zwei Sitzungen, am 16. und am 26. September. Heisenberg war nur am 26. September anwesend
8 David Irving (Anm. 6)
9 *Die Möglichkeit der technischen Energiegewinnung aus der Kernspaltung*. Forschungsbericht, datiert Leipzig, 6. Dezember 1939

10 David Irving (Anm. 6)
11 Ebd.
12 Wolf Häfele und Karl Wirtz: *Zur Physik des Karlsruher Forschungsreaktors FR 2*. In: *Werner Heisenberg und die Physik unserer Zeit*. Braunschweig 1961, S. 9
13 Carl Friedrich von Weizsäcker: *Gedenkrede*. In: *Max-Planck-Gesellschaft, Berichte und Mitteilungen*. Sonderheft 1976, S. 28
14 Edwin K. Gora: *One Heisenberg did save*. In: *Science News*, Vol. 109/No. 12 (Leserbrief)
15 *Science News*, Vol. 12/No. 10, S. 157
16 Werner Heisenberg und Karl Wirtz: *Großversuche zur Vorbereitung der Konstruktion eines Uranbrenners*. In: *Naturforschung und Medizin in Deutschland 1939–1946* (= FIAT-Review of German Science. Bd. 14). Weinheim 1953, S. 149
17 *Born/Einstein-Briefwechsel*, S. 198
18 Max von Laue: *Die Kriegstätigkeit der deutschen Physiker*. In: *Physikalische Blätter*, Jg. 3/1947, S. 425
19 *Der Spiegel*, Jg. 1967, Nr. 28, S. 83
20 David Irving (Anm. 6)
21 Ebd.
22 Ebd.
23 Brief von Carl Friedrich von Weizsäcker an den Autor, 24. August 1975
24 *Der Teil und das Ganze*, S. 248
25 Hendrik B. G. Casimir: *Haphazard Reality. Half a Century of Science*. New York etc. 1983, S. 208
26 Stefan Rozental: *Schicksalsjahre mit Niels Bohr. Erinnerungen an den Begründer der modernen Atomtheorie*. Stuttgart 1991, S. 57
27 Eugen Feinberg: *Werner Heisenberg – Die Tragödie des Wissenschaftlers*. In: Hans-Peter Dürr et al.: *Werner Heisenberg*. München 1992, S. 57–108. Hier S. 58 f
28 Brief von Werner Heisenberg an Bartel Leendert van der Waerden, 28. April 1948
29 *Die Welt*. 21. Mai 1991, S. 7. Interview mit Carl Friedrich von Weizsäcker
30 *Der Spiegel* (Anm. 19)
31 Albert Speer: *Erinnerungen*. Frankfurt 1969, S. 241
32 David Irving (Anm. 6)
33 Mündliche Mitteilung von Dr. Ernst Telschow an den Autor
34 David Irving (Anm. 6)
35 Ebd.
36 Ebd.
37 *Der Spiegel* (Anm. 19)
38 David Irving (Anm. 6)

39 Interview von David Irving mit Erich Bagge
40 *Der Spiegel* (Anm. 19), S. 82
41 Werner Heisenberg: *Über die Arbeiten zur technischen Ausnutzung der Atomkernenergie in Deutschland.* In: *Die Naturwissenschaften*, Jg. 33/ 1946, S. 327
42 Vgl. etwa Samuel A. Goudsmit: *Alsos*. New York 1947
43 *Der Spiegel* (Anm. 19)
44 Brief von Elisabeth Heisenberg an den Autor, 4. Juli 1976
45 David Irving (Anm. 6)
46 *Der Teil und das Ganze*, S. 248
47 David Irving (Anm. 6)
48 *Der Teil und das Ganze*, S. 307
49 Albert Speer: *Erinnerungen*. Frankfurt 1969, S. 241
50 Adolf Hitler: *Mein Kampf*. München 1933, S. 253
51 Akten der Max-Planck-Gesellschaft. Generalverwaltung. PA. Heisenberg
52 David Irving (Anm. 6)
53 Vgl. Robert Jungk: *Heller als tausend Sonnen. Das Schicksal der Atomforscher*. Stuttgart und Bern 1956, S. 173 f
54 *Der Teil und das Ganze*, S. 259
55 Ebd.
56 David Irving: *Der Traum von der deutschen Atombombe*. Reinbek 1969, S. 241
57 Werner Heisenberg und Karl Wirtz: *Großversuche*, a. a. O., S. 162
58 *Der Teil und das Ganze*, S. 260
59 Samuel A. Goudsmit: *Alsos*. New York 1947, S. 99
60 Ebd. S. 108
61 Persönliche Mitteilung von Werner Heisenberg an den Autor
62 Brief von Werner Heisenberg an seinen Schwager Fritz Schumacher, 6. Mai 1945
63 Boris T. Pash: *The Alsos Mission*. New York 1969, S. 226
64 Ebd. S. 227
65 Brief von Elisabeth Heisenberg an den Autor, 4. Juli 1976
66 Das berichtet Boris T. Pash. Eine Bestätigung von deutscher Seite liegt nicht vor.
67 Boris T. Pash: *The Alsos Mission*, S. 236
68 Leslie R. Groves, a. a. O.
69 David Irving, a. a. O., S. 255
70 Samuel A. Goudsmit: *Alsos*, S. 112
71 Erich Bagge et al.: *Von der Uranspaltung bis Calder Hall* (= Rowohlts Deutsche Enzyklopädie. Nr. 41). Reinbek 1957, S. 46
72 Ebd. S. 54
73 Ebd. S. 55

74 Henry De Wolf Smyth: *Atomenergie und ihre Verwertung im Kriege*. Basel 1947, S. 289

75 Der volle Wortlaut des Franck-Reports findet sich bei Robert Jungk: *Heller als tausend Sonnen, S. 348–362,* und bei Bernt Engelmann: *Deutschland ohne Juden. Eine Bilanz*. München 1974, S. 334–344

In das neue Zeitalter

Den besten Einblick gibt die im vorigen Kapitel genannte Literatur, dazu die Lebenserinnerungen der beteiligten Forscher. Veröffentlicht sind die von Otto Hahn (*Mein Leben* und *Erlebnisse und Erkenntnisse*), Max von Laue (*Mein physikalischer Werdegang*, abgedruckt in Band III der *Gesammelten Schriften und Vorträge*), Werner Heisenberg *(Der Teil und das Ganze)* und Erich Bagge (*Aus dem Internierungs-Tagebuch* in *Von der Uranspaltung bis Calder Hall*).

1 David Irving: *Der Traum von der deutschen Atombombe*. Reinbek 1969, S. 10

2 Ernst H. Berninger: *Otto Hahn. In Selbstzeugnissen und Bilddokumenten*. Rowohlts Monographien Nr. 204. Reinbek 1974, S. 89

3 Protokolle der Gespräche der zehn deutschen Atomforscher in Farmhall. Public Record Office London. Kopie im Besitz der Zeitschrift *Bild der Wissenschaft*

4 Samuel Goudsmit: *Alsos*. New York 1947, S. XII

5 Protokolle (Anm. 3)

6 Ebd.

7 Brief von Carl Friedrich von Weizsäcker an den Autor, 24. August 1975

8 Erich Bagge et al.: *Von der Uranspaltung bis Calder Hall*. Hamburg 1957, S. 56f. Vom Verfasser geringfügig redigiert

9 Brief von Werner Heisenberg an Hans Albrecht Bethe, 27. April 1964

10 Samuel A. Goudsmit: *Werner Heisenberg 1901–1976*. In: *Yearbook of the American Philosophical Society*. Jg. 1976, S. 74–80

11 Briefe von Werner Heisenberg an Samuel A. Goudsmit, 5. Januar 1948 und 3. Oktober 1948

12 Brief von Werner Heisenberg an Arnold Sommerfeld. 5. Februar 1946

13 Ebd.

14 Otto Hahn: *Erlebnisse und Erkenntnisse*. Düsseldorf 1975, S. 131

15 Max von Laue: *Gesammelte Schriften und Vorträge*. Bd. III. Braunschweig 1961, S. XXXIf

16 Ebd. S. XXXII

17 Erich Bagge, a. a. O., S. 66f

18 Protokolle (Anm. 3)

19 Diese Episode wird von Ernst H. Berninger in seiner Hahn-Biographie berichtet

Die Max-Planck-Gesellschaft

Eine umfangreiche Aufarbeitung liegt vor in Rudolf Vierhaus und Bernhard vom Brocke (Hg.): *Forschung im Spannungsfeld von Politik und Gesellschaft. Geschichte und Struktur der Kaiser-Wilhelm-/Max-Planck-Gesellschaft.* Stuttgart 1990. Eine sehr lebendige Schilderung gibt als Augenzeuge Erika Bollmann: *Erinnerungen und Tatsachen. Die Kaiser-Wilhelm-Gesellschaft... 1945/46.* Stuttgart 1956. Einige weitere Informationen enthält die kleine Max-Planck-Biographie des Verfassers (Rowohlts Bildmonographien Nr. 198, Reinbek 1973).

1 Brief von Erwin Schrödinger an Max von Laue, 9. Juni 1946
2 Brief von Werner Heisenberg an Arnold Sommerfeld, 6. Februar 1946
3 Ebd.
4 Ebd.
5 Brief von Gerard P. Kuiper an Robert Pohl, 30. Juni 1973
6 Man vergleiche Armin Hermann: *Max Planck. In Selbstzeugnissen und Bilddokumenten.* Rowohlts Monographien Nr 198. Reinbek 1973, S. 116
7 Ebd.
8 Bertie Kennedy Blount: *Ursprung der Max-Planck-Gesellschaft.* Unveröffentlichtes Manuskript. Archiv der MPG. Generalverwaltung Göttingen
9 Erika Bollmann [u. a.]: *Erinnerungen und Tatsachen. Die Kaiser-Wilhelm-Gesellschaft... 1945/46.* Stuttgart 1956, S. 21
10 Akten der MPG. Nachlaß Otto Hahn. Generalverwaltung Göttingen
11 B. K. Blount: *Ursprung der Max-Planck-Gesellschaft*, a. a. O.
12 Brief von Werner Heisenberg an Niels Bohr, 5. Juli 1946
13 Vgl. A. Hermann: *Max Planck*, a. a. O.
14 Max von Laue: *Mein physikalischer Werdegang. Eine Selbstdarstellung.* In: *Gesammelte Schriften und Vorträge.* Bd. III. Braunschweig 1961, S. XXXIIf. Vgl. auch den Bericht von Marga Planck: *Newtonfeier in London.* In: *Physikalische Blätter*, Jg. 2/1946, S. 179–180
15 Brief von Lise Meitner an Margarethe Bohr, 17. August 1946
16 B. K. Blount, a. a. O.
17 Ebd.
18 Ernst Telschow: Rundfunkvortrag anläßlich der Hauptversammlung der Max-Planck-Gesellschaft in Hannover vom 28.–30. Mai 1958. Manuskript in den Akten der MPG, Generalverwaltung Göttingen
19 Otto Hahn: *Erlebnisse und Erkenntnisse.* Düsseldorf 1975, S. 146

Der Deutsche Forschungsrat

Die wohl beste historische Darstellung der Wissenschaftspolitik in der Nachkriegszeit ist Thomas Stamm: *Zwischen Staat und Selbstverwaltung. Die deutsche Forschung im Wiederaufbau 1945–1965*. Köln 1981. Speziell mit der Geschichte des Deutschen Forschungsrates befaßt sich Hellmut Eickemeyer: *Abschlußbericht des Deutschen Forschungsrates (DFR) über seine Tätigkeit…* München 1953. Auch Kurt Zierold behandelt in seinem mehrfach zitierten Werk *Forschungsförderung in drei Epochen*, Wiesbaden 1968, sehr ausführlich den DRF.

1 Brief von Werner Heisenberg an Arnold Sommerfeld, 29. Juni 1946
2 *Der Teil und das Ganze*, S. 273
3 Ebd. S. 274
4 Brief von Werner Heisenberg an Arnold Sommerfeld, 7. Februar 1947
5 *Zweite Zusammenkunft des Wissenschaftlichen Beirats in der Research Branch…* Akten der Max-Planck-Gesellschaft. Generalverwaltung Göttingen
6 Brief von Werner Heisenberg an Arnold Sommerfeld, 5. Januar 1948
7 Mitgeteilt von Carl Friedrich von Weizsäcker
8 *9. Zusammenkunft des Wissenschaftlichen Beirats*. Akten der MPG. Generalverwaltung Göttingen
9 Hellmuth Eickemeyer: *Abschlußbericht des Deutschen Forschungsrates*. München 1953. Hier: Vorwort von Werner Heisenberg
10 *Der Teil und das Ganze*, S. 277
11 Ebd. S. 278
12 *Denkschrift des Deutschen Forschungsrates*. In: *Abschlußbericht des DFR*, S. 118 f
13 Brief der Professoren Heisenberg, Regener, Zenneck und Rein vom 15. Dezember 1948, in der Sitzung des Hauptausschusses des Parlamentarischen Rates verlesen von Carlo Schmid
14 *Denkschrift des DFR*, a. a. O., S. 121
15 Ebd. S. 17
16 Kurt Zierold: *Lebenserinnerungen*. Unveröffentlichtes Manuskript, S. 329
17 Ebd. S. 331
18 *Abschlußbericht des DFR*, S. 17
19 Ebd. S. 29
20 Kurt Zierold: *Forschungsförderung in drei Epochen. Deutsche Forschungsgemeinschaft. Geschichte. Arbeitsweise. Kommentar*. Wiesbaden 1968, S. 302

Atompolitik

Die Geschichte der Großforschungsanlagen, auch der in Deutschland, ist gut dokumentiert. Einen Überblick geben Margit Szöllösi-Janze und Helmuth Trischler (Hg.): *Großforschung in Deutschland*. Frankfurt 1990. Zu den wichtigsten Monographien gehören Armin Hermann, John Krige et al.: *History of CERN*. 2 Bde. Amsterdam 1987 und 1990; Rolf-Jürgen Gleitsmann: *Im Widerstreit der Meinungen. Zur Kontroverse um die Standortfindung für eine deutsche Reaktorstation (1950–1955)*. Karlsruhe 1986; Claus Habfast: *Großforschung mit kleinen Teilchen: Das Deutsche Elektronen-Synchrotron DESY 1956–1970*. Berlin etc. 1989; Susan Boenke: *Entstehung und Entwicklung des Max-Planck-Institutes für Plasmaphysik*. Frankfurt 1991; Christiane Reuter-Boysen: *Von der Strahlen- zur Umweltforschung. Geschichte der GSF 1957–1972*. Frankfurt 1992.

1 Werner Heisenberg: *Notwendigkeit wissenschaftlicher Forschung*. In: *Münchener Allgemeine Zeitung*, 12. Juni 1949 (Kulturbeilage). Wiederabgedruckt in: *Abschlußbericht des DFR*, S. 216

2 Brief von Max von Laue an Frau Rosenthal-Schneider, 30. Juli 1955

3 Armin Hermann: *Forschungsförderung der Deutschen Forschungsgemeinschaft und die Physik der letzten 50 Jahre*. In: *DFG-Mitteilungen*, 4/70, S. 24 f

4 Werner Heisenberg: *Die Not der Deutschen Wissenschaft*. In: *Die Tat*, Zürich, 25. August 1950. Wiederabgedruckt im *Abschlußbericht des DFR*, S. 211

5 Niederschrift über die 6. Sitzung der *Kommission für Atomphysik*. Akten der Deutschen Forschungsgemeinschaft. Kommission für Atomphysik

6 Niederschrift über die 2. Sitzung am 19. November 1952

7 Armin Hermann, John Krige et al.: *History of CERN*. Vol. II. Amsterdam etc. 1990, S. 83

8 Victor F. Weisskopf: *Zukunftsperspektiven der Wissenschaft*. In: *Physikalische Blätter*, Jg. 30/1974, S. 481–489

9 Armin Hermann, John Krige et al.: *History of CERN*. Vol. I. Amsterdam etc. 1987, S. 398

10 Ebd. S. 407

11 Niederschrift über die 8. Sitzung der Kommission für Atomphysik am 15. Dezember 1954

12 *Der Teil und das Ganze*, S. 296

13 *Frankenpost*, 15. Februar 1955

14 Ebd.

15 *Frankfurter Allgemeine Zeitung*, 16. Februar 1955

16 Werner Heisenberg: *Die nächsten Aufgaben unserer Atomtechnik und Atomforschung*. Vortrag im Bayer. Landtag am 11. Juni 1956. In: *Süddeutsche Zeitung*, 12. Juli 1956

17 *Die Welt*, 3. August 1955
18 *Frankfurter Allgemeine Zeitung*, 3. August 1955
19 Konrad Adenauer: *Erinnerungen 1955–1959*. Stuttgart 1967, S. 72 f
20 *Taschenbuch für Atomfragen 1960/61*. Herausgegeben von Wolfgang Cartellieri und Alexander Hocker. Bonn 1960, S. 347
21 Niederschrift über die 12. Sitzung am 30. Mai 1956. Akten der Deutschen Forschungsgemeinschaft. Kommission für Atomphysik

Das Manifest

Den besten Eindruck der dramatischen Ereignisse vermitteln nach wie vor die Presseberichte. Die Archive der großen Zeitungen haben die damaligen Berichte fast vollständig gesammelt. Über die Einordnung in die politische Geschichte vergleiche man Hans-Peter Schwarz: *Die Ära Adenauer. Gründerjahre der Republik 1949–1957*. Stuttgart und Wiesbaden 1981, sowie Hans-Peter Schwarz: *Adenauer. Der Staatsmann: 1952–1967*. Stuttgart 1991.

1 *Der Teil und das Ganze*, S. 298 f
2 Ebd. S. 304
3 *Süddeutsche Zeitung*, 20./21. April 1957, S. 5
4 Ebd.
5 *Der Spiegel*, Jg. 17/1963, Nr. 41, S. 44
6 *Der Teil und das Ganze*, S. 306 f
7 Ebd. S. 307
8 Ernst H. Berninger: *Otto Hahn*, S. 106
9 *Süddeutsche Zeitung*, 13./14. April 1957
10 Ebd.
11 *Süddeutsche Zeitung*, 20./21. April 1957
12 Konrad Adenauer: *Erinnerungen 1955–1959*. Stuttgart 1967, S. 300 f

Die «Einheitliche Theorie der Materie»

Es gibt zahlreiche Bücher, in denen allgemeinverständlich die Entwicklung der Elementarteilchenphysik behandelt wird. Genannt seien Herwig Schopper: *Materie und Antimaterie. Teilchenbeschleuniger und der Vorstoß zum unendlich Kleinen*. München 1989, Pedro Waloschek: *Der Multimensch. Forscherteams auf den Spuren der Quarks und Leptonen*. Düsseldorf 1986, sowie Oskar Höfling und Pedro Waloschek: *Die Welt der kleinsten Teilchen. Vorstoß zur Struktur der Materie*. Reinbek 1984. Historische Analysen liefern Andrew Pickering: *Constructing Quarks. A Sociological History of Particle Physics*. Chicago 1984, und Laurie M. Brown et al. (Hg.): *Pions and Quarks. Particle Physics in the 1950's*. Cambridge 1989. – Über Pauli siehe Charles P. Enz und

Karl von Meyenn (Hg.): *Wolfgang Pauli. Das Gewissen der Physik*. Braunschweig und Wiesbaden 1984.

1 Werner Heisenberg: *Was ist ein Elementarteilchen?* In: *Die Naturwissenschaften*, Jg. 63/1975, S. 1–7
2 Ebd.
3 Ebd.
4 Werner Heisenberg: *Schritte über Grenzen*, S. 22f
5 Werner Heisenberg: *Der Teil und das Ganze*, S. 139f
6 Brief von Wolfgang Pauli an Werner Heisenberg, 11. Juli 1947
7 *Wohin führt uns die Physik*, Podiumsgespräch während der 40. Physikertagung am 15. September 1976 in Bonn. In: *Bild der Wissenschaft*, H. 4/1977, S. 168–181
8 Brief von Werner Heisenberg an Wolfgang Pauli, 3. Februar 1950
9 Zitiert nach Erich Kuby: *Leipzig: Alle wollen Heisenberg hören*. In: *Die Welt*, 30. April 1958
10 Ebd.
11 *Schritte über Grenzen*, S. 36
12 Werner Heisenberg: *Der Teil und das Ganze*. München 1969, S. 184f
13 Brief von Walther Nernst an Max von Laue, 13. Februar 1938
14 *Der Teil und das Ganze*, S. 289
15 *Schritte über Grenzen*, S. 39f
16 Brief von Werner Heisenberg an Wolfgang Pauli, 14. Dezember 1957
17 Brief von Werner Heisenberg an Wolfgang Pauli, 3. Januar 1958
18 Brief von Werner Heisenberg an Wolfgang Pauli, 27. Dezember 1957
19 Brief von Werner Heisenberg an Wolfgang Pauli, 21. Februar 1958
20 Brief von Werner Heisenberg an Wolfgang Pauli, 27. Februar 1958
21 Ebd.
22 *Der Spiegel*, Jg. 12/1958, Nr. 11, S. 54
23 dpa-Meldung 105 162625/2/58 ba
24 *Die Welt*, 5. März 1958
25 Brief von Werner Heisenberg an Wolfgang Pauli, 5. März 1958
26 Mitgeteilt von George Gamow: *Thirty years that shook physics*. New York 1966, S. 162
27 *Der Spiegel*, Jg. 20/1966, Nr. 45, S. 167
28 Brief von Werner Heisenberg an Wolfgang Pauli, 13. April 1958
29 Brief von Wolfgang Pauli an Werner Heisenberg, 7. Januar 1957
30 Brief von Werner Heisenberg an Wolfgang Pauli, 13. April 1958
31 Erich Kuby: *Leipzig: Alle wollen Heisenberg hören*. In: *Die Welt*, 30. April 1958
32 Ebd.
33 Wolfgang Pauli: *Introduction by the chairman*. In: *1958 Annual International Conference on High Energy Physics at CERN*. Genf 1958, S. 116
34 *Süddeutsche Zeitung*, Jg. 1958, Nr. 159

35 Brief von Werner Heisenberg an Wolfgang Pauli, 1. Januar 1956
36 Victor F. Weisskopf: *Trauerrede für Wolfgang Pauli.* In: *Wolfgang Pauli: Aufsätze und Vorträge über Physik und Erkenntnistheorie.* Braunschweig 1961, o. S.

Der Teil und das Ganze

Zahlreiche Bücher und Aufsätze befassen sich mit Heisenbergs Leben und Werk. Dazu gehören Fritz Bopp (Hg.): *Werner Heisenberg und die Physik unserer Zeit.* Braunschweig 1961; Hans-Peter Dürr (Hg.): *Quanten und Felder. Physikalische und philosophische Betrachtungen zum 70. Geburtstag von Werner Heisenberg.* Braunschweig 1971; Heinrich Pfeiffer (Hg.): *Denken und Umdenken. Zu Werk und Wirkung von Werner Heisenberg.* München 1977; *Physik wohin?* Podiumsgespräch während der 40. Physikertagung am 15. September 1976 in Bonn. In: *Bild der Wissenschaft.* H. 4/1977, S. 168–181; Carl Friedrich von Weizsäcker: *Der Garten des Menschlichen. Beiträge zur geschichtlichen Anthropologie.* München 1977 (über Heisenberg S. 319–345); ders.: *Wahrnehmung der Neuzeit.* München 1983 (über Bohr und Heisenberg S. 134–146); Hans-Peter Dürr: *Das Netz des Physikers. Naturwissenschaftliche Erkenntnis in der Verantwortung.* München 1988 (über Heisenberg S. 116–149); Hans-Peter Dürr, Eugen Feinberg, Bartel Leendert van der Waerden und Carl Friedrich von Weizsäcker: *Werner Heisenberg.* München 1992.

1 Hans-Peter Dürr: *Das Netz des Physikers. Naturwissenschaftliche Erkenntnis in der Verantwortung.* München 1988, S. 126
2 Werner Heisenberg: *Der Teil und das Ganze. Gespräche im Umkreis der Atomphysik.* München 1969, S. 325
3 Brief von Wolfgang Pauli an Albert Einstein, 19. Dezember 1929. Abgedruckt in Wolfgang Pauli: *Wissenschaftlicher Briefwechsel.* Bd. 1. New York 1979, S. 527
4 Hans-Peter Dürr (Anm. 1), S. 124
5 Carl Friedrich von Weizsäcker: *Notizen über die philosophische Bedeutung der Heisenbergschen Physik.* In: Hans-Peter Dürr (Hg.): *Quanten und Felder.* Braunschweig 1971, S. 11–26. Hier S. 11
6 Ebd.
7 Carl Friedrich von Weizsäcker: *Der Garten des Menschlichen.* München 1977, S. 320
8 *Der Teil und das Ganze*, S. 10
9 Verzeichnis der Bewerber um Aufnahme in das Maximilianeum für das Jahr 1920. Akten der Stiftung Maximilianeum München
10 *Der Teil und das Ganze*, S. 86f
11 Ebd. S. 187

12 Ebd. S. 330
13 Ebd. S. 207
14 Wolfgang Pauli: *Wissenschaftlicher Briefwechsel mit Bohr, Einstein, Heisenberg u. a.* Band II: 1930–1939. Berlin etc. 1985, S. 168
15 *Der Teil und das Ganze*, S. 201 f
16 Brief von Carl Friedrich von Weizsäcker an den Verfasser, 15. Juli 1992
17 Golo Mann: *Zwölf Versuche*. Frankfurt 1973, S. 143
18 Brief von Victor F. Weisskopf an Franca Pauli, 13. Dezember 1969
19 Hans-Peter Dürr et al.: *Werner Heisenberg*. München 1992
20 Ebd. S. 31

Personenregister

Sachregister

Bildquellen

AIP Niels Bohr Library, New York: 68, 77 oben, 157; Alexander-von-Humboldt-Stiftung, Bonn: 285; Archiv der Universität München: 71; Archiv des Lehrstuhls für Geschichte der Naturwissenschaft und Technik, Universität Stuttgart: 47, 61, 77 unten, 80 oben/unten, 111, 112, 123, 148, 165, 240, 280; Bildarchiv Preußischer Kulturbesitz, Berlin: 223 (Foto Käthe Augenstein, Bonn); CERN, Genf: 251; Deutsche Verlags-Anstalt/bild der wissenschaft, Stuttgart: 255; Deutsches Museum, München: 81 oben; Gerhard Gronefeld, München: 289; Max-Planck-Gesellschaft, Archiv Göttingen: 284; Niels-Bohr-Archiv, Kopenhagen: 81 unten, 118, 125; Liselotte Strelow, Hamburg: 298; Ullstein-Bilderdienst, Berlin: 133, 138.